普通高等教育高职高专“十二五”规划教材 电气类

电气控制与PLC

主 编 林梅芬 凌启鑫
副主编 桂传志 林梅珍
主 审 高汝武

内 容 提 要

本教材从普及、实用角度出发，较系统地介绍了常用低压电器及继电器控制线路的基本环节，典型生产机械的工作原理及常见故障排查，电气控制系统的设计，可编程控制器的基本结构及原理，各具特色的三类可编程控制器——施耐德Neza系列、三菱FX系列、西门子S7-200系列，以及可编程控制器控制系统的设计、调试和维护使用，多个典型PLC编程实例。

本教材体现了理论够用、重在实践的特点，注重理论联系实际，实用性强，浅显易懂，便于学习和掌握。本教材在教学使用过程中，可根据不同专业、课时多少进行删减，可作为高职高专院校工业自动化、电气工程自动化、机电一体化等专业相关课程的教材。由于前后两部分内容之间既相互联系，又相互独立，故也可供分别开设“电气控制技术”及“可编程控制器应用技术”两门课程的院校选用。本教材亦可作为工业自动化、电气工程自动化、机电一体化等工程技术人员的参考书或培训教材。

图书在版编目（CIP）数据

电气控制与PLC / 林梅芬，凌启鑫主编. -- 北京 : 中国水利水电出版社，2014.5
普通高等教育高职高专“十二五”规划教材. 电气类
ISBN 978-7-5170-2088-2

Ⅰ. ①电… Ⅱ. ①林… ②凌… Ⅲ. ①电气控制－高等职业教育－教材②plc技术－高等职业教育－教材 Ⅳ. ①TM571.2②TM571.6

中国版本图书馆CIP数据核字(2014)第117968号

书　名	普通高等教育高职高专“十二五”规划教材　电气类 **电气控制与PLC**
作　者	主编 林梅芬 凌启鑫　副主编 桂传志 林梅珍　主审 高汝武
出版发行	中国水利水电出版社 （北京市海淀区玉渊潭南路1号D座　100038） 网址：www.waterpub.com.cn E-mail：sales@waterpub.com.cn 电话：（010）68367658（发行部）
经　售	北京科水图书销售中心（零售） 电话：（010）88383994、63202643、68545874 全国各地新华书店和相关出版物销售网点
排　版	中国水利水电出版社微机排版中心
印　刷	北京纪元彩艺印刷有限公司
规　格	184mm×260mm　16开本　16.25印张　385千字
版　次	2014年5月第1版　2014年5月第1次印刷
印　数	0001—4000册
定　价	**35.00**元

前言

电气控制与可编程控制器（PLC）是高职高专电气类、机电类专业中应用型的专业课。近年来，随着自动化技术的不断发展，可编程控制器逐渐代替复杂的电器及接线而成为控制设备的核心。为此，本教材削弱了电气控制中复杂电路的分析，加强了可编程控制器的程序设计。

本教材力图兼顾电气控制技术及可编程控制器应用技术的教学重点，突出其应用，培养和提高学生分析问题解决问题的能力。在内容安排上，简明扼要，难易适中，力求突出针对性、实用性和先进性。电气控制环节部分有分析有总结，PLC 部分编写了较多的编程实例及技巧，通俗易懂，便于自学。

本教材分两部分共九章。前四章分别介绍常用低压电器、电气控制基本环节、典型生产机械的电气控制及电气控制系统设计等基本教学内容。典型生产机械的电气控制部分，通过整机电路的安装与检修，主要锻炼学生排除故障、解决实际问题的能力，将所学的知识真正应用到实际工作中。后五章从实用性出发先介绍可编程控制器及其工作原理，随后介绍各具特色的三类可编程控制器——施耐德 Neza 系列、三菱 FX 系列、西门子 S7－200 系列，第六章、第九章以 Neza 系列为例，深入浅出地介绍了 PLC 典型程序的编写及常见错误分析等。

本教材在教学使用过程中，可根据不同专业、课时多少进行删减。由于前后两部分内容之间既相互联系，又相互独立，故也可供分别开设“电气控制技术”及“可编程控制器应用技术”两门课程的院校选用。

本教材由福建水利电力职业技术学院林梅芬任第一主编，负责全书的统稿，并编写内容提要、前言、第二章、第三章、第四章和附录 A、附 B 等；凌启鑫任第二主编，编写第五章、第六章、第七章和附录 C、附 D、附录 E；桂传志为副主编，编写第八章、第九章；林梅珍为副主编，编写第一章。全书由高汝武老师负责审稿。本教材在编写过程中参照了大量其他老师的教材，在此一并表示感谢。

由于编者水平有限，书中难免有疏漏或不妥之处，恳请读者批评指正。

编著

2013.12

目录

第一章 常用低压电器

第一节 概述

电器是接通和断开电路或调节、控制和保护电路及电气设备用的电工器具。电器的用途广泛，功能多样，种类繁多，结构各异。下面是几种常用的电器分类。

一、低压电器的几种常用分类

（一）按工作电压等级分类

1. 高压电器

用于交流电压1200V，直流电压1500V以上电路中的电器，例如高压断路器、高压隔离开关、高压熔断器等。

2. 低压电器

用于频率50Hz（或60Hz），交流电压为1200V，直流电压1500V及以下的电路中的电器，例如接触器、继电器等。

（二）按动作原理分类

1. 手动电器

用手或依靠机械力进行操作的电器，如手动开关、控制按钮、行程开关等主令电器。

2. 自动电器

借助于电磁力或某个物理量的变化自动进行操作的电器，如接触器、继电器、电磁阀等。

（三）按用途分类

1. 控制电器

用于各种控制电路和控制系统的电器，例如接触器、继电器、电动机启动器等。

2. 主令电器

用于自动控制系统中发送动作指令的电器，例如按钮、行程开关、万能转换开关等。

3. 保护电器

用于保护电路及用电设备的电器，如熔断器、热继电器、保护继电器、避雷器等。

4. 执行电器

用于完成某种动作或传动功能的电器，如电磁铁、电磁离合器等。

5. 配电电器

用于电能的输送和分配的电器，例如高压断路器、隔离开关、刀开关、自动空气开关等。

（四）按工作原理分类

1. 电磁式电器

依据电磁感应原理来工作，如接触器、电磁式继电器等。

2. 非电量控制电器

依靠外力或某种非电物理量的变化而动作的电器，如刀开关、行程开关、按钮、速度继电器、温度继电器等。

二、低压电器的作用

低压电器能够依据操作信号或外界现场信号的要求，自动或手动改变电路的状态、参数，实现对电路或被控对象的控制、保护、测量、指示、调节。低压电器的作用有：

(1) 控制作用。如电梯的上下移动、快慢速自动切换与自动停层等。

(2) 保护作用。根据设备的特点，对设备、环境以及人身实行自动保护，如电机的过热保护，电网的短路保护、漏电保护等。

(3) 测量作用。利用仪表及与之相适应的电器，对设备、电网或其他非电参数进行测量，如电流、电压、功率、转速、温度、湿度等。

(4) 调节作用。低压电器可对一些电量和非电量进行调整，以满足用户的要求，如柴油机油门的调整，房间温湿度的调节，照明度的自动调节等。

(5) 指示作用。利用低压电器的控制、保护等功能，检测出设备运行状况与电气电路工作情况，如绝缘监测、保护掉牌指示等。

(6) 转换作用。在用电设备之间转换或对低压电器、控制电路分时投入运行，以实现功能切换，如励磁装置手动与自动的转换，供电的市电与自备电的切换等。

当然，低压电器作用远不止这些，随着科学技术的发展，新功能、新设备会不断出现，对低压配电电器要求是灭弧能力强、分断能力好，热稳定性能好、限流准确等；对低压控制电器，则要求其动作可靠、操作频率高、寿命长并具有一定的负载能力。

常见低压电器的主要种类及用途见表1-1所列。

表1-1 常见低压电器的主要种类及用途

序号	类别	主要品种	用途
1	断路器	塑料外壳式断路器	主要用于电路的过负荷保护、短路、欠电压、漏电压保护，也可用于不频繁接通和断开的电路
		框架式断路器	
		限流式断路器	
		漏电保护式断路器	
		直流快速断路器	
2	刀开关	开关板用刀开关	主要用于电路的隔离，有时也能分断负荷
		负荷开关	
		熔断器式刀开关	
3	转换开关	组合开关	主要用于电源切换，也可用于负荷通断或电路的切换
		换向开关	
4	主令电器	按钮	主要用于发布命令或程序控制
		限位开关	
		微动开关	
		接近开关	
		万能转换开关	

续表

序号	类别	主要品种	用途
5	接触器	交流接触器	主要用于远距离频繁控制负荷，切断带负荷电路
		直流接触器	
6	启动器	磁力启动器	主要用于电动机的启动
		星形—三角形启动器	
		自耦减压启动器	
7	控制器	凸轮控制器	主要用于控制回路的切换
		平面控制器	
8	继电器	电流继电器	主要用于控制电路中，将被控量转换成控制电路所需电量或开关信号
		电压继电器	
		时间继电器	
		中间继电器	
		温度继电器	
		热继电器	
9	熔断器	有填料式熔断器	主要用于电路短路保护，也用于电路的过载保护
		无填料式熔断器	
		半封闭插入式熔断器	
		快速熔断器	
		自复熔断器	
10	电磁铁	制动电磁铁	主要用于起重、牵引、制动等地方
		起重电磁铁	
		牵引电磁铁	

对低压配电电器要求是灭弧能力强，分断能力好，热稳定性能好，限流准确等；对低压控制电器，则要求其动作可靠，操作频率高，寿命长并具有一定的负载能力。

三、电磁式低压电器基本结构

从结构上看，电器一般都具有两个基本组成部分，即感受部分与执行部分。感受部分接受外界输入的信号，并通过转换、放大与判断作出有规律的反应，使执行部分动作，输出相应的指令，实现控制的目的。对于有触头的电磁式电器，感受部分是电磁机构，执行部分是触头系统。

（一）电磁机构

1. 电磁机构的结构型式

电磁机构由吸引线圈、铁芯和衔铁组成。吸引线圈通以一定的电压和电流产生磁场及吸力，并通过气隙转换成机械能，从而带动衔铁运动使触头动作，完成触头的断开和闭合，实现电路的分断和接通。图 1-1 是几种常用电磁机构的结构型式。根据衔铁相对铁芯的运动方式，电磁机构有直动式与拍合式，拍合式又有衔铁沿棱角转动和衔铁沿轴转动两种。

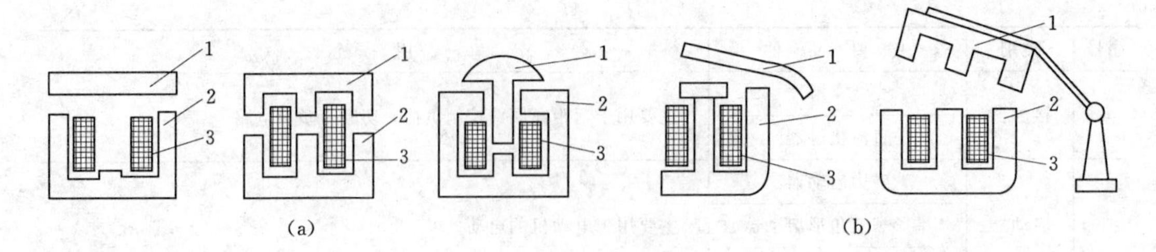

图 1-1 电磁机构

(a) 直动式电磁机构；(b) 拍合式电磁机构

1—衔铁；2—铁芯；3—线圈

吸引线圈用以将电能转换为磁能，按吸引线圈通入电流性质不同，电磁机构分为直流电磁机构和交流电磁机构，其线圈称为直流电磁线圈和交流电磁线圈。另外，根据线圈在电路中的连接方式，又有串联线圈和并联线圈。串联线圈采用粗导线，匝数少，又称为电流线圈；并联线圈匝数多，线径较细，又称为电压线圈。

2. 电磁机构工作原理

当吸引线圈通入电流后，产生磁场，磁通经铁芯、衔铁和工作气隙形成闭合回路，产生电磁吸力，将衔铁吸向铁芯。与此同时，衔铁还受到反作用弹簧的拉力，只有当电磁吸力大于弹簧反力时，衔铁才可靠地被铁芯吸住。而当吸引线圈断电时，电磁吸力消失，在弹簧作用下，衔铁与铁芯脱离，即衔铁释放。电磁机构的工作特性常用吸力特性和反力特性来表述。

当电磁机构吸引线圈通电后，铁芯吸引衔铁吸合的力与气隙的关系曲线称为吸力特性。电磁机构使衔铁释放（复位）的力与气隙的关系曲线称为反力特性。

（1）反力特性。电磁机构使衔铁释放的力大多是利用弹簧的反力，由于弹簧的反力与其机械变形的位移量成正比，其反力特性可写成：

$$F=kx \tag{1-1}$$

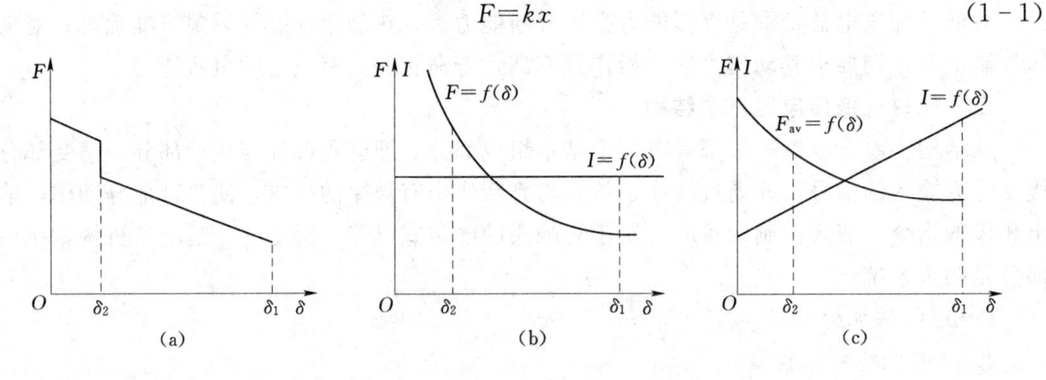

图 1-2 电磁机构反力特性与吸力特性

(a) 反力特性；(b) 直流电磁机构吸力特性；(c) 交流电磁机构吸力特性

电磁机构的反力特性如图 1-2（a）所示。其中 δ_1 为电磁机构气隙的初始值；δ_2 为动、静触头开始接触时的气隙长度。考虑到常开触头闭合时行程机构的弹力作用，反力特性在 δ_2 处有一突变。

（2）直流电磁机构的吸力特性。电磁机构的吸力与很多因素有关，当铁芯与衔铁端面互相平行，且气隙较小时，吸力可按下式求得

$$F=4B^2S\times10^5 \tag{1-2}$$

式中 F——电磁机构衔铁所受的吸力，N；

B——气隙的磁感应强度，T；

S——吸力处端面积，m^2。

当端面积 S 为常数时，吸力 F 与 B^2 成正比，也可以认为 F 与磁通 Φ 的平方成正比，与端面积 S 成反比，即

$$F\propto\frac{\Phi^2}{S} \tag{1-3}$$

电磁机构的吸力特性是指电磁吸力与气隙的相互关系。

直流电磁机构当直流励磁电流稳定时，直流磁路对直流电路无影响，所以励磁电流不受磁路气隙的影响，即其磁动势 IN 不受磁路气隙的影响，根据磁路欧姆定律

$$\Phi=\frac{IN}{R_m}=\frac{IN}{\dfrac{\delta}{\mu_0S}}=\frac{INu_oS}{\delta} \tag{1-4}$$

而电磁吸力 $F\propto\dfrac{\Phi^2}{S}$，则

$$F\propto\Phi^2\propto\left(\frac{1}{\delta}\right)^2 \tag{1-5}$$

即直流电磁机构的吸力 F 与气隙 δ 的平方成反比。其吸力特性如图 1-2（b）所示。由此看出，衔铁吸合前后吸力变化很大，气隙越小，吸力越大。但衔铁吸合前后吸引线圈励磁电流不变，故直流电磁机构适用于动作频繁的场合，且衔铁吸合后电磁吸力大，工作可靠。但当直流电磁机构吸引线圈断电时，由于电磁感应，将会在吸引线圈中产生很大的反电动势，其值可达线圈额定电压的十多倍，将使线圈因过电压而损坏，为此，常在吸引线圈两端并联一个放电回路，该回路由放电电阻与一个硅二极管组成，正常励磁时，因二极管处于截止状态，放电回路不起作用，而当吸引线圈断电时，放电回路导通，将原先储存在线圈中的磁场能量释放出来消耗在电阻上，不致产生过电压。一般，放电电阻阻值取线圈直流电阻的 6～8 倍。

（3）交流电磁机构的吸力特性。交流电磁机构吸引线圈的电阻远比其感抗值要小，在忽略线圈电阻和漏磁情况下，线圈电压与磁通的关系为

$$U\approx E=4.44f\Phi_mN \tag{1-6}$$

$$\Phi_m=\frac{U}{4.44fN} \tag{1-7}$$

式中 U——线圈电压有效值，V；

E——线圈感应电动势，V；

f——线圈电压的频率，Hz；

N——线圈匝数；

Φ_m——气隙磁通最大值，Wb。

当外加电源电压U、频率f和线圈匝数N为常数时，则气隙磁通Φ_m亦为常数，且电磁吸力F的平均值F_{av}为常数。这是由于，交流励磁时，电压、磁通都随时间作正弦规律变化，电磁吸力也作周期性变化，现分析如下：

令气隙中磁感应强度按正弦规律变化

$$B(t)=B_m\sin\omega t \tag{1-8}$$

交流电磁机构电磁吸力的瞬时值

$$\begin{aligned}F(t)&=4B^2(t)S\times10^5=4B_m^2S\times10^5\sin^2\omega t\\&=2\times10^5B_m^2S(1-\cos2\omega t)\\&=4B^2S(1-\cos2\omega t)\times10^5\\&=4B^2S\times10^5-4B^2S\times10^5\cos2\omega t\\&=F_{-}-F_{\sim}\end{aligned} \tag{1-9}$$

式中，$B=B_m\sqrt{2}$为正弦量$B(t)$的有效值。当$t=0$，则$\cos2\omega t=1$，于是$F(t)=0$为最小值；当$t=T/4$则$\cos2\omega t=-1$，于是$F(t)=8B^2S\times10^5=F_m$为最大值，在一周期内的平均值为

$$F_{av}=\frac{1}{T}\int_0^T F(t)\mathrm{d}t=4\times10^5B^2S\left[\frac{1}{T}\int_0^T(1-\cos2\omega t)\mathrm{d}t\right]=4B^2S\times10^5 \tag{1-10}$$

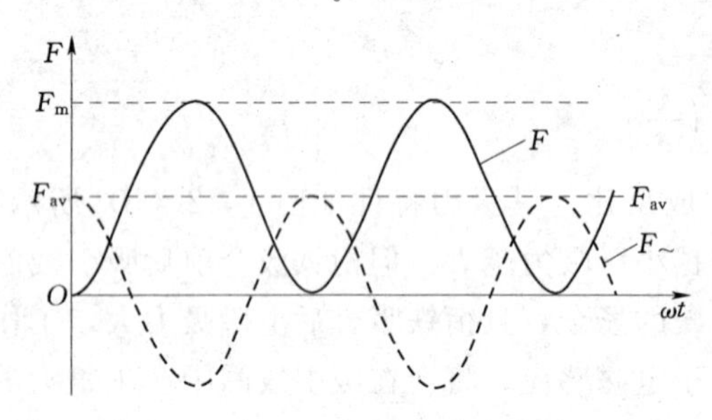

图1-3　交流电磁机构电磁吸力随时间变化情况

由上式可知，磁感应强度$B(t)$虽按正弦规律变化，但其交流电磁吸力却是脉动的，且方向不变，并由两部分组成：一部分为平均吸力F_{av}，其值为瞬时吸力最大值的一半，即$F_{av}=4B^2S\times10^5$；另一部分为以2倍电源频率变化的交流分量$F_\sim=4B^2S\times10^5\cos2\omega t$。所以交流电磁机构电磁吸力随时间变化如图1-3所示。其吸力在0和最大值$F_m=8B^2S\times10^5$的范围内以2倍电源频率变化。

由以上分析可知，交流电磁机构具有以下特点：

(1) $F(t)$是脉动的，在50Hz的工频下，1s内有100次过零点，因而引起衔铁的振动，产生机械噪声和机械损坏，应加以克服。

(2) 因$U\approx4.44fN\Phi_m$，当U一定时，Φ_m也一定。不管有无气隙，Φ_m基本不变。所以，交流电磁机构电磁吸力平均值基本不变，即平均吸力与气隙δ的大小无关。实际上，考虑到漏磁通的影响，吸力F_{av}随气隙δ的减少而略有增加，其吸力特性如图1-2（c）所示。

(3) 交流电磁机构在衔铁未吸合时，磁路中因气隙磁阻较大，维持同样的磁通Φ_m，所需的励磁电流即线圈电流，比吸合后无气隙时所需的电流大得多。对于U形交流电磁机构的励磁电流在线圈已通电，但衔铁尚未动作时的电流为衔铁吸合后的额定电流的5～6倍；对于E形电磁机构则高达10～15倍。所以，交流电磁机构的线圈通电后，衔铁因卡住而不能吸合，或交流电磁机构频繁工作，都将因线圈励磁电流过大而烧坏线圈。

为此，交流电磁机构不适用于可靠性要求高与频繁操作的场合。

(4) 剩磁的吸力特性。由于铁磁物质存有剩磁，它使电磁机构的励磁线圈断电后仍有一定的剩磁吸力存在，剩磁吸力随气隙 δ 增大而减小。剩磁的吸力特性如图 1-4 曲线 4 所示。

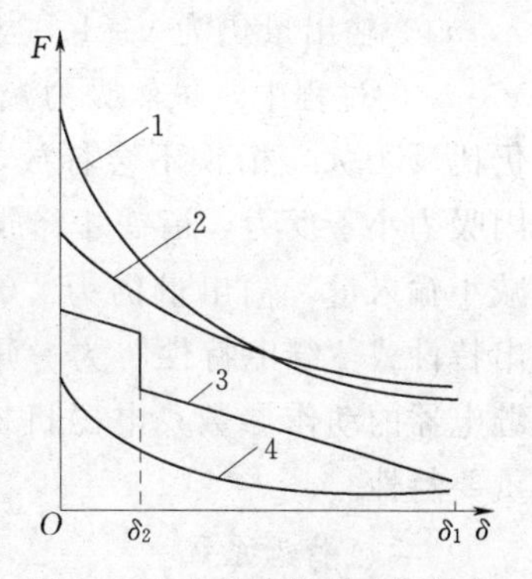

图 1-4　电磁机构吸力特性与反力特性的配合

1—直流吸力特性；2—交流吸力特性；3—反力特性；4—剩磁吸力特性

(5) 吸力特性与反力特性的配合。电磁机构欲使衔铁吸合，应在整个吸合过程中，吸力都必须始终大于反力，但也不宜过大，否则会影响电器的机械寿命。这就要求吸力特性在反力特性的上方且尽可能靠近。在释放衔铁时，其反力特性必须大于剩磁吸力特性，这样才能保证衔铁的可靠释放。这就要求电磁机构的反力特性必须介于电磁吸力特性和剩磁吸力特性之间，如图 1-4 所示。

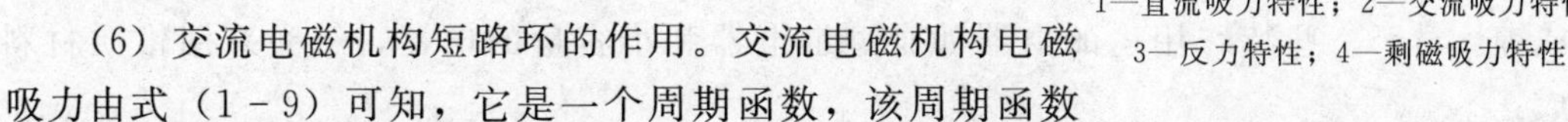

(6) 交流电磁机构短路环的作用。交流电磁机构电磁吸力由式 (1-9) 可知，它是一个周期函数，该周期函数由直流分量和 2ω 频率的正弦分量组成。虽然交流电磁机构中的磁感应强度是正、负交变的，但电磁吸力总是正的，它是在最大值为 $2F_{av}$ 和最小值为零的范围内脉动变化。因此在每一个周期内，必然有某一段时刻吸力小于反力，这时衔铁释放，而当吸力大于反力时，衔铁又被吸合。这样，在 $f=50\text{Hz}$ 时，电磁机构就出现了频率为 $2f$ 的持续抖动和撞击，发出噪声，并容易损坏铁芯。

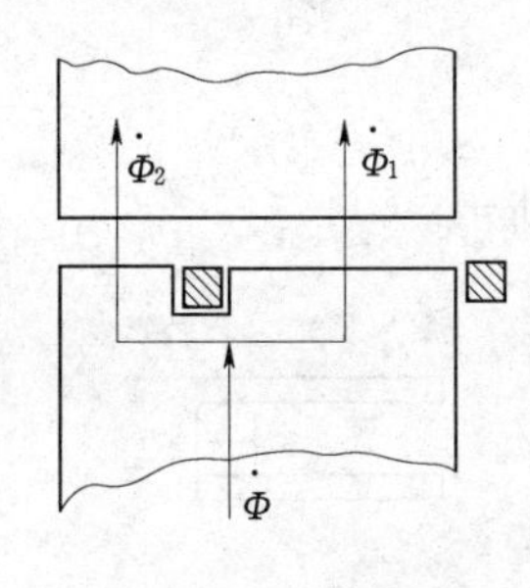

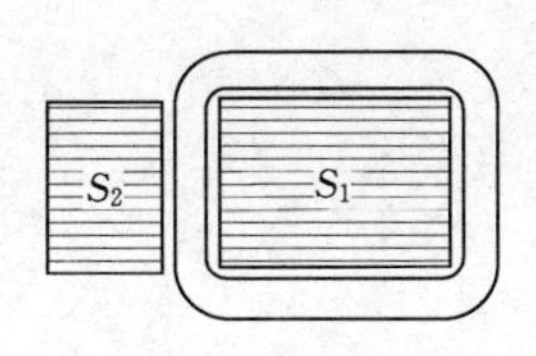

图 1-5　交流电磁机构短路环

为了避免衔铁振动，通常在铁芯端面开一小槽，在槽内嵌入铜质短路环，如图 1-5 所示。短路环把端面 S 分成两部分，即环内部分 S_1 与环外部分 S_2，短路环仅包围了磁路磁通 Φ 的一部分。这样，铁芯端面处就有两个不同相位的磁通 Φ_1 和 Φ_2，它们分别产生电磁吸力 F_1 和 F_2，而且这两个吸力之间也存在一定的相位差。这样，虽然这两部分电磁吸力各自都有到达零值的时候，但到零值的时刻已错开，二者的合力就大于零，只要总吸力始终大于反力，衔铁便被吸牢，也就能消除衔铁的振动。

3. 电磁机构的输入—输出特性

电磁机构的吸引线圈加上电压（或通入电流），产生电磁吸力，从而使衔铁吸合。因此，也可将线圈电压（或电流）作为输入量 x，而将衔铁的位置作为输出量 y，则电磁机构衔铁位置（吸合与释放）与吸引线圈的电压（或电流）的关系称为电磁机构的输入—输出特性，通常称为“继电特性”。

若将衔铁处于吸合位置记作 $y=1$，释放位置记作 $y=0$。由上分析可知，当吸力特性处于反力特性上方时，衔铁被吸合；当吸力特性处于反力特性下方时，衔铁被释放。若使吸力特性处于反力特性上方的最小输入量用 x_0 表示，称为电磁机构的动作值；使吸力特性处于反力特性下方的最大输入量用 x_r 表示，称为电磁机构的复归值。

电磁机构的输入—输出特性如图 1-6 所示，当输入量 $x<x_0$ 时衔铁不动作，其输出量 $y=0$；当 $x=x_0$ 时，衔铁吸合，输出量 y 从“0”跃变为“1”；再进一步增大输入量使

$x>x_0$，输出量仍为 $y=1$。当输入量 x 从 x_0 减小的时候，在 $x>x_r$ 的过程中，虽然吸力减小，但因衔铁吸合状态下的吸力仍比反力大，衔铁不会释放，其输出量 $y=1$。当 $x=x_r$ 时，因吸力小于反力，衔铁才释放，输出量由"1"变为"0"；再减小输入量，输出量仍为"0"。所以，电磁机构的输入—输出特性或"继电特性"为一矩形曲线。动作值与复归值均为继电器的动作参数，电磁机构的继电特性是电磁式继电器的重要特性。

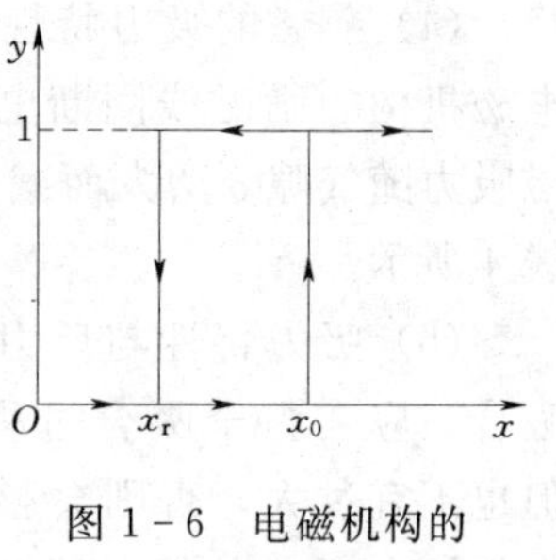

图 1-6 电磁机构的继电特性

（二）触头系统

触头亦称触点，是电磁式电器的执行部分，起接通和分断电路的作用。因此，要求触头导电导热性能好，通常用铜、银、镍及其合金材料制成，有时也在铜触头表面电镀锡、银或镍。对于一些特殊用途的电器如微型继电器和小容量的电器，触头采用银质材料制成。

触头闭合且有工作电流通过时的状态称为电接触状态，电接触状态时触头之间的电阻称为接触电阻，其大小直接影响电路工作情况。若接触电阻较大，电流流过触头时造成较大的电压降，这对弱电控制系统影响较严重。同时电流流过触头时电阻损耗大，将使触头发热导致温度升高，严重时可使触头熔焊，这样既影响工作的可靠性，又降低了触头的寿命。触头接触电阻大小主要与触头的接触形式、接触压力、触头材料及触头表面状况等有关。

1. 触头的接触形式

触头的接触形式有点接触、线接触和面接触三种，如图 1-7 所示。

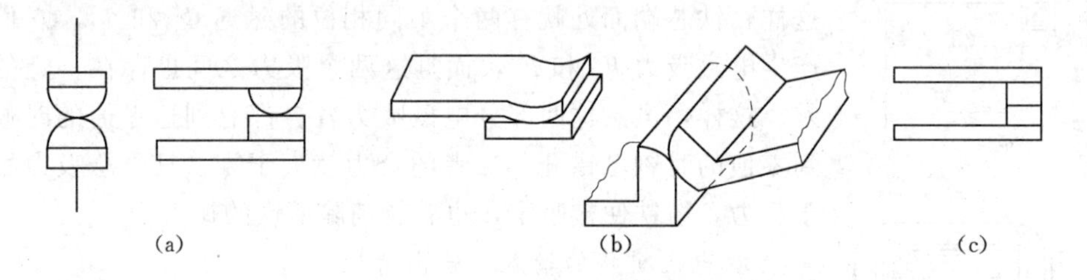

图 1-7 触头的接触形式

（a）点接触；（b）线接触；（c）面接触

点接触由两个半球形触头或一个半球形与一个平面形触头构成，常用于小电流的电器中，如接触器的辅助触头和继电器触头。线接触常做成指形触头结构，它们的接触区是一条直线，触头通、断过程是滚动接触并产生滚动摩擦，适用于通电次数多，电流大的场合，多用于中等容量电器。面接触触头一般在接触表面镶有合金，允许通过较大电流，中小容量的接触器的主触头多采用这种结构。

2. 触头的结构形式

触头在接触时，要求其接触电阻尽可能小，为使触头接触更加紧密以减小接触电阻，同时消除开始接触时产生的振动，在触头上装有接触弹簧，使触头刚刚接触时产生初压力，随着触头闭合逐渐增大触头互压力。

触头按其原始状态可分为常开触头和常闭触头。原始状态时（吸引线圈未通电时）触头断开，线圈通电后闭合的触头叫常开触头（动合触头）。原始状态闭合，线圈通电断开的触头叫常闭触头（动断触头）。线圈断电后所有触头回复到原始状态。

按触头控制的电路可分为主触头和辅助触头。主触头用于接通或断开主电路，允许通过较大的电流，辅助触头用于接通或断开控制电路，只能通过较小的电流。

触头的结构形式主要有桥式触头和指形触头，如图 1-8 所示。桥式触头在接通与断开电路时由两个触头共同完成，对灭弧有利。这类结构触头的接触形式一般是点接触和面接触。指形触头在接通或断开时产生滚动摩擦，能去掉触头表面的氧化膜，从而减小触头的接触电阻。指形触头的接触形式一般采用线接触。

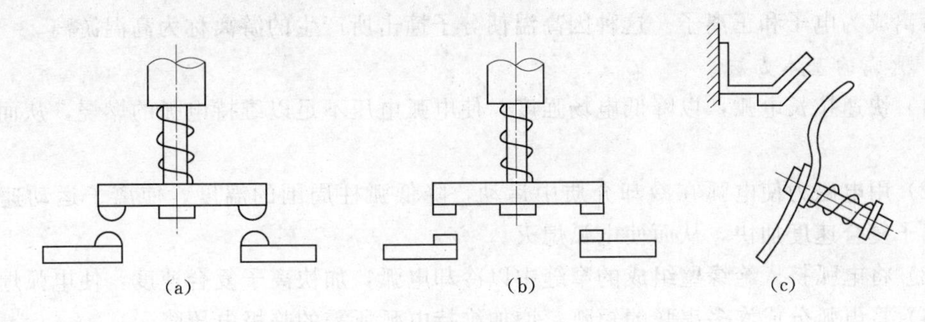

图 1-8 触头的结构形式

(a) 点接触桥式触头；(b) 面接触桥式触头；(c) 线接触指形触头

3. 减小接触电阻的方法

首先触头材料选用电阻系数小的材料，使触头本身的电阻尽量减小；其次增加触头的接触压力，一般在动触头上安装触头弹簧；再次改善触头表面状况，尽量避免或减小触头表面氧化膜形成，在使用过程中尽量保持触头清洁。

（三）电弧的产生和灭弧方法

1. 电弧的产生

在自然环境下开断电路时，如果被开断电路的电流（电压）超过某一数值时（根据触头材料的不同，其值约在 0.25～1A，12～20V 之间），在触头间隙中就会产生电弧。电弧实际上是触头间气体在强电场作用下产生的放电现象。这时触头间隙中的气体被游离产生大量的电子和离子，在强电场作用下，大量的带电粒子作定向运动，使绝缘的气体变成了导体。电流通过这个游离区时所消耗的电能转换为热能和光能，由于光和热的效应，产生高温并发出强光，使触头烧蚀，并使电路切断时间延长，甚至不能断开，造成严重事故。为此，必须采取措施熄灭或减小电弧。

2. 电弧产生的原因

电弧产生的原因主要经历四个物理过程：

(1) 强电场放射。触头在通电状态下开始分离时，其间隙很小，电路电压几乎全部降落在触头间很小的间隙上，使该处电场强度很高，强电场将触头阴极表面的自由电子拉出到气隙中，使触头间隙的气体中存在较多的电子，这种现象称为强电场放射。

(2) 撞击电离。触头间的自由电子在电场作用下，向正极加速运动，经一定路程后获得足够大的动能，在其前进途中撞击气体原子，将气体原子分裂成电子和正离子。电子在向正极运动过程中将撞击其他原子，使触头间隙中气体电荷越来越多，这种现象称为撞击电离。

（3）热电子发射。撞击电离产生的正离子向阴极运动，撞击在阴极上使阴极温度逐渐升高，并使阴极金属中电子动能增加，当阴极温度达到一定程度时，一部分电子有足够动能将从阴极表面逸出，再参与撞击电离。由于高温使电极发射电子的现象称为热电子发射。

（4）高温游离。当电弧间隙中的气体温度升高，使气体分子热运动速度加快，当电弧温度达到或超过3000℃时，气体分子发生强烈的不规则热运动并造成相互碰撞，使中性分子游离成为电子和正离子。这种因高温使分子撞击所产生的游离称为高温游离。

3. 灭弧的基本方法

（1）快速拉长电弧，以降低电场强度，使电弧电压不足以维持电弧的燃烧，从而熄灭电弧。

（2）用电磁力使电弧在冷却介质中运动，降低弧柱周围的温度，使离子运动速度减慢，离子复合速度加快，从而使电弧熄灭。

（3）将电弧挤入绝缘壁组成的窄缝中以冷却电弧，加快离子复合速度，使电弧熄灭。

（4）将电弧分成许多串联的短弧，增加维持电弧所需的临极电压降。

4. 常用的灭弧装置

（1）电动力吹弧。图1-9是一种桥式结构双断口触头，当触头断开电路时，在断口处产生电弧，电弧电流在两电弧之间产生图中所示的磁场，根据左手定则，电弧电流将受到指向外侧的电动力 F 的作用，使电弧向外运动并拉长，从而迅速冷却并熄灭。此外，也具有将一个电弧分为两个来削弱电弧的作用。这种灭弧方法常用于小容量的交流接触器中。

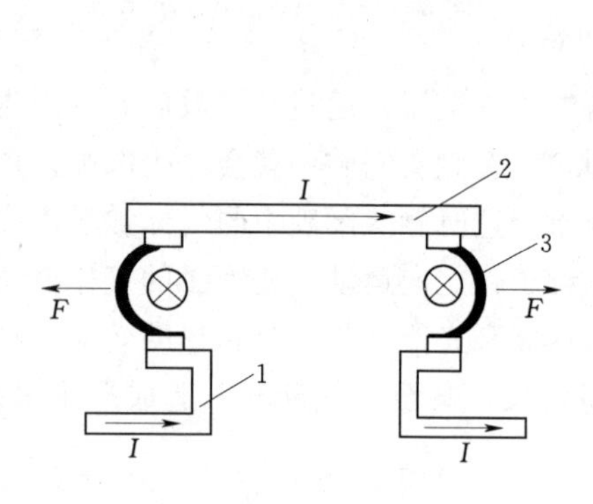

图1-9 双断口电动力吹弧

1—静触头；2—动触头；3—电弧

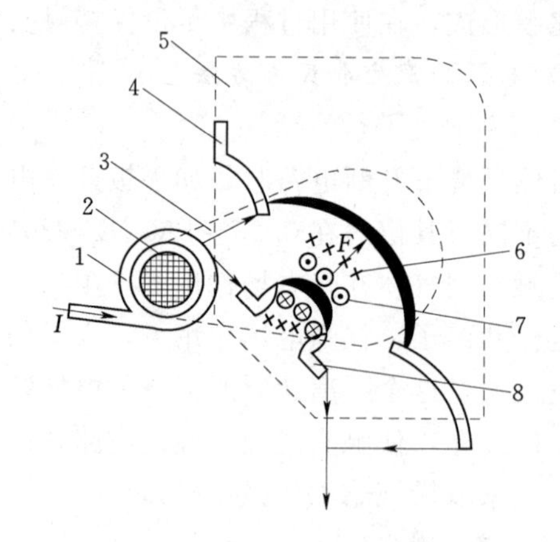

图1-10 磁吹灭弧原理

1—磁吹线圈；2—铁芯；3—导磁夹板；4—引弧角；5—灭弧罩；6—磁吹线圈磁场；7—电弧电流磁场；8—动触头

（2）磁吹灭弧。为加强弧区的磁场强度，以获得较大的电弧运动速度，在触头电路中串入磁吹线圈，如图1-10所示。该线圈产生的磁场由导磁夹板引向触头周围。磁吹线圈产生的磁场6与电弧电流产生的磁场7相互叠加，这两个磁场在电弧下方方向相同，在电弧上方方向相反，所以电弧下方的磁场强于上方的磁场。在下方磁场作用下，电弧受力方向为F所指的方向，在F的作用下，电弧被吹离触头，经引弧角引进灭弧罩，使电弧熄灭。这种灭弧方法常用于直流灭弧装置中。

(3) 栅片灭弧。灭弧栅是由多片镀铜薄钢片（称为栅片）和石棉绝缘板组成，它们安放在电器触头上方的灭弧室内，彼此之间互相绝缘，片间距离约2～5mm。当触头分断电路时，在触头之间产生电弧，电弧电流产生磁场，由于钢片磁阻比空气磁阻小得多，使灭弧栅上方的磁通非常稀疏，而灭弧栅处的磁通非常密集，这种上疏下密的磁场将电弧拉入灭弧罩中，电弧进入灭弧栅后，被分割成一段段串联的短弧，如图1-11所示。这样每两片灭弧栅片可看作一对电极，而每对电极间都有150～250V的绝缘强度，使整个灭弧栅的绝缘强度大大加强，以致外加电压无法维持，电弧迅速熄灭。同时，栅片还能吸收电弧热量，使电弧迅速冷却也利于电弧熄灭。由于灭弧栅对交流电弧具有灭弧作用，故灭弧栅常用于交流灭弧装置中。

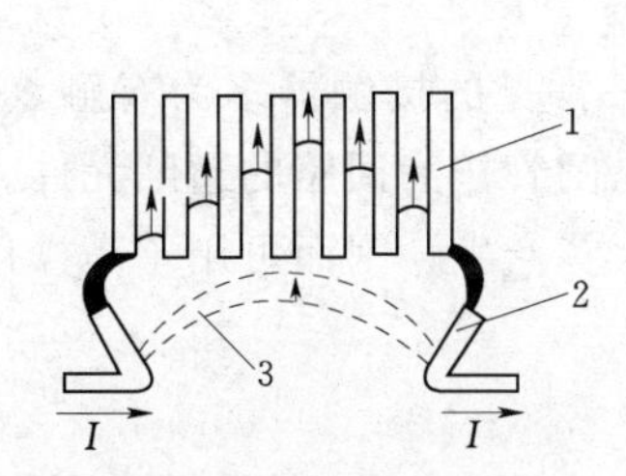

图1-11 栅片灭弧示意图

1—灭弧栅片；2—触头；3—电弧

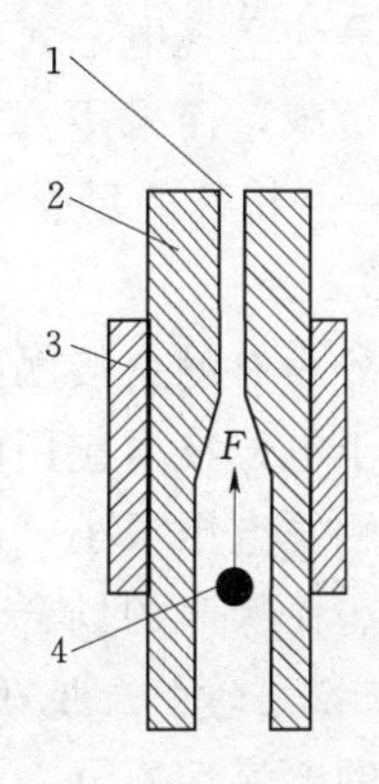

图1-12 窄缝灭弧

1—纵缝；2—介质；3—磁性夹板；4—电弧

(4) 窄缝灭弧。这种灭弧方法是利用灭弧罩的窄缝来实现的。灭弧罩内有一个或数个纵缝，缝的下部宽上部窄，如图1-12所示。当触头断开时，电弧在电动力的作用下进入缝内，窄缝可将弧柱分成若干直径较小的电弧，同时将电弧直径压缩，使电弧同缝壁紧密接触，加强冷却和去游离作用，同时也加大了电弧运动的阻力，使电弧运动速度下降，将电弧迅速熄灭。灭弧罩通常用陶土、石棉水泥或耐弧塑料制成。

实际中，为加强灭弧效果，通常不是采用单一的灭弧方法，而是采用两种或多种方法灭弧。

第二节 接 触 器

接触器是一种用来自动接通或断开大电流电路的电器。它可以频繁地接通或分断交、直流电路，并可实现远距离控制。其主要控制对象是电动机，也可用于电热设备、电焊机、电容器组等其他负载。接触器具有低电压释放保护功能，同时具有控制容量大，过载

能力强，寿命长，设备简单经济等特点，是电力拖动自动控制线路中使用最广泛的电器元件。

一、接触器的分类

接触器的种类很多，其分类方法也不尽相同。按照一般的分类方法，大致有以下几种。

（一）按主触点极数分

按主触点极数可分为单极、双极、三极、四极和五极接触器。单极接触器主要用于单相负荷，如照明负荷、焊机等，在电动机能耗制动中也可采用；双极接触器用于绕线式异步电机的转子回路中，启动时用于短接启动绕组；三极接触器用于三相负荷，例如在电动机的控制及其他场合，使用最为广泛；四极接触器主要用于三相四线制的照明线路，也可用来控制双回路电动机负载；五极交流接触器用来组成自耦补偿启动器或控制双笼型电动机，以变换绕组接法。

（二）按灭弧介质分

按灭弧介质可分为空气电磁式接触器、真空接触器、油浸式接触器等。依靠空气绝缘的接触器用于一般负载，而采用真空绝缘的接触器常用在煤矿、石油、化工企业及电压在660V和1140V等一些特殊的场合。

（三）按有无触点分

按有无触点可分为有触点接触器和无触点接触器。常见的接触器多为有触点接触器。而无触点接触器属于电子技术应用的产物，一般采用晶闸管作为回路的通断元件。由于可控硅导通时所需的触发电压很小，而且回路通断时无火花产生，因而可用于高操作频率的设备和易燃、易爆、无噪声的场合。

（四）按主触点控制的电流性质分

按主触点控制的电流性质分，有交流接触器和直流接触器。直流接触器应用于直流电力线路中，供远距离接通与分断电路及直流电动机频繁启动、停止、反转或反接制动控制，以及CD系列电磁操作机构合闸线圈或频繁接通和断开起重电磁铁、电磁阀、离合器和电磁线圈等。

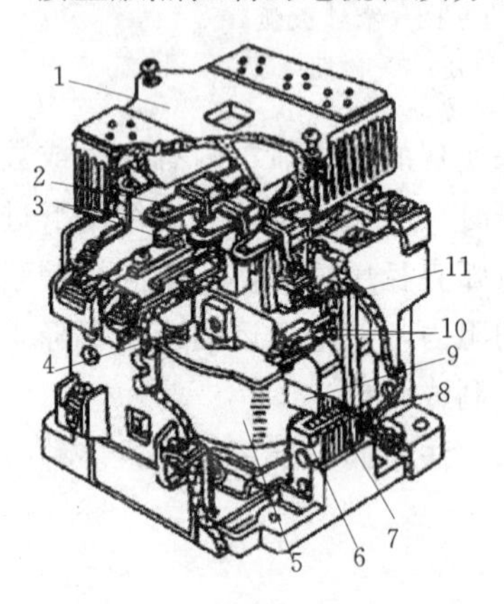

图1-13 交流接触器的结构

1—灭弧罩；2—触点压力弹簧片；3—主触点；4—反作用弹簧；5—线圈；6—短路环；7—静铁芯；8—弹簧；9—动铁芯；10—辅助常开触点；11—辅助常闭触点

其中应用最广泛的是空气电磁式交流接触器和空气电磁式直流接触器，简称交流接触器和直流接触器。

二、交流接触器

（一）交流接触器结构

交流接触器的外形与结构如图1-13所示。交流接触器由电磁机构、触点系统、灭弧装置，以及其他部件四部分组成。

1. 电磁机构

电磁机构由线圈、动铁芯（衔铁）和静铁芯组成，其作用是将电磁能转换成机械能，产生电磁吸力带动触点动作。交流电磁线圈由于铁芯存在磁滞和涡流损

耗，造成铁芯发热，为此铁芯与衔铁用硅钢片叠制而成，且为改善线圈和铁芯的散热，线圈设有骨架，使铁芯和线圈隔开，并将线圈做成短而厚的矮胖型。

2. 触点系统

触点系统包括主触头和若干辅助触头。主触头通过电动机等负载电流，按接触器主触头的个数不同分为两极、三极与四极接触器；辅助触头通过小电流，通常用于控制电路完成控制连锁等任务。中小容量的交、直流接触器的主、辅触头一般都采用直动式双断口桥式结构，大容量的主触点采用转动式单断口指形触头。辅助触头在结构上通常是常开和常闭成对的。

3. 灭弧装置

容量在10A以上的接触器都有灭弧装置。对于小容量的接触器，常采用双断口触点灭弧、电动力灭弧、相间弧板隔弧及陶土灭弧罩灭弧；对于大容量的接触器，采用纵缝灭弧罩及栅片灭弧。

4. 其他部件

其他部件包括反作用弹簧、缓冲弹簧、触点压力弹簧、传动机构及外壳等。

（二）接触器的工作原理

电磁式接触器的工作原理为：当线圈接通电源时，其电流产生磁场，铁芯被磁化，吸引衔铁，使它有向着铁芯运动的趋势。当吸力增大到足以克服释放弹簧的反作用力时，衔铁就带动与它作刚性连接的动触头，共同向着铁芯运动，并最终吸合在一起，这时动触头和静触头互相接触，便把主电路接通。一旦切断线圈的电源，或者电压突然消失或显著降低，衔铁就会因磁场消失或过弱，因而在释放弹簧的作用下脱离磁轭，返回原位。与此同时，动触头也脱离静触头，把电路切断。

三、直流接触器

直流接触器的结构和工作原理基本上与交流接触器相同，在结构上也是由电磁机构、触点系统和灭弧装置等部分组成。

（一）触点系统

直流接触器有主触点和辅助触点。主触点一般做成单极或双极，由于主触点接通或断开的电流较大，故采用流动接触的指形触点；辅助触点的通断电流较小，常采用点接触的双断点桥式触点。

（二）电磁机构

因为线圈中通的是直流电，铁芯中不会产生涡流，所以铁芯可用整块铸铁或铸钢制成，也不需要安装短路环。铁芯中无磁滞和涡流损耗，因而铁芯不发热。线圈的匝数较多，电阻大，线圈本身发热，因此吸引线圈做成长而薄的圆筒状，且不设线圈骨架，使线圈与铁芯直接接触，以便散热。

（三）灭弧装置

由于直流电弧比交流电弧难以熄灭，直流接触器常采用磁吹式灭弧装置灭弧。

四、接触器的基本参数

（一）额定电压

接触器额定工作电压是指主触头之间的正常工作电压值，也就是指主触头所在电路的电源电压。交流接触器常用的额定电压值为127V、220V、380V、500V、660V，直流接触器的额定电压有110V、220V、380V、440V、660V。

（二）额定电流

接触器主触点在额定工作条件下的电流值。380V三相电动机控制电路中，额定工作电流可近似等于控制功率的2倍。交流接触器常用额定电流等级为10A、20A、40A、60A、100A、150A、250A、400A、600A，直流接触器的额定工作电流有40A、80A、100A、150A、250A、400A、600A。

（三）约定发热电流

指在规定条件下试验时，电流在8h工作制下，各部分温升不超过极限时接触器所承载的最大电流。对老产品只讲额定工作电流，对新产品（如CJ20系列）则有约定发热电流和额定工作电流之分。

（四）通断能力

可分为最大接通电流和最大分断电流。最大接通电流是指触点闭合时不会造成触点熔焊时的最大电流值，最大分断电流是指触点断开时能可靠灭弧的最大电流。一般通断能力是额定电流的5～10倍。当然，这一数值与开断电路的电压等级有关，电压越高，通断能力越小。

（五）动作值

可分为吸合电压和释放电压。吸合电压是指接触器吸合前，缓慢增加吸合线圈两端的电压，接触器可以吸合时的最小电压。释放电压是指接触器吸合后，缓慢降低吸合线圈的电压，接触器释放时的最大电压。一般规定，吸合电压不低于线圈额定电压的85%，释放电压不高于线圈额定电压的70%。

（六）吸引线圈额定电压

接触器正常工作时，吸引线圈上所加的电压值。一般该电压数值以及线圈的匝数、线径等数据均标于线包上，而不是标于接触器外壳铭牌上，使用时应加以注意。

（七）操作频率

接触器在吸合瞬间，吸引线圈需消耗比额定电流大5～7倍的电流，如果操作频率过高，则会使线圈严重发热，直接影响接触器的正常使用。为此，规定了接触器的允许操作频率，一般为每小时允许操作次数的最大值。

（八）寿命

包括电气寿命和机械寿命。目前接触器的机械寿命已达1000万次以上，电气寿命一般是机械寿命的5%～20%。

（九）使用类别

接触器用于不同负载时，其对主触点的接通和分断能力要求不同，按不同使用条件来选用相应使用类别的接触器便能满足其要求。在电力拖动控制系统中，接触器常见的使用类别及典型用途见表1-2。它们的主触点达到的接通和分断能力为：AC1和DC1类允许接通和分断额定电流，AC2、DC3和DC5类允许接通和分断4倍的额定电流，AC3类允许接通6倍的额定电流和分断额定电流，AC4类允许接通和分断6倍的额定电流。

表 1-2 接触器常见使用类别和典型用途

电流种类	使用类别	典 型 用 途
AC（交流）	AC1	无感或微感负载、电阻炉
	AC2	绕线转子异步电动机的启动、制动
	AC3	笼型异步电动机的启动、运转中分断
	AC4	笼型异步电动机的启动、反接制动、反向和点动
DC（直流）	DC1	无感或微感负载、电阻炉
	DC2	并励电动机的启动、反接制动和点动
	DC3	串励电动机的启动、反接制动和点动

五、接触器的符号与型号说明

（一）接触器的符号

接触器的图形符号如图 1-14 所示，文字符号为 KM。

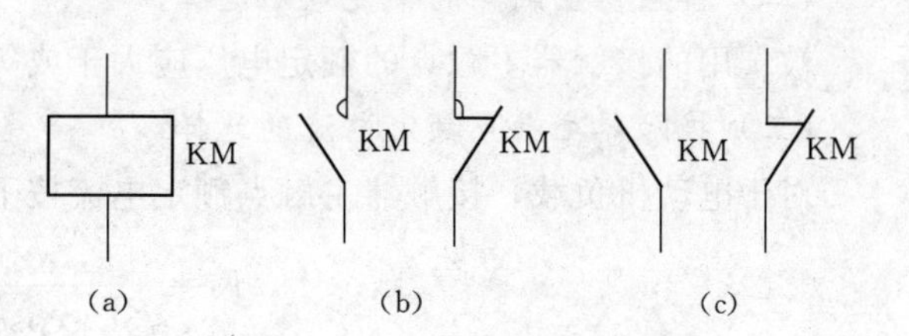

图 1-14 接触器的图形符号

(a) 线圈；(b) 主触点；(c) 辅助触点

（二）接触器的型号说明

接触器型号的各部分意义如图 1-15 所示。例如，CJ10Z-40/3 为交流接触器，设计序号 10，重任务型，额定电流 40A，主触点为 3 极；CJ12T-250/3 为改型后的交流接触器，设计序号 12，额定电流 250A，3 个主触点。

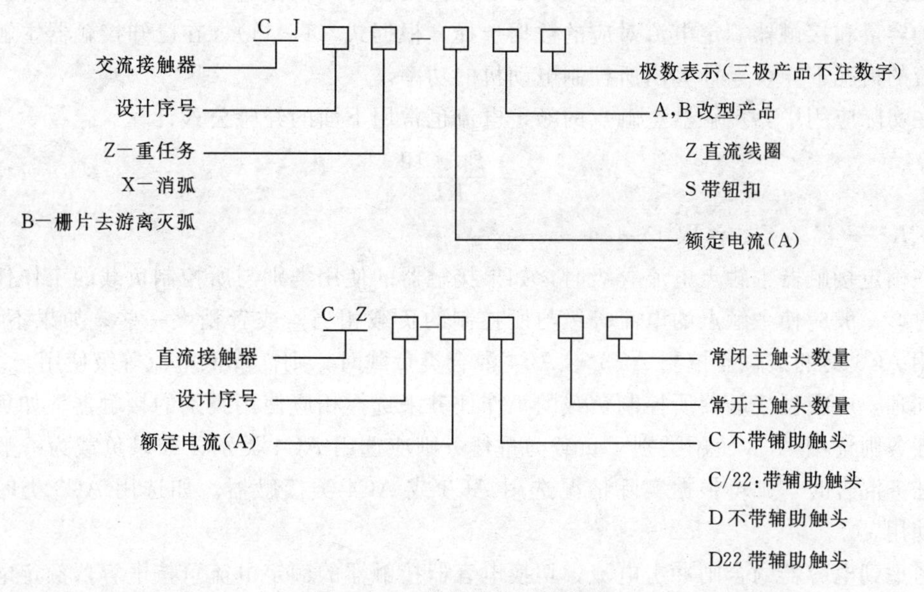

图 1-15 接触器的型号说明

我国生产的交流接触器常用的有 CJ10、CJ12、CJX1、CJ20 等系列及其派生系列产品，CJ10 系列及其改型产品已逐步被 CJ20、CJX 系列产品取代。上述系列产品一般具有 3 对常开主触点，常开、常闭辅助触点各 2 对。直流接触器常用的有 CZ20 系列，分单极和双极两大类，常开、常闭辅助触点各不超过2对。此外，目前还有N和B系列等交流接触器。例如正泰NC9系列真空交流接触器，主要用于交流50Hz，额定工作电压至1140V，额定工作电流至1000A的电路中，供远距离接通和分断电路之用，并可与适当的热过载继电器或电子保护器等有关保护装置组成真空电磁启动器，特别适用于组成隔爆型真空电磁启动器。

六、接触器的选用

（一）接触器极数和电流种类的确定

根据主触头接通或分断电路的性质来选择直流接触器还是交流接触器。根据系统需要选择所需接触器极数。

（二）接触器主触点的额定电压选择

被选用的接触器主触点的额定电压应大于或等于负载的额定电压。

（三）接触器主触点额定电流的选择

对于电动机负载，接触器主触点额定电流按下式计算

$$I_N = \frac{P_N \times 10^3}{\sqrt{3}U_N \cos\varphi \cdot \eta} \tag{1-11}$$

式中 P_N——电动机功率，kW；

U_N——电动机额定线电压，V；

$\cos\varphi$——电动机功率因数，其值大约为0.85～0.9；

η——电动机的效率，其值一般为0.8～0.9。

在选用接触器时，其额定电流应大于计算值。也可以根据电气设备手册给出的被控电动机的容量和接触器额定电流对应的数据选择。根据式（1-11），在已知接触器主触点额定电流的情况下，可以计算出所控制电动机的功率。

在实际应用中，接触器主触点的额定电流也常用下面的经验公式计算

$$I_N = \frac{P_N \times 10^3}{KU_N} \tag{1-12}$$

式中 K——经验系数，取1～1.4。

在确定接触器主触点电流等级时，如果接触器的使用类别与所控制负载的工作任务相对应时，一般应使主触点的电流等级与所控制的负载相当，或者稍大一些。如果不对应，例如用AC3类的接触器控制AC3与AC4混合类负载时，则需降低电流等级使用。

同理，应根据接触器所控制负载的工作任务来选择相应使用类别的接触器。如负载是一般任务则选用AC3使用类别；负载为重任务则应选用AC4类别；如果负载为一般任务与重任务混合时，则可根据实际情况选用AC3或AC4类接触器。如选用AC3类时，应降级使用。

考虑到电容器的合闸冲击电流，切换电容器接触器的额定电流可按电容器额定电流的1.5倍选取；用接触器对变压器进行控制时，应考虑浪涌电流的大小，一般可按变压器额定电流的2倍选取接触器；由于气体放电灯启动电流大，启动时间长，对于照明设备的控制，可按额定电流1.1～1.4倍选取交流接触器；如果冷却条件较差，选用接触器时，接触器的额定电流按负荷额定电流的110%～120%选取；对于长时间工作的电机，由于其

氧化膜没有机会得到清除，使接触电阻增大，导致触点发热超过允许温升，实际选用时，可将接触器的额定电流减小30%使用。

（四）接触器吸引线圈电压的选择

如果控制线路比较简单，所用接触器数量较少，则交流接触器线圈的额定电压一般直接选用380V或220V。如果控制线路比较复杂，使用的电器又比较多，为了安全起见，线圈的额定电压可选低一些。例如，交流接触器线圈电压可选择127V、36V等，这时需要附加一个控制变压器。

直流接触器线圈的额定电压应视控制回路的情况而定。同一系列，同一容量等级的接触器，其线圈的额定电压有几种，可以选线圈的额定电压与直流控制电路的电压一致。

直流接触器的线圈加的是直流电压，交流接触器的线圈一般是加交流电压。有时为了提高接触器的最大操作频率，交流接触器也有采用直流线圈的。

第三节　电 磁 式 继 电 器

继电器是根据某种输入信号的变化，接通或断开控制电路，实现自动控制和保护电力装置的自动电器。被转化或施加于继电器的电量或非电量称为继电器的激励量（输入量），继电器的激励量可以是电量，如交流或直流的电流、电压，也可以是非电量，如位置、时间、温度、速度、压力等。当输入量高于它的吸合值或低于它的释放值时，继电器动作，对于有触头式继电器是其触头闭合或断开，对于无触头式继电器是其输出发生阶跃变化，以此提供一定的逻辑变量，实现相应的控制。

继电器的种类很多，按输入信号的性质分为电压继电器、电流继电器、时间继电器、温度继电器、速度继电器、中间继电器、压力继电器等；按工作原理可分为电磁式继电器、感应式继电器、电动式继电器、热继电器和电子式继电器等；按输出形式可分为有触点和无触点两类；按用途可分为控制用与保护用继电器等。

一、电磁式继电器

电磁式继电器是应用得最早、最多的一种型式。其结构及工作原理与接触器大体相同。由电磁系统、触点系统和释放弹簧等组成，电磁式继电器典型结构如图1-16所示。由于继电器用于控制电路，流过触点的电流比较小（一般5A以下），故不需要灭弧装置，但继电器为满足控制要求，需调节动作参数，故有调节装置。

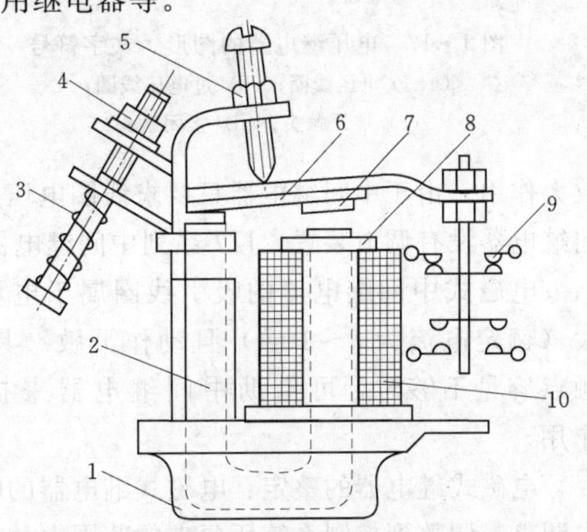

图1-16　电磁式继电器的典型结构

1—底座；2—铁芯；3—释放弹簧；4—调节螺母；5—调节螺母；6—衔铁；7—非磁性垫片；8—极靴；9—触头系统；10—线圈

1. 电磁机构

直流继电器的电磁机构均为U形拍合式，铁芯和衔铁均由电工软铁制成，为了改变衔铁闭合后的气隙，在衔铁的内侧面上装有非磁性垫片，铁芯在铝基座上。

2. 触头系统

继电器的触头一般都为桥式触头，有常开和常闭两种形式，没有灭弧装置。

3. 调节装置

为改变继电器的动作参数，应设改变继电器释放弹簧松紧程度的调节装置和改变衔铁释放时初始状态磁路气隙大小的调节装置，如调节螺母和非磁性垫片。

二、电磁式电压继电器

电压继电器用于电力拖动系统的电压保护和控制。其线圈并联接入主电路，感测主电路的线路电压；触点接于控制电路，为执行元件。按吸合电压的大小，电压继电器可分为过电压继电器、欠电压继电器和零电压继电器。

（一）过电压继电器

用于线路的过电压保护，其吸合整定值为被保护线路额定电压的1.05～1.2倍。当被保护的线路电压正常时，衔铁不动作；当被保护线路的电压高于额定值，达到过电压继电器的整定值时，衔铁吸合，触点机构动作，控制电路失电，控制接触器及时分断被保护电路。

（二）欠电压继电器

用于线路的欠电压保护，其释放整定值为线路额定电压的0.1～0.6倍。当被保护线路电压正常时，衔铁可靠吸合；当被保护线路电压降至欠电压继电器的释放整定值时，衔铁释放，触点机构复位，控制接触器及时分断被保护电路。

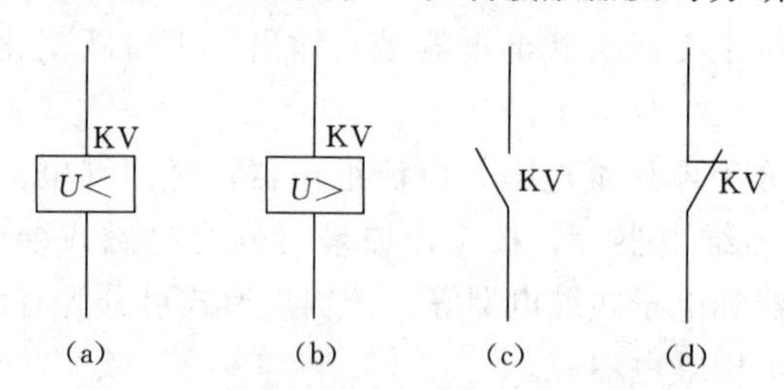

图1-17 电压继电器的图形、文字符号

(a) 欠电压线圈；(b) 过电压线圈；
(c) 常开触头；(d) 常闭触头

零电压继电器是当电路电压降低到5%～25%U_N时释放，对电路实现零电压保护，用于线路的失压保护。

电压继电器的符号如图1-17所示。

三、电磁式中间继电器

电磁式中间继电器实质上是一种电磁式电压继电器，其特点是触头数量较多（一般有4副常开，4副常闭，共8对），在电路中起增加触头数量和起中间放大作用。由于中间继电器只要求线圈电压为零时能可靠释放，对动作参数无要求，故中间继电器没有调节装置。JZ7系列中间继电器结构、符号如图1-18所示。

电磁式中间继电器的吸引线圈属于电压线圈，但它的触点数量较多，触点容量较大（额定电流为5～10A）且动作灵敏。其主要用途是：当其他继电器的触点数量或触点容量不够时，可借助中间继电器来扩大触点数目或触点容量，起到中间转换作用。

电磁式继电器的整定：电磁式继电器的吸合值和释放值可以根据保护要求在一定范围内调整，调整到控制系统所要求的范围内。一般可通过调整复位弹簧的松紧程度和改变非磁性垫片的厚度来实现。

电磁式中间继电器常用的有JZ7、JDZ2、JZ14等级系列。引进产品有MA406N系列中间继电器，3TH系列（国内型号JZC）。JZ14系列中间继电器型号、规格、技术数据见

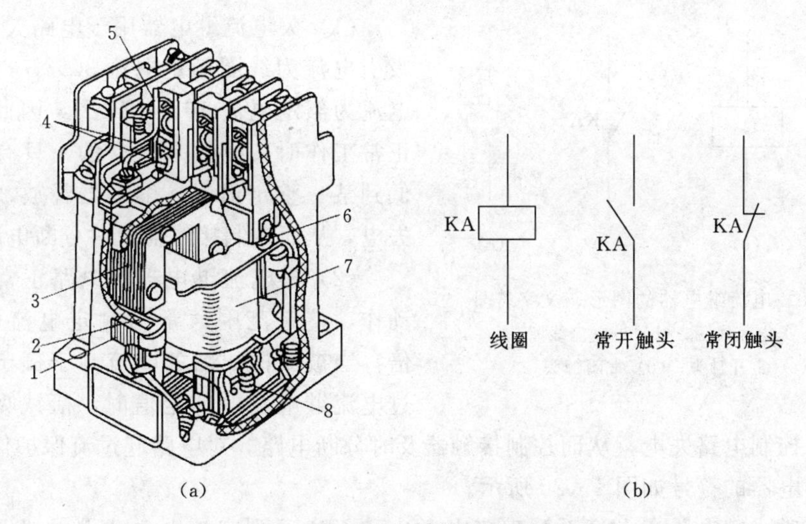

图 1－18　JZ7 系列中间继电器结构及符号

(a) 结构；(b) 符号

1—静铁芯；2—短路环；3—衔铁；4—常开触头；5—常闭触头；

6—释放弹簧；7—线圈；8—缓冲弹簧

表 1－3 所列。

表 1－3　　　　　　　JZ14 系列中间继电器型号、规格、技术数据

型号	电压种类	触头电压(V)	触头额定电流(A)	触头组合		额定操作频率(次/h)	通电持续率(%)	吸引线圈电压(V)	吸引线圈消耗功率
				常开	常闭				
JZ14—□□J/□ JZ14—□□Z/□	交流、 直流	380 220	5	6 4 2	2 4 6	2000	40	交流 110、127、220、380 直流 24、48、110、220	10VA 7W

JZ14 系列型号含义如图 1－19 所示。

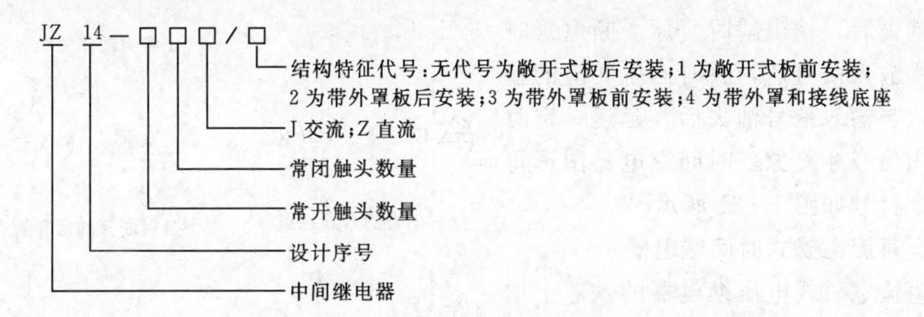

图 1－19　JZ14 系列中间继电器型号含义

四、电磁式电流继电器

电流继电器用于电力拖动系统的电流保护和控制。其线圈串联接入主电路，用来感测主电路的线路电流；触点接于控制电路，为执行元件。电流继电器反映的是电流信号。常用的电流继电器有欠电流继电器和过电流继电器两种。

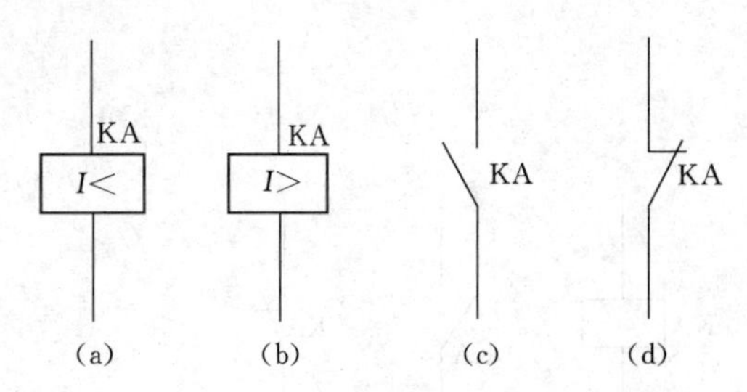

图 1-20 电流继电器的图形、文字符号
(a) 欠电流线圈；(b) 过电流线圈；
(c) 常开触头；(d) 常闭触头

(1) 欠电流继电器用于电路欠电流保护。吸引电流为线圈额定电流 30%～65%，释放电流为额定电流 10%～20%，因此，在电路正常工作时，衔铁是吸合的，只有当电流降低到某一整定值时，继电器释放，控制电路失电，从而控制接触器及时分断电路。

(2) 过电流继电器在电路正常工作时不动作，整定范围通常为额定电流的 1.1～4 倍，当被保护线路的电流高于额定值，达到过电流继电器的整定值时，衔铁吸合，触点机构动作，控制电路失电，从而控制接触器及时分断电路。对电路起过流保护作用。

电流继电器的符号如图 1-20 所示。

通用电磁式继电器有 JT3 系列直流电磁式和 JT4 系列交流电磁式继电器，均为老产品。新产品有 JT9、JT10、JL12、JL14、JZ7 等系列，其中 JL14 系列为交直流电流继电器，JZ7 系列为交流中间继电器。

第四节 时间继电器

在电力拖动控制系统中，不仅需要动作迅速的继电器，而且需要当吸引线圈通电或断电以后其触点经过一定延时再动作的继电器，这种继电器称为时间继电器。利用电磁原理或机械动作原理实现触点延时接通或断开的自动控制电器，其种类很多，常用的有电磁式、空气阻尼式、电动式和电子式等时间继电器。

按延时方式可分为通电延时型和断电延时型。通电延时型当接受输入信号后延迟一定时间，输出信号才发生变化；当输入信号消失后，输出瞬时复原。断电延时型当接受输入信号后，瞬时产生相应的输出信号，当输入信号消失后，延迟一定时间，输出信号才复原。时间继电器图形符号及文字符号如图 1-21 所示。

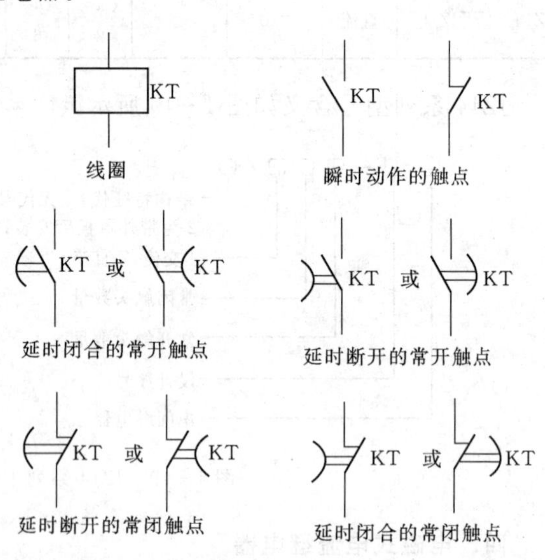

图 1-21 时间继电器图形符号及文字符号

一、直流电磁式时间继电器

在直流电磁式电压继电器的铁芯上增加一个阻尼铜套，即可构成时间继电器，其结构如图 1-22 所示，它是利用电磁阻尼原理产生延时的。由电磁感应定律可知，在继电器线圈通断电过程中铜套内将产生感应电势，并流过感应电流，此电流产生的磁通总是阻碍原磁通变化。继电器通电时，由于衔铁处于释放位置，气隙大，磁阻

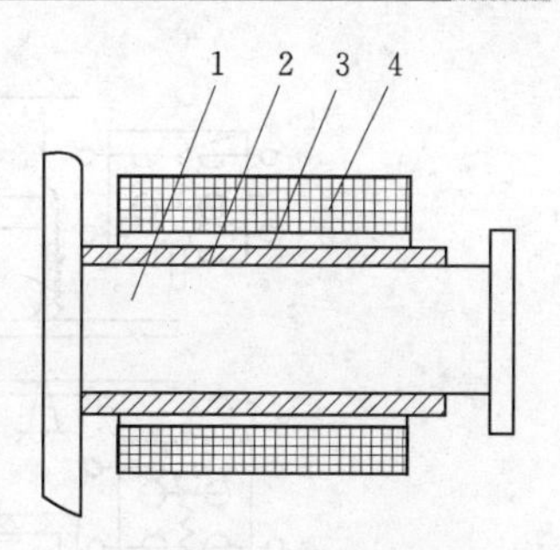

图 1－22 带有阻尼铜套的铁芯示意图

1—铁芯；2—阻尼铜套；3—绝缘层；4—线圈

大，磁通小，铜套阻尼作用相对也小，因此衔铁吸合时延时不显著（一般忽略不计）。当继电器断电时，磁通变化量大，铜套阻尼作用也大，使衔铁延时释放而起到延时作用。因此，这种继电器仅用作断电延时。

二、空气阻尼式时间继电器

空气阻尼式时间继电器，是利用空气阻尼原理获得延时的。延时方式有通电延时型和断电延时型两种。其外观区别在于：当衔铁位于铁芯和延时机构之间时为通电延时型，当铁芯位于衔铁和延时机构之间时为断电延时型。它由电磁系统、延时机构和触点系统三部分组成，电磁机构为直动式双E型，触点系统是借用LX5型微动开关，延时机构采用气囊式阻尼器。

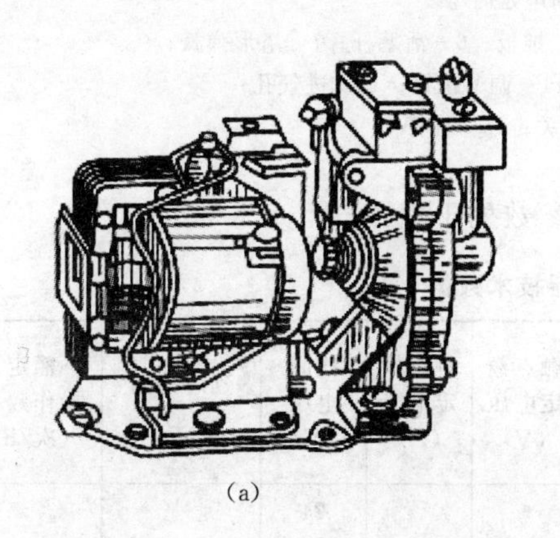

(a)

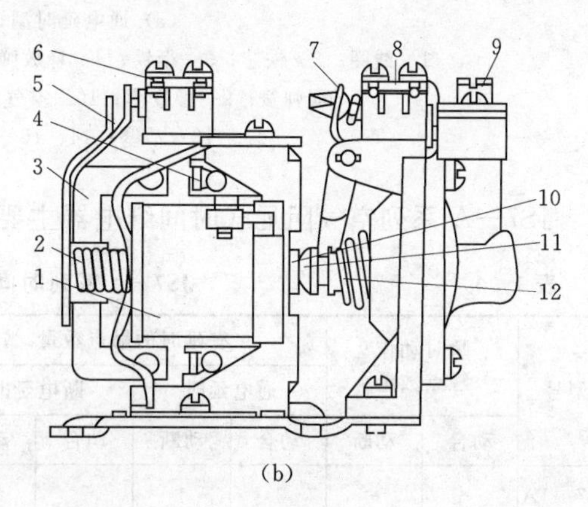

(b)

图 1－23 JS7—A系列空气阻尼式时间继电器外形与结构图

(a) 外形；(b) 结构

1—线圈；2—释放弹簧；3—衔铁；4—铁芯；5—弹簧片；6—瞬时触头；7—杠杆；8—延时触头；9—调节螺钉；10—推杆；11—活塞杆；12—塔形弹簧

图1－23为JS7—A系列空气阻尼式时间继电器外形与结构图，图1－24为其结构原理图。现以通电延时型为例说明其工作原理。当线圈1通电后，衔铁3吸合，活塞杆6在塔形弹簧7作用下带动活塞13及橡皮膜9向上移动，橡皮膜下方空气室的空气变得稀薄，形成负压，活塞杆只能缓慢移动，其移动速度由进气孔气隙大小来决定。经一段延时后，活塞杆通过杠杆15压动微动开关14，使其触点动作，起到通电延时作用。

当线圈断电时，衔铁释放，橡皮膜下方空气室内的空气通过活塞肩部所形成的单向阀迅速排出，使活塞杆、杠杆、微动开关迅速复位。由线圈通电至触头动作的一段时间即为时间继电器的延时时间，延时长短可通过调节螺钉11来调节进气孔气隙大小而改变。

微动开关16在线圈通电或断电时，在推板5的作用下都能瞬时动作，其触头为时间继电器的瞬动触头。

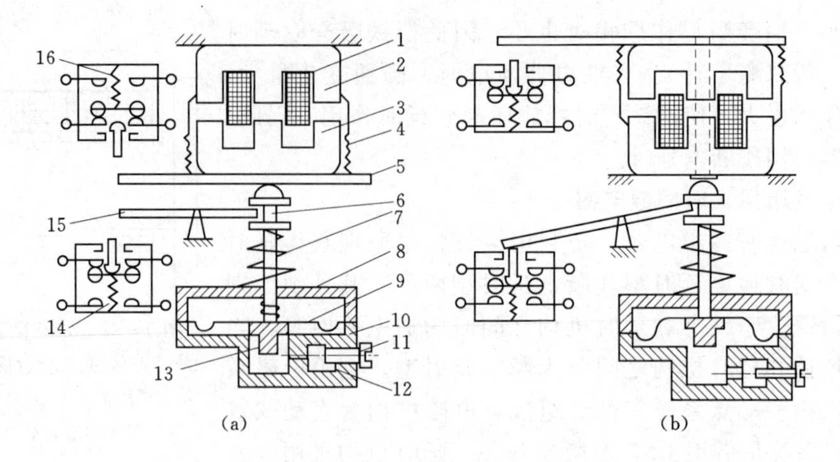

图 1-24 JS7—A 系列空气阻尼式时间继电器结构原理图

(a) 通电延时型；(b) 断电延时型

1—线圈；2—铁芯；3—衔铁；4—释放弹簧；5—推板；6—活塞杆；7—塔形弹簧；8—弱弹簧；9—橡皮膜；10—空气室壁；11—调节螺钉；12—进气孔；13—活塞；14、16—微动开关；15—杠杆

JS7—A 系列空气阻尼式时间继电器主要技术参数列于表 1-4。

表 1-4　JS7-A 系列时间继电器技术数据

型号	瞬时动作触点数量		有延时的触点数量				触点额定电压（V）	触点额定电流（A）	线圈电压（V）	延时范围（s）	额定操作频率（次/h）
			通电延时		断电延时						
	动合	动断	动合	动断	动合	动断					
JS7—1A	—	—	1	1	—	—	380	5	24 36 110 127 220 380 420	0.4～60 及 0.4～180	600
JS7—2A	1	1	1	1	—	—					
JS7—3A	—	—	—	—	1	1					
JS7—4A	1	1	—	—	1	1					

三、电子式时间继电器

电子式时间继电器在时间继电器中已成为主流产品，电子式时间继电器是采用晶体管或集成电路和电子元件等构成，按其构成可分为 RC 式晶体管时间继电器和数字式时间继电器，多用于电力传动、自动顺序控制及各种过程控制系统中，并以其延时范围宽，精度高，体积小，工作可靠的优势逐步取代传统的电磁式、空气阻尼式等时间继电器。

（一）晶体管式时间继电器

晶体管式时间继电器是以 RC 电路电容充电时，电容器上的电压逐步上升的原理为延时基础制成的。常用的晶体管式时间继电器有 JS14A、JS15、JS20、JSJ、JSB、JS14P 等系列。其中，JS20 系列晶体管时间继电器是全国统一设计产品，延时范围有 0.1～180s、0.1～300s、0.1～3600s 三种，电气寿命达 10 万次，适用于交流 50Hz，电压 380V 及以下或直流 110V 及以下的控制电路中（表 1-5）。

表 1-5　**JS20 系列晶体管时间继电器主要技术参数**

型号	结构形式	延时整定元件位置	延时范围(s)	延时触头数量 通电延时 常开	通电延时 常闭	断电延时 常开	断电延时 常闭	瞬动触头数量 常开	瞬动触头数量 常闭	工作电压(V) 交流	工作电压(V) 直流	功率损耗(W)	机械寿命(万次)
JS20—□/00	装置式	内接	0.1～300	2	2	—	—	—	—	36、100、127、220、380	24、48、110	≤5	1000
JS20—□/01	面板式	内接											
JS20—□/02	装置式	外接											
JS20—□/03	装置式	内接		1	1	—	—	1	1				
JS20—□/04	面板式	内接											
JS20—□/05	装置式	外接											
JS20—□/10	装置式	内接	0.1～3600	2	2	—	—	—	—				
JS20—□/11	面板式	内接											
JS20—□/12	装置式	外接											
JS20—□/13	装置式	内接		1	1	—	—	1	1				
JS20—□/14	面板式	内接											
JS20—□/15	装置式	外接											
JS20—□/00	装置式	内接	0.1～180	—	—	2	2	—	—				
JS20—□/01	面板式	内接											
JS20—□/02	装置式	外接											

JS20 系列晶体管时间继电器型号含义如图 1-25 所示。

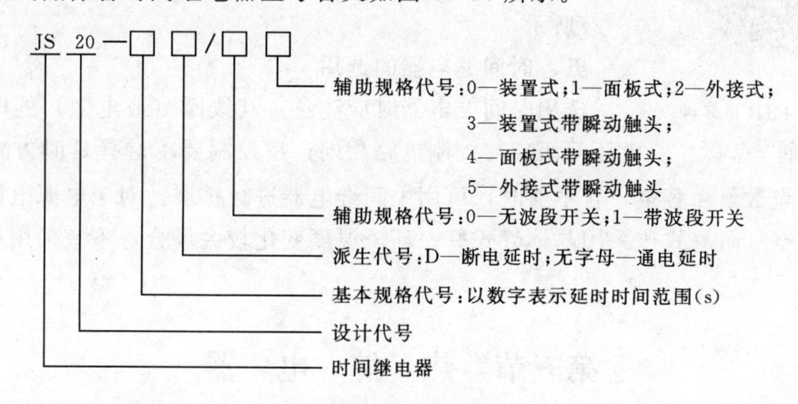

图 1-25　JS20 系列晶体管时间继电器型号含义

（二）数字式时间继电器

RC 晶体管时间继电器是利用 R、C 充放电原理制成的。由于受延时原理的限制，不容易做成长延时，且延时精度易受电压、温度的影响，精度较低，延时过程也不能显示，因而影响了它的使用。随着半导体技术，特别是集成电路技术的进一步发展，采用新延时原理的时间继电器——数字式时间继电器便应运而生，各种性能指标得到大幅度提高。目前最先进的数字式时间继电器内部装有微处理器。

目前市场上的数字式时间继电器型号很多，有DH48S、DH14S、DH11S、JSS1（图1-26）、JS14S系列等。其中，JS14S系列与JS14、JS14P、JS20系列时间继电器兼容，取代方便。DH48S系列数字时间继电器，为引进技术及工艺制造，替代进口产品，延时范围为0.1s～990h，任意预置。另外还有从日本富士公司引进生产的ST系列等。

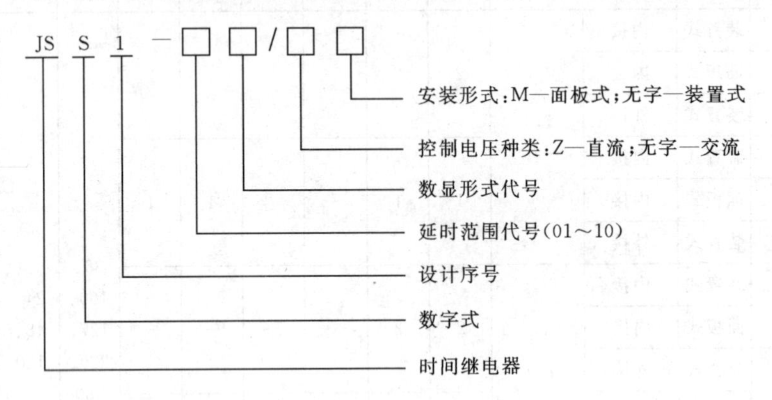

图1-26 JSS1系列数字式时间继电器型号含义

四、单片机控制时间继电器

近年来随着微电子技术的发展，采用集成电路、功率电路和单片机等电子元件构成的新型时间继电器大量面市，如DHC6多制式单片机控制时间继电器，J5S17、J3320、JSZ13等系列大规模集成电路数字时间继电器，J5145等系列电子式数显时间继电器，J5G1等系列固态时间继电器等。DHC6多种制式单片机控制时间继电器外貌如图1-27所示。

图1-27 DHC6多种制式时间继电器

五、时间继电器的选用

选用时间继电器时应注意：其线圈（或电源）的电流种类和电压等级应与控制电路相同；按控制要求选择延时方式和触点形式；校核触点数量和容量，若不够时，可用中间继电器进行扩展。对于电源电压波动大的场合，选用空气阻尼式比采用晶体管式好；环境温度变化较大场合，不宜采用晶体管式时间继电器。

第五节 热继电器

电动机在实际运行中，常会遇到过载情况，但只要过载不严重、时间短，绕组不超过允许的温升，这种过载是允许的。如果过载情况严重，时间长，则会加速电动机绝缘的老化，缩短电动机的使用年限，甚至烧毁电动机，因此必须对电动机进行过载保护。

热继电器（FR）主要用于电力拖动系统中电动机负载的过载保护，是一种具有反时限（延时）过载保护特性的过电流继电器，广泛用于电动机的过载保护，也可以用于其他电气设备的过载保护。

一、热继电器结构与工作原理

热继电器主要由热元件、双金属片和触点组成，如图 1-28 所示，热元件由发热电阻丝做成。双金属片由两种热膨胀系数不同的金属辗压而成，当双金属片受热时，会出现弯曲变形。使用时，把热元件串接于电动机的主电路中，而常闭触点串接于电动机的控制电路中。

当电动机正常运行时，热元件产生的热量虽能使双金属片弯曲，但还不足以使热继电器的触点动作。当电动机过载时，双金属片弯曲位移增大，推动导板使常闭触点断开，从而切断电动机控制电路以起保护作用。热继电器动作后一般不能自动复位，要等双金属片冷却后按下复位按钮复位。热继电器动作电流的调节可以借助旋转凸轮于不同位置来实现。热继电器的图形及文字符号如图 1-29 所示。

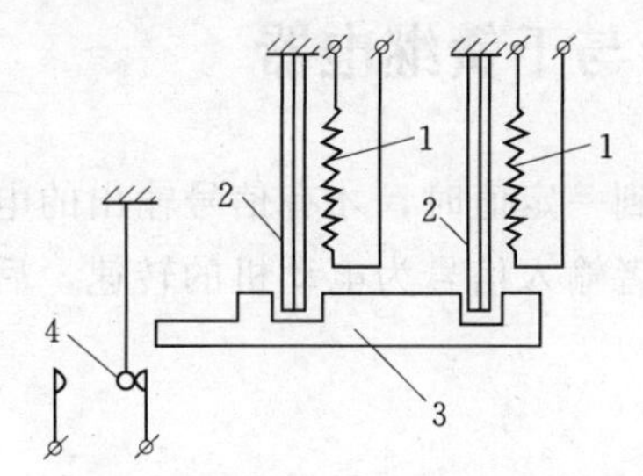

图 1-28 热继电器原理示意图

1—热元件；2—双金属片；

3—导板；4—触点复位

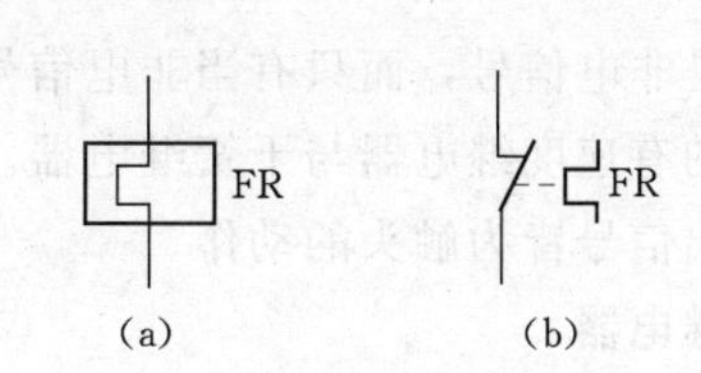

图 1-29 热继电器的图形及文字符号

(a) 热元件；(b) 常闭触点

二、热继电器的型号及选用

我国目前生产的热继电器主要有 JR0、JR1、JR2、JR9、JR10、JR15、JR16 等系列。

JR1、JR2 系列热继电器采用间接受热方式，其主要缺点是双金属片靠发热元件间接加热，热耦合较差；双金属片的弯曲程度受环境温度影响较大，不能正确反映负载的过流情况。

JR15、JR16 等系列热继电器采用复合加热方式并采用了温度补偿元件，因此能较正确反映负载的工作情况。

JR1、JR2、JR0 和 JR15 系列的热继电器均为两相结构，是双热元件的热继电器，可以用作三相异步电动机的均衡过载保护和 Y 连接定子绕组的三相异步电动机的断相保护，但不能用作定子绕组为△连接的三相异步电动机的断相保护。

JR16 和 JR20 系列热继电器均为带有断相保护的热继电器，具有差动式断相保护机构。

热继电器的选择主要根据电动机定子绕组的连接方式来确定热继电器的型号，在三相异步电动机电路中，对 Y 连接的电动机可选两相或三相结构的热继电器，一般采用两相结构的热继电器，即在两相主电路中串接热元件。对于三相感应电动机，定子绕组为△连接的电动机必须采用带断相保护的热继电器。

JR20 系列型号含义如图 1-30 所示。

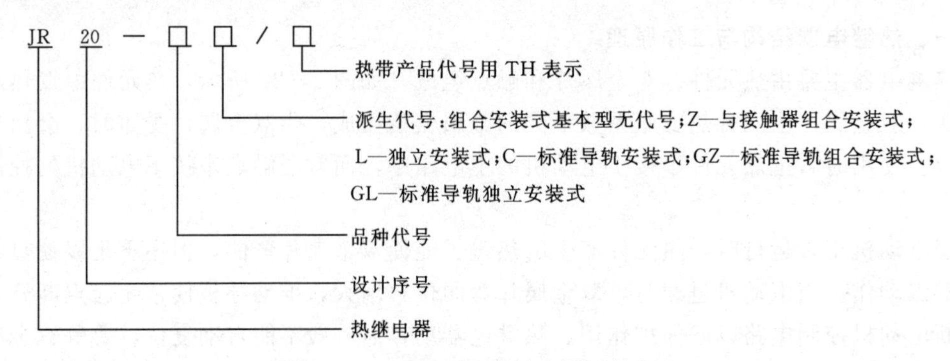

图 1-30 JR20 系列热继电器型号含义

第六节 速度继电器与干簧继电器

输入信号是非电信号，而只有当非电信号达到一定值时，才有信号输出的电器为信号继电器，常用的有速度继电器与干簧继电器。前者输入信号为电动机的转速，后者输入信号为磁场，输出信号皆为触头的动作。

一、速度继电器

从结构上看，速度继电器与交流电机相类似，主要由定子、转子和触点三部分组成。定子的结构与笼型异步电动机相似，是一个笼型空心圆环，由硅钢片冲压而成，并装有笼型绕组，转子是一个圆柱形永久磁铁。速度继电器的轴与电动机的轴相连，定子空套在转子外围。当电动机转动时，速度继电器的转子（永久磁铁）随之转动，在空间产生旋转磁场，定子绕组切割磁场产生感应电动势和电流。此电流和永久磁铁的磁场作用产生转矩，使定子随转子转动方向旋转一定的角度，与定子装在一起的摆锤推动触点动作，使动断触点断开，动合触点闭合。当电动机转速低于某一值时，定子产生的转矩减小，在弹簧力的作用下动触点复位。其图形及文字符号如图 1-31 所示。

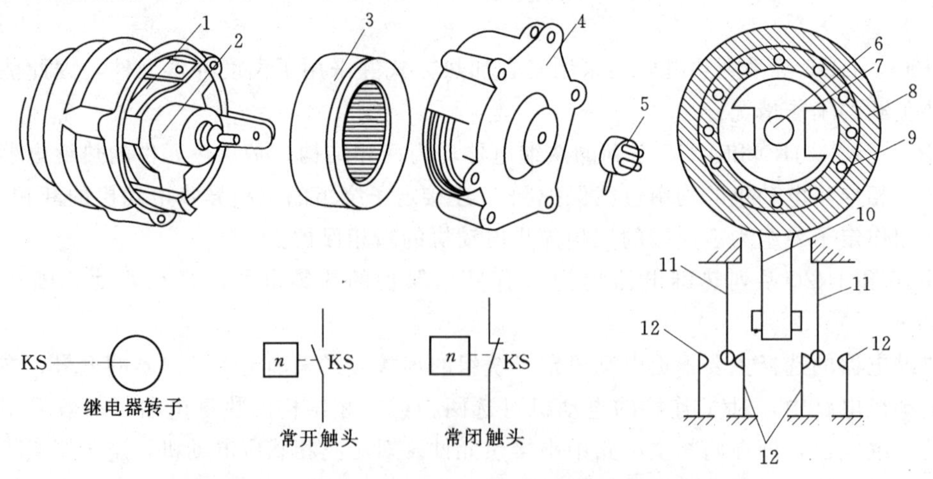

图 1-31 JY1 型速度继电器的外形、结构和符号

1—可动支架；2—转子；3—定子；4—端盖；5—连接头；6—电动机轴；7—转子（永久磁铁）；8—定子；9—定子绕组；10—胶木摆杆；11—簧片（动触头）；12—静触头

常用的感应式速度继电器有JY1和JFZ0（图1-32）系列。JY1系列能在3000r/min的转速下可靠工作。JFZ0型触点动作速度不受定子柄偏转快慢的影响，触点改用微动开关。JFZ0系列JFZ0－1型适用于300～1000r/min，JFZ0－2型适用于1000～3000r/min。速度继电器有2对常开、常闭触点，分别对应于被控电动机的正、反转运行。一般情况下，速度继电器的触点，在转速达120r/min时能动作，100r/min左右时能恢复正常位置。速度继电器根据电动机的额定转速、控制要求进行选择。

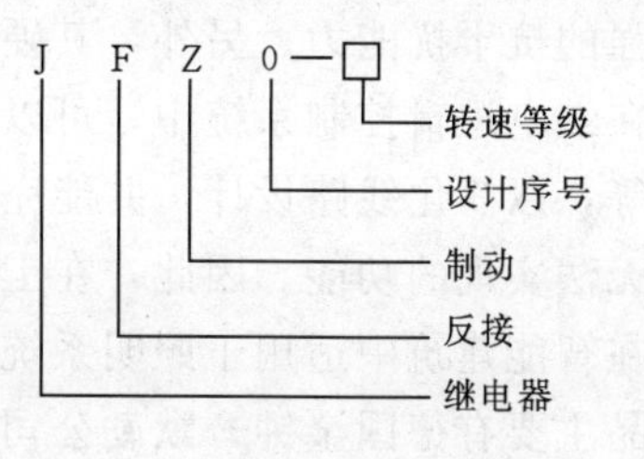

图1-32　JFZ0系列速度继电器型号含义

二、干簧继电器

干式舌簧继电器简称干簧继电器，是近年来迅速发展起来的一种新型干簧继电器。是一种具有密封触点的电磁式继电器。干簧继电器可以反映电压、电流、功率以及电流极性等信号，在检测、自动控制、计算机控制技术等领域中应用广泛。干簧继电器主要由干式舌簧片与励磁线圈组成。干式舌簧片（触点）是密封的，由铁镍合金做成，舌片的接触部分通常镀有贵重金属（如金、铑、钯等），接触良好，具有优良的导电性能。触点密封在充有氮气等惰性气体的玻璃管中，因而有效地防止了尘埃的污染，减少了触点的腐蚀，提高了工作可靠性。其结构如图1-33所示。

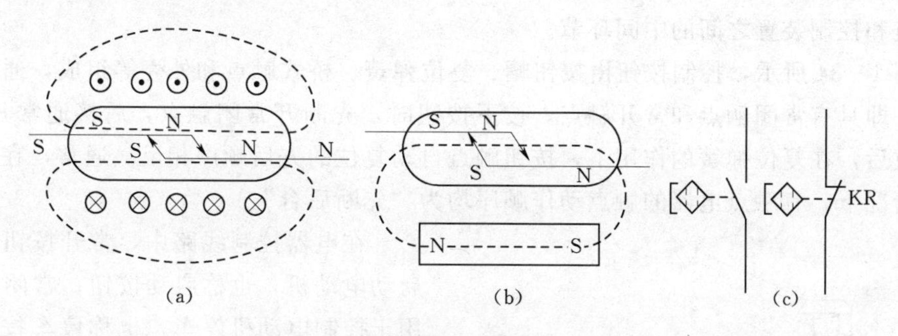

图1-33　干簧继电器结构原理与符号

(a) 线圈通电驱动型；(b) 外磁场驱动型；(c) 符号

当线圈通电后，管中两干簧片的自由端分别被磁化成N极和S极而相互吸引，因而接通被控电路。线圈断电后，干簧片在本身的弹力作用下分开，将线路切断。干簧继电器常用于电梯电气控制中。目前国产干簧继电器有JAG2—1A型和JAG2—2A型等。

第七节　可编程通用逻辑控制继电器

可编程通用逻辑控制继电器是近几年发展应用的一种新型通用逻辑控制继电器，亦称通用逻辑控制模块，它将控制程序预先存储在内部存储器中，用户程序采用梯形图或功能图语言编程，形象直观，简单易懂。由按钮、开关等输入开关量信号，通过执行程序对输入信号进行逻辑运算、模拟量比较、计时、计数等，另外还有显示参数、通信、仿真运行等功能，其内部软件功能和编程软件可替代传统逻辑控制器件及继电器电路，并具有很强的抗干扰能力。另外，其硬件是标准化的，要改变控制功能只需改变程序即可。因此，在继电逻辑控制系统中，可以“以软代硬”替代其中的时间继电器、中间继电器、计数器等，以简化线路设计，并能完成较复杂的逻辑控制，甚至可以完成传统继电逻辑控制方式无法实现的功能。因此，在工业自动化控制系统、小型机械和装置、建筑电器等广泛应用在智能建筑中适用于照明系统，取暖通风系统，门、窗、栅栏、出入口等的控制。常用产品主要有德国金钟—默勒公司的 Easy，西门子公司的 LOGO、日本松下公司的可选模式控制器—控制存储式继电器等。

第八节 主令电器

控制系统中，主令电器是一种专门发布命令，直接或通过电磁式电器间接作用于控制电路的电器。常用来控制电力拖动系统中电动机的启动、停车、调速及制动等。常用的主令电器有控制按钮、行程开关、接近开关、万能转换开关、主令控制器，以及其他主令电器如脚踏开关、倒顺开关、紧急开关、钮子开关等。本节仅介绍几种常用的主令电器。

一、控制按钮

控制按钮简称按钮，是广泛应用的一种主令电器，它主要用于远距离操作具有电磁线圈的电器，如接触器和继电器，向它们发出“指令”，也可用于电气连锁。可以说按钮是操作人员和控制装置之间的中间环节。

如图 1-34 所示，控制按钮由按钮帽、复位弹簧、桥式触点和外壳等组成，通常做成复合式，即具有常闭触点和常开触点。按下按钮时，先断开常闭触点，后接通常开触点；按钮释放后，在复位弹簧的作用下，按钮触点自动复位的先后顺序相反。通常，在无特殊说明的情况下，有触点电器的触点动作顺序均为“先断后合”。

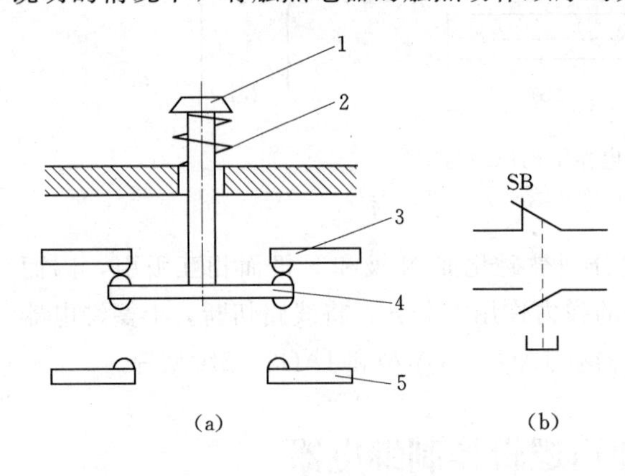

图 1-34 按钮开关的图形符号及文字符号

1—按钮；2—复位弹簧；3—常闭触头；4—动触头；5—常开触头

在电器控制线路中，常开按钮常用来启动电动机，也称启动按钮；常闭按钮常用于控制电动机停车，也称停车按钮；复合按钮用于连锁控制电路中。控制按钮的种类很多，在结构上有揿钮式、紧急式、钥匙式、旋钮式、带灯式和打碎玻璃按钮。

按钮选择的主要依据是使用场所、所需要的触点数量、种类及颜色。为了表明各个按钮的作用，避免误操作，通常将钮帽做成不同的颜色以示区别，其颜色一般有红、绿、黑、黄、蓝、白等。一般以红色表示停止按钮，绿色表示启动按钮。

目前使用比较多的有 LA18、LA19、LA20、LA25、LAY3、LAY5、LAY9、HUL11、HUL2 等系列产品。其中，LAY3 系列是引进产品，产品符合 IEC337 标准及《低压电器基本标准》GB 1497—85。LAY5 系列是仿法国施耐德电气公司产品，LAY9 系列是综合日本和泉公司、德国西门子公司等产品的优点而设计制作，符合 IEC337 标准。

LA20 系列按钮的型号及其含义如图 1-35 所示，其技术数据见表 1-6 所列。

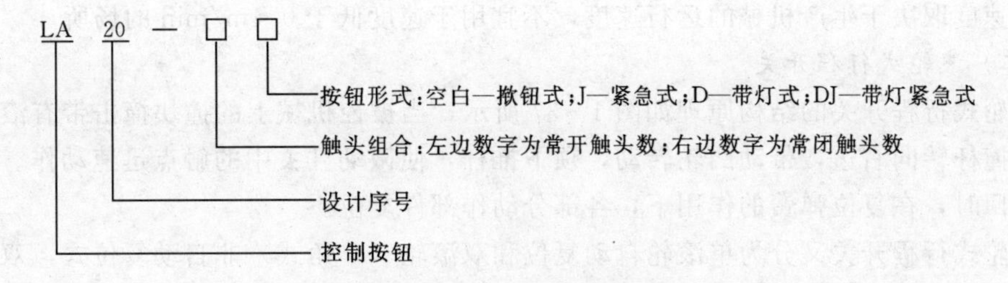

图 1-35 LA20 系列控制按钮型号含义

表 1-6 **LA20 系列控制按钮技术数据**

型号	触头数量		结构型式	按钮		指示灯	
	常开	常闭		钮数	颜色	电压（V）	功率（W）
LA20—11	1	1	揿钮式	1	红、绿、黄、蓝或白	—	—
LA20—11J	1	1	紧急式	1	红	—	—
LA20—11D	1	1	带灯揿钮式	1	红、绿、黄、蓝或白	6	<1
LA20—11DJ	1	1	带灯紧急灯	1	红	6	<1
LA20—22	2	2	揿钮式	1	红、绿、黄、蓝或白	—	—
LA20—22J	2	2	紧急式	1	红	—	—
LA20—22D	2	2	带灯揿钮式	1	红、绿、黄、蓝或白	6	<1
LA20—22DJ	2	2	带灯紧急式	1	红	6	<1
LA20—2K	2	2	开启式	2	白红或绿红	—	—
LA20—3K	3	3	开启式	3	白、绿、红	—	—
LA20—2H	2	2	保护式	2	白红或绿红	—	—
LA20—3H	3	3	保护式	3	白、绿、红	—	—

控制按钮选用原则：

（1）根据使用场合，选择控制按钮的种类，如开启式、防水式、防腐式等。

（2）根据用途，选择控制按钮的结构形式，如钥匙式、紧急式、带灯式等。

（3）根据控制回路的需求，确定按钮数，如单钮、双钮、三钮、多钮等。

（4）根据工作状态指示和工作情况的要求，选择按钮及指示灯的颜色。

二、行程开关

行程开关又称限位开关，用于控制机械设备的行程及限位保护。在实际生产中，将行程开关安装在预先安排的位置，当装于生产机械运动部件上的模块撞击行程开关时，行程开关的触点动作，实现电路的切换。因此，行程开关是一种根据运动部件的行程位置而切换电路的电器，它的作用原理与按钮类似。行程开关广泛用于各类机床和起重机械，用以控制其行程，进行终端限位保护。在电梯的控制电路中，还利用行程开关来控制开关轿门的速度、自动开关门的限位，轿厢的下、下限位保护。

行程开关按其结构可分为直动式、滚轮式、微动式和组合式。

（一）直动式行程开关

直动式行程开关的结构原理如图 1－36 所示，其动作原理与按钮开关相同，但其触点的分合速度取决于生产机械的运行速度，不宜用于速度低于 0.4m/min 的场所。

（二）滚轮式行程开关

滚轮式行程开关的结构原理如图 1－37 所示，当被控机械上的撞块撞击带有滚轮的撞杆时，撞杆转向右边，带动凸轮转动，顶下推杆，使微动开关中的触点迅速动作。当运动机械返回时，在复位弹簧的作用下，各部分动作部件复位。

滚轮式行程开关又分为单滚轮自动复位和双滚轮（羊角式）非自动复位式，双滚轮行程开关具有两个稳态位置，有“记忆”作用，在某些情况下可以简化线路。

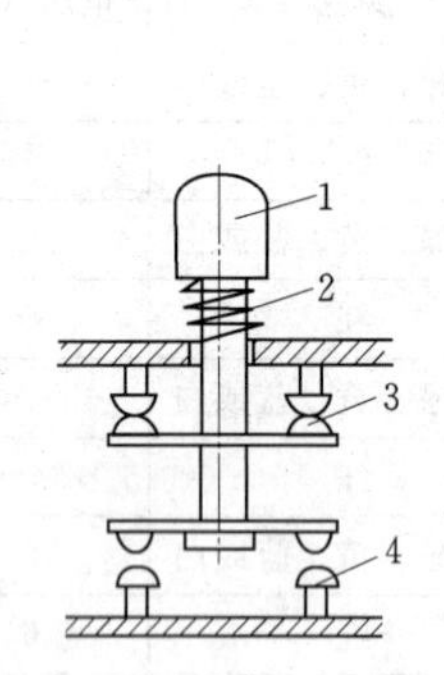

图 1－36　直动式行程开关

1—推杆；2—弹簧；3—动断触点；4—动合触点

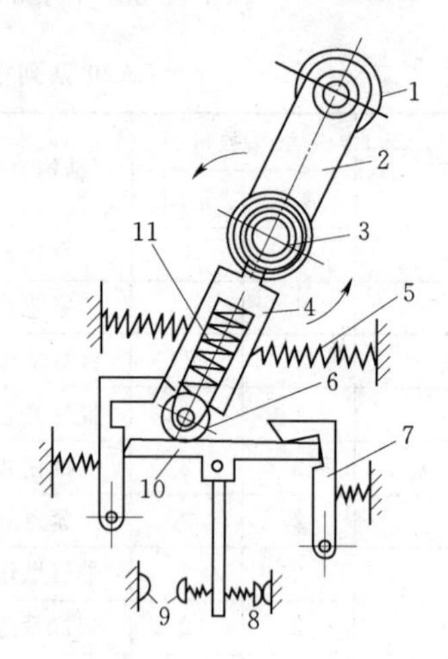

图 1－37　滚轮式行程开关

1—滚轮；2—上转臂；3、5、11—弹簧；4—套架；6—滑轮；7—压板；8、9—触点；10—横板

（三）微动式行程开关

微动式行程开关是具有瞬时动作和微小行程的灵敏开关。

微动式行程开关的结构如图 1－38 所示。常用的有 LXW－11 系列产品。

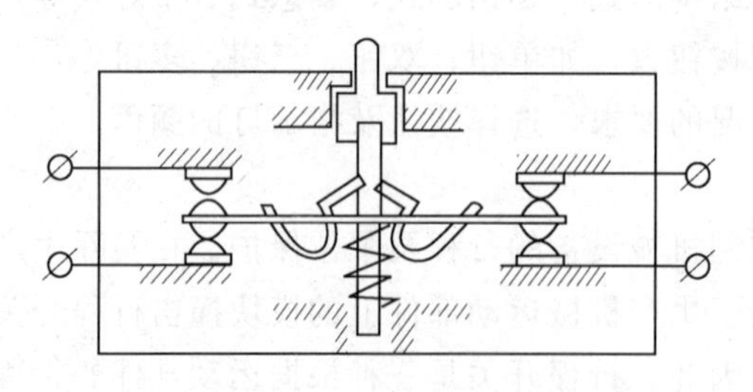

图 1－38　微动式行程开关

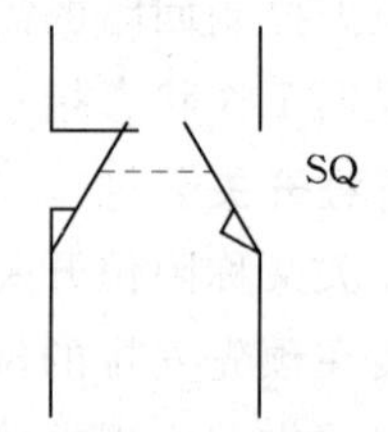

图 1－39　行程开关文字符号和图形符号

目前市场上常用的行程开关有 LX19、LX22、LX32、LX33、JLXL1 以及 LXW—11、JLXK1—11、JLXW5 系列等。行程开关的图形符号及文字符号如图 1－39 所示。JLXK

系列行程开关的型号含义如图 1-40 所示。JLXK1 系列行程开关的主要技术数据见表 1-7 所列。

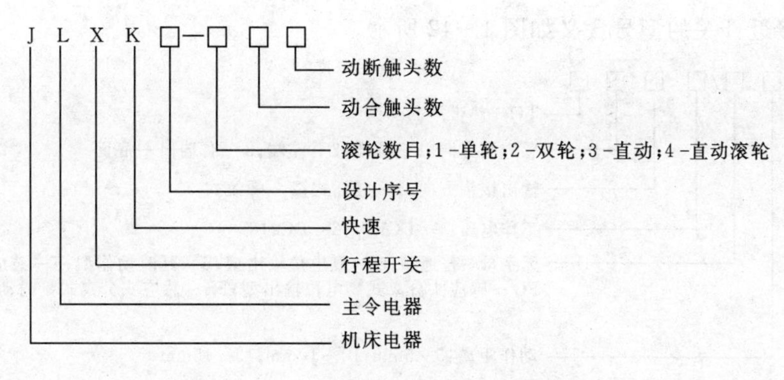

图 1-40 JLXK 系列行程开关型号含义

表 1-7　　JLXK1 系列行程开关的主要技术数据

型号	额定电压（V）	额定电流（A）	结构形式	触头对数		动作行程距离及角度	超行程
				常开	常闭		
JLXK1—111	AC500	5	单轮防护式	1	1	12°～15°	≤30°
JLXK1—211			双轮防护式			～45°	≤45°
JLXK1—311			直动防护式			1～3mm	2～4mm
JLXK1—411			直动滚轮防护式			1～3mm	2～4mm

三、接近开关

接近式位置开关是一种非接触式的位置开关，简称接近开关。它由感应头、高频振荡器、放大器和外壳组成。当运动部件与接近开关的感应头接近时，就使其输出一个电信号。

接近开关分为电感式和电容式两种：

(1) 电感式接近开关的感应头是一个具有铁氧体磁芯的电感线圈，只能用于检测金属体。振荡器在感应头表面产生一个交变磁场，当金属块接近感应头时，金属中产生的涡流吸收了振荡的能量，使振荡减弱以至停振，因而产生振荡和停振两种信号，经整形放大器转换成二进制的开关信号，从而起到“开”、“关”的控制作用。

(2) 电容式接近开关的感应头是一个圆形平板电极，与振荡电路的地线形成一个分布电容，当有导体或其他介质接近感应头时，电容量增大而使振荡器停振，经整形放大器输出电信号。电容式接近开关既能检测金属，又能检测非金属及液体。

常用的电感式接近开关型号有 LJ1、LJ2 等系列，电容式接近开关型号有 LXJ15、TC 等系列产品。接近开关的图形符号及文字符号如图 1-41 所示。

SQ

图 1-41 接近开关文字符号和图形符号

目前市场上接近开关的产品很多，型号各异，例如，LXJ0 型、LJ—1 型、LJ—2 型、LJ—3 型、CJK 型、JKDX 型、JKS 型晶体管无触点接近开关以及J系列接近开关等，但功能基本相同，外形有M6－M34圆柱型、方型、普通型、分离型、槽型等。

J系列接近开关的型号含义如图1-42所示。

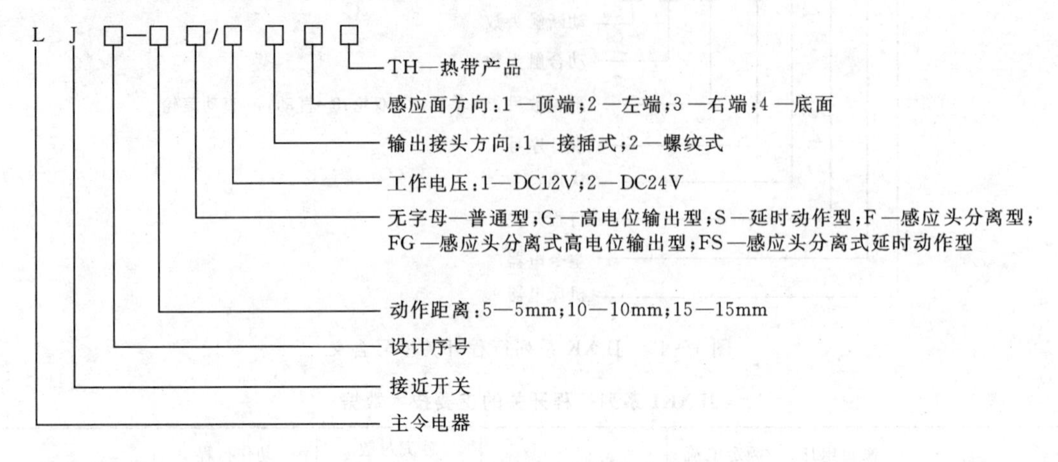

图1-42 J系列接近开关型号含义

四、红外线光电开关

光电开关又称为无接触检测和控制开关。它是利用物质对光束的遮蔽、吸收或反射等作用，对物体的位置、形状、标志、符号等进行检测。

光电开关能非接触、无损伤地检测各种固体、液体、透明体、烟雾等。它具有体积小，功能多，寿命长，功耗低，精度高，响应速度快，检测距离远，抗光、电、磁干扰性能好等优点。

红外线光电开关分为反射式和对射式两种：

（1）反射式光电开关是利用物体对光电开关发射出的红外线反射回去，由光电开关接收，从而判断是否有物体存在。如有物体存在，光电开关接收到红外线，其触点动作，否则其触点复位。

（2）对射式光电开关是由分离的发射器和接收器组成。当无遮挡物时，接收器接收到发射器发出的红外线，其触点动作；当有物体挡住时，接收器便接收不到红外线，其触点复位。

光电开关和接近开关的用途已远超出一般行程控制和限位保护，可用于高速计数、测速、液面控制、检测物体的存在、检测零件尺寸等许多场合。

五、万能转换开关

万能转换开关是一种多档式、控制多回路的主令电器。万能转换开关主要用于各种控制线路的转换，电压表、电流表的换相测量控制，配电装置线路的转换和遥控等。万能转换开关还可以用于直接控制小容量电动机的启动、调速和换向。图1-43为万能转换开关单层的结构示意图。

万能转换开关的手柄操作位置是以角度表来表示的，如图1-44所示。不同型号万能转换开关的手柄有不同的触点，万能转换开关电路图中的图形符号如图1-44（a）所示，文字符号为SC。由于其触点的分合状态与操作手柄的位置有关，所以除在电路图中画出

触点图形符号外，还应画出操作手柄与触点分合状态的关系。图 1-44 中当万能转换开关打向左 45°时，触点 1-2、3-4、5-6 闭合，触点 7-8 打开；打向 0°时，只有触点 5-6 闭合，右 45°时，触点 7-8 闭合，其余打开。

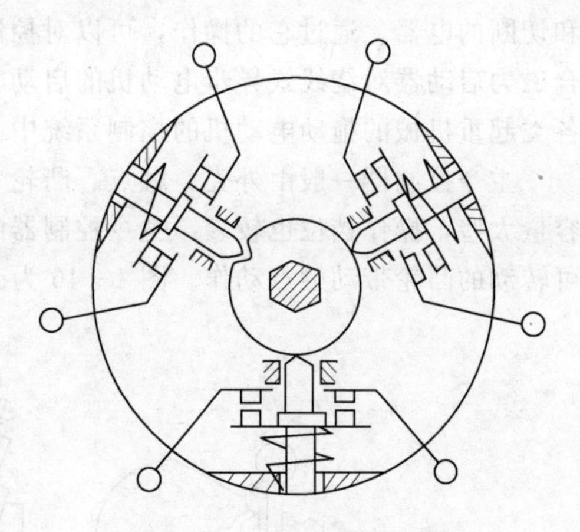

图 1-43　万能转换开关图

目前常用的万能转换开关有 LW5、LW6、LW12—16 和 3LB、3ST1、JXS2-20 等系列。LW5 系列可控制 5.5kW 及以下的小容量电动机，LW6 系列只能控制 2.2kW 及以下的小容量电动机。用于可逆运行控制时，只有在电动机停车后才允许反向启动。LW5 系列万能转换开关按手柄的操作方式可分为自复式和自定位式两种。所谓自复式是指用手拨动手柄于某一挡位时，手松开后，手柄自动返回原位；而自定位式则是指手柄被置于某挡位时，不能自动返回原位而停在该挡位。

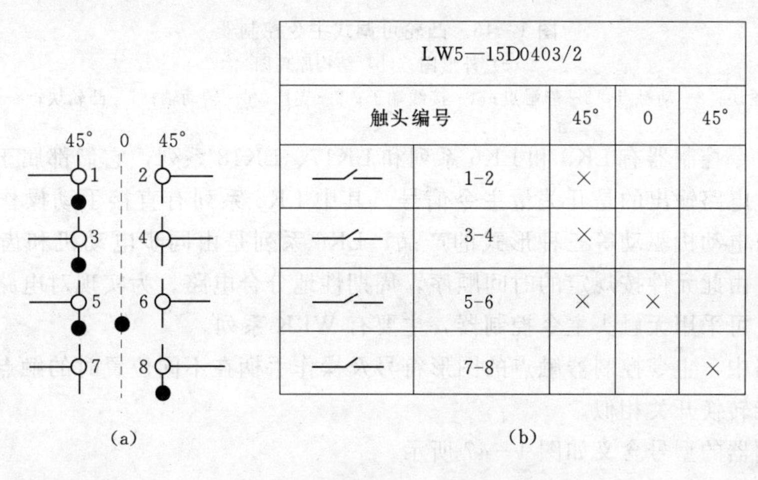

LW5—15D0403/2				
触头编号		45°	0	45°
	1-2	×		
	3-4	×		
	5-6	×	×	
	7-8			×

图 1-44　万能转换开关的图形符号

(a) 图形符号；(b) 点闭合表

万能转换开关的型号含义如图 1-45 所示。

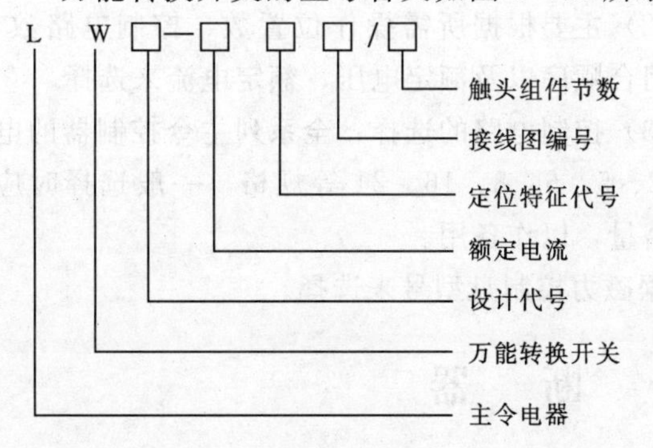

图 1-45　万能转换开关的型号含义

万能转换开关的选用原则：

(1) 按额定电压和工作电流选用相应的万能转换开关系列。

(2) 按操作需要选定手柄和定位特征。

(3) 按控制要求参照转换开关产品样本，确定触头数量和接线图编号。

(4) 选择面板形式及标志。

六、主令控制器

主令控制器是一种频繁对电路进行接通

和切断的电器。通过它的操作，可以对控制电路发布命令，与其他电路连锁或切换。常配合磁力启动器对绕线式异步电动机的启动、制动、调速及换向实行远距离控制，广泛用于各类起重机械的拖动电动机的控制系统中。

主令控制器一般由外壳、触点、凸轮、转轴等组成，与万能转换开关相比，它的触点容量大些，操作挡位也较多。主令控制器的动作过程与万能转换开关相类似，也是由一块可转动的凸轮带动触点动作。图 1-46 为凸轮可调式主令控制器的外形及结构原理图。

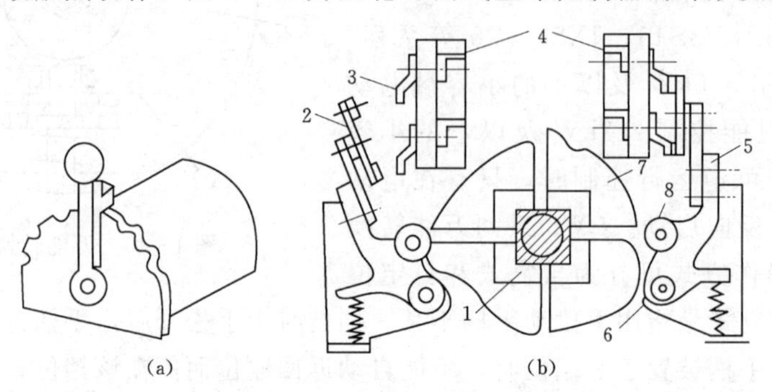

图 1-46　凸轮可调式主令控制器

(a) 外形图；(b) 结构原理图

1—凸轮块；2—动触点；3—静触点；4—接线端子；5—支杆；6—转动轴；7—凸轮块；8—小轮

常用的主令控制器有 LK5 和 LK6 系列和 LK17、LK18 系列，它们都属于有触头的主令控制器，对电路输出的是开关量主令信号。其中 LK5 系列有直接手动操作、带减速器的机械操作与电动机驱动等三种形式的产品；LK6 系列是由同步电动机和齿轮减速器组成定时元件，由此元件按规定的时间顺序，周期性地分合电路。为实现对电路输出模拟量的主令信号，可采用无触头主令控制器，主要有 WLK 系列。

控制电路中，主令控制器触点的图形符号及操作手柄在不同位置时的触点分合状态表示方法与万能转换开关相似。

主令控制器的型号含义如图 1-47 所示。

主令控制器的选用原则：

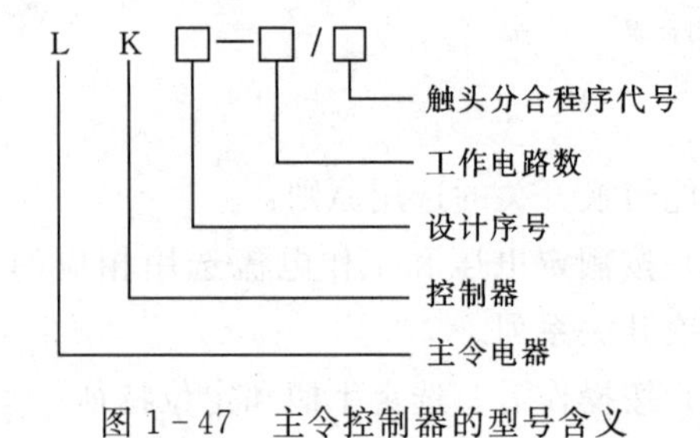

图 1-47　主令控制器的型号含义

(1) 使用环境：室内选用防护式、室外选用防水式。

(2) 主要根据所需操作位置数、控制电路数、触头闭合顺序以及额定电压、额定电流来选择。

(3) 控制电路的选择：全系列主令控制器的电路数 2、5、6、8、16、24 等规格，一般选择时应留有裕量，以作备用。

(4) 在起重机控制中，主令控制器应根据磁力控制盘型号来选择。

第九节　熔　断　器

熔断器是一种简单而有效的保护电器，在电路中主要起短路保护作用。它主要由熔体和安装熔体的绝缘管（绝缘座）组成。使用时，熔体串接于被保护的电路中，当电路发生短路故障时，熔体被瞬时熔断而分断电路，起到保护作用。广泛应用于低压配电系统和控制系统及用电设备中作短路和过电流保护。

一、熔断器的类型

（一）插入式熔断器

插入式熔断器如图 1-48 所示，它常用于 380V 及以下电压等级的线路末端，作为配电支线或电气设备的短路保护用。

（二）螺旋式熔断器

螺旋式熔断器如图 1-49 所示，分断电流较大，可用于电压等级 500V 及其以下，电流等级 200A 以下的电路中，作短路保护。

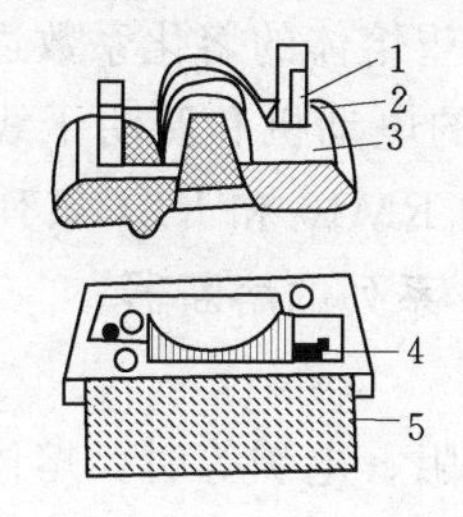

图 1-48 插入式熔断器
1—动触点；2—熔体；3—瓷插件；
4—静触点；5—瓷座

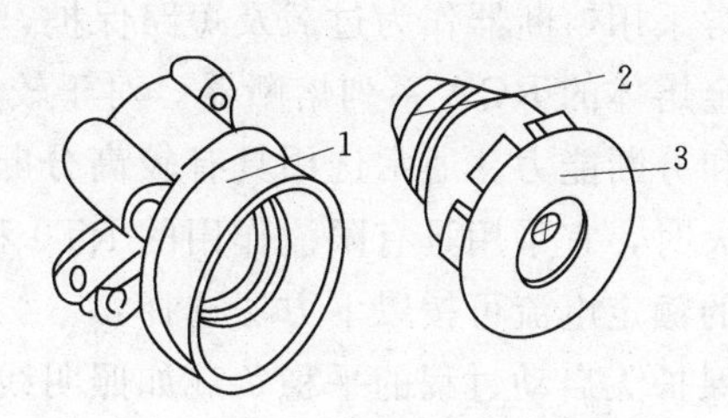

图 1-49 螺旋式熔断器
1—底座；2—熔体；3—瓷帽

（三）封闭式熔断器

封闭式熔断器分有填料封闭管式熔断器和无填料密闭管式熔断器两种，如图 1-50 和图 1-51 所示。有填料封闭管式熔断器一般用方形瓷管，内装石英砂及熔体，分断能力强，用于电压等级 500V 及以下，电流等级 1kA 以下的电路中。无填料密闭式熔断器将熔体装入密闭式圆筒中，分断能力稍小，用于电压等级 500V 以下，电流等级 600A 以下电力网或配电设备中。

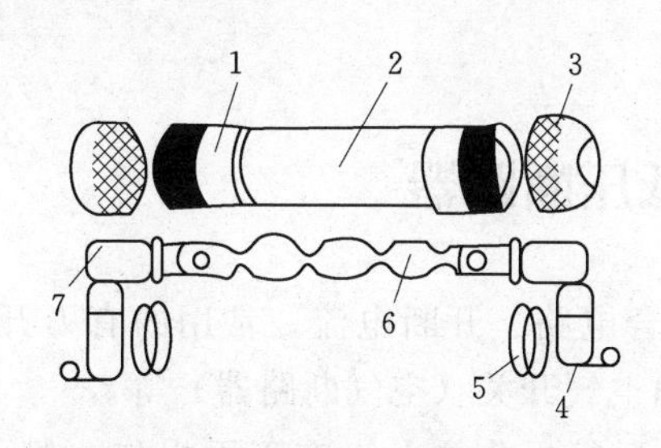

图 1-50 无填料密闭管式熔断器
1—铜圈；2—熔断管；3—管帽；4—插座；
5—特殊垫圈；6—熔体；7—熔片

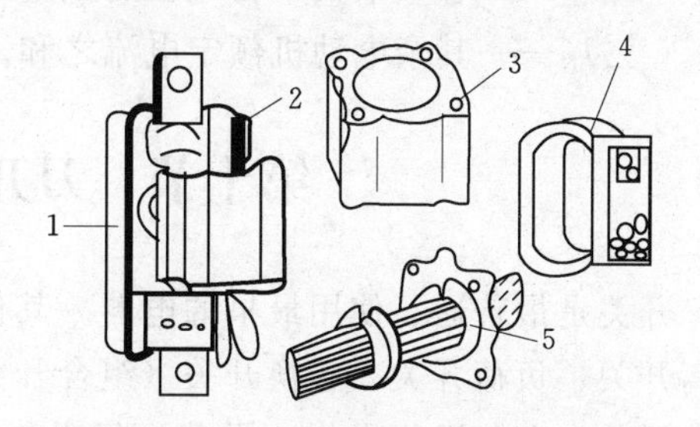

图 1-51 有填料封闭管式熔断器
1—瓷底座；2—弹簧片；3—管体；
4—绝缘手柄；5—熔体

（四）快速熔断器

快速熔断器主要用于半导体整流元件或整流装置的短路保护。由于半导体元件的过载能力很低，只能在极短时间内承受较大的过载电流，因此要求短路保护具有快速熔断的能力。快速熔断器的结构和有填料封闭式熔断器基本相同，但熔体材料和形状不同，它是以银片冲制的有 V 形深槽的变截面熔体。

（五）自复熔断器

自复熔断器采用金属钠作熔体，在常温下具有高电导率。当电路发生短路故障时，短路电流产生高温使钠迅速气化，气态钠呈现高阻态，从而限制了短路电流。当短路电流消失后，温度下降，金属钠恢复原来的良好导电性能。自复熔断器只能限制短路电流，不能真正分断电路。其优点是不必更换熔体，能重复使用。

二、熔断器的选择

熔断器的选择主要依据负载的保护特性和短路电流的大小。对于容量小的电动机和照明支线，常采用熔断器作为过载及短路保护，因而希望熔体的熔化系数适当小些。通常选用铅锡合金熔体的 RQA 系列熔断器。对于较大容量的电动机和照明干线，则应着重考虑短路保护和分断能力。通常选用具有较高分断能力的 RM10 和 RL1 系列的熔断器；当短路电流很大时，宜采用具有限流作用的 RT0 和 RT12 系列的熔断器。

熔体的额定电流可按以下方法选择：

(1) 保护无启动过程的平稳负载如照明线路、电阻、电炉等时，熔体额定电流略大于或等于负荷电路中的额定电流。

(2) 保护单台长期工作的电机熔体电流可按最大启动电流选取，也可按下式选取：

$$I_{RN} \geqslant (1.5 \sim 2.5) I_N \tag{1-13}$$

式中 I_{RN}——熔体额定电流；

I_N——电动机额定电流。

如果电动机频繁启动，式（1-13）中系数可适当加大至 3～3.5，具体应根据实际情况而定。

(3) 保护多台长期工作的电机（供电干线），可按下式选取：

$$I_{RN} \geqslant (1.5 \sim 2.5) I_{Nmax} + \sum I_N \tag{1-14}$$

式中 I_{Nmax}——容量最大单台电机的额定电流；

$\sum I_N$——其余电动机额定电流之和。

第十节 刀开关与低压断路器

开关是最普通、使用最早的电器。其作用是分合电路、开断电流。常用的有刀开关、隔离开关、负荷开关、转换开关（组合开关）、自动空气开关（空气断路器）等。

开关有有载运行操作、无载运行操作、选择性运行操作之分，有正面操作、侧面操作、背面操作几种，还有不带灭弧装置和带灭弧装置之分。开关常采用弹簧片以保证接触良好。

一、低压刀开关

低压刀开关常用的 HD 系列和 HS 系列刀开关的外形如图 1-52 所示。刀开关的图形和文字符号如图 1-53 所示。刀开关是手动电器中结构最简单的一种，主要用作电源隔离

开关，也可用来非频繁地接通和分断容量较小的低压配电线路。接线时应将电源线接在上端，负载接在下端，这样拉闸后刀片与电源隔离，可防止意外事故发生。刀开关的主要类型有大电流刀开关、负荷开关、熔断器式刀开关。常用的产品有 HD11～HD14 系列和 HS11～HS13 系列刀开关。

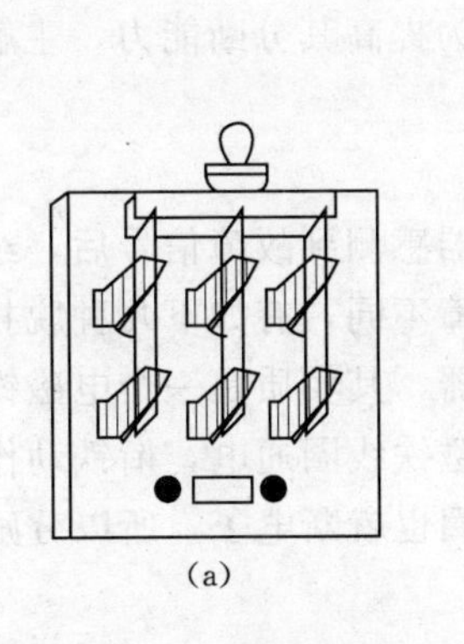

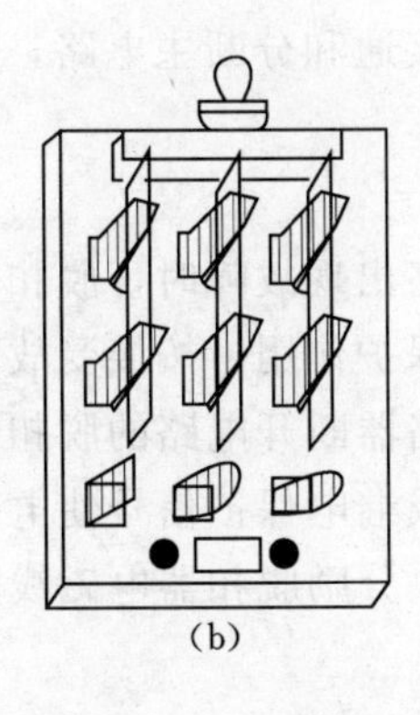

图 1-52　HD系列、HS系列刀开关外形图

(a) HD系列刀开关；(b) HS系列刀开关

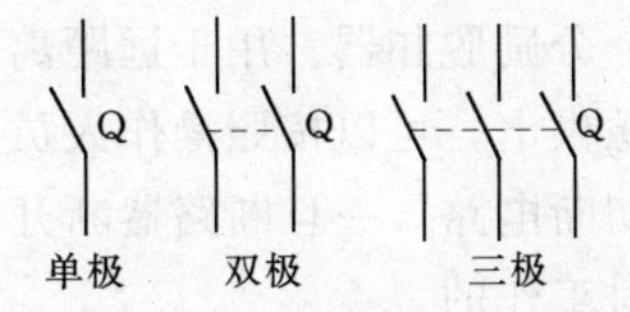

图 1-53　刀开关的图形和文字符号

刀开关选择时应考虑以下两个方面：

(1) 刀开关结构形式的选择。应根据刀开关的作用和装置的安装形式来选择，如是否带灭弧装置，若分断负载电流时，应选择带灭弧装置的刀开关。根据装置的安装形式来选择，是否是正面、背面或侧面操作形式，是直接操作还是杠杆传动，是板前接线还是板后接线的结构形式。

(2) 刀开关的额定电流的选择。一般应等于或大于所分断电路中各个负载额定电流的总和。对于电动机负载，应考虑其启动电流，所以应选用额定电流大一级的刀开关。若再考虑电路出现的短路电流，还应选用额定电流更大一级的刀开关。

QA 系列、QF 系列 QSA（HH15）系列隔离开关用在低压配电中，HY122 带有明显断口的数模隔离开关，广泛用于楼层配电、计量箱、终端组电器中。

HR3 熔断器式刀开关，具有刀开关和熔断器的双重功能，采用这种组合开关电器可以简化配电装置结构，经济实用，越来越广泛地用在低压配电屏上。

HK1、HK2 系列开启式负荷开关（胶壳刀开关），用作电源开关和小容量电动机非频繁启动的操作开关。

HH3、HH4 系列封闭式负荷开关（铁壳开关），操作机构具有速断弹簧与机械连锁，用于非频繁启动 28kW 以下的三相异步电动机。

二、低压断路器

低压断路器也称为自动空气开关，可用来接通和分断负载电路，也可用来控制不频繁启动的电动机。它的功能相当于闸刀开关、过电流继电器、失压继电器、热继电器及漏电保护器等电器部分或全部的功能总和，是低压配电网中一种重要的保护电器。

低压断路器具有多种保护功能（过载、短路、欠电压保护等），动作值可调，分断能力高，操作方便、安全等优点，所以目前被广泛应用。

（一）低压断路器结构和工作原理

各种低压断路器在结构上都由主触头及灭弧装置、各种脱扣器、自由脱扣机构和操作机构等部分组成。

1. 主触头及灭弧装置

主触头是断路器的执行元件，用来接通和分断主电路，为提高其分断能力，主触头上装有灭弧装置。

2. 脱扣器

脱扣器是断路器的感受元件，当电路出现故障时，脱扣器感测到故障信号后，经自由脱扣器使断路器主触头分断，从而起到保护作用。按接受故障不同，有如下几种脱扣器：

（1）分励脱扣器。用于远距离使断路器断开电路的脱扣器，其实质是一个电磁铁，由控制电源供电，可以按照操作人员指令或继电保护信号使电磁铁线圈通电，衔铁动作，使断路器切断电路。一旦断路器断开电路，分励脱扣器电磁线圈也就断电了，所以分励脱扣器是短时工作的。

（2）欠电压、失电压脱扣器。这是一个具有电压线圈的电磁机构，其线圈并接在主电路中。当主电路电压消失或降至一定值以下时，电磁吸力不足以继续吸持衔铁，在反力作用下，衔铁释放，衔铁顶板推动自由脱扣机构，将断路器主触头断开，实现欠电压与失电压保护。

（3）过电流脱扣器。其实质是一个具有电流线圈的电磁机构，电磁线圈串接在主电路中，流过负载电流。当正常电流通过时，产生的电磁吸力不足以克服反力，衔铁不被吸合；当电路出现瞬时过电流或短路电流时，吸力大于反力，使衔铁吸合并带动自由脱扣机构使断路器主触头断开，实现过电流与短路电流保护。

（4）热脱扣器。该脱扣器由热元件、双金属片组成，将双金属片热元件串接在主电路中，其工作原理与双金属片式热继电器相同。当过载到一定值时，由于温度升高，双金属片受热弯曲并带动自由脱扣机构，使断路器主触头断开，实现长期过载保护。

3. 自由脱扣机构和操作机构

自由脱扣机构是用来联系操作机构和主触头的机构，当操作机构处于闭合位置时，也可操作分励脱扣机构进行脱扣，将主触头断开。

操作机构是实现断路器闭合、断开的机构。通常电力拖动控制系统中的断路器采用手动操作机构，低压配电系统中的断路器有电磁铁操作机构和电动机操作机构两种。图 1-54 为 DZ5—20 型低压断路器的外形和结构。

低压断路器的工作原理与符号如图 1-55 所示。图中是一个三极低压断路器，三个主触头串接于三相电路中。经操作机构将其闭合，此时传动杆 3 由锁扣 4 钩住，保持主触头的闭合状态，同时分闸弹簧 1 已被拉伸。当主电路出现过电流故障且达到过电流脱扣器的动作电流时，过电流脱扣器 6 的衔铁吸合，顶杆上移将锁扣 4 顶开，在分闸弹簧 1 的作用下使主触头断开。当主电路出现欠电压、失电压或过载时，则欠电压、失电压脱扣器和热脱扣器分别将锁扣顶开，使主触头断开。分励脱扣器可由主电路或其他控制电路供电，由操作人员发出指令或继电保护信号使分励线圈通电，其衔铁吸合，将锁扣顶开，在分闸弹簧作用下使主触头断开，同时也使分励线圈断电。

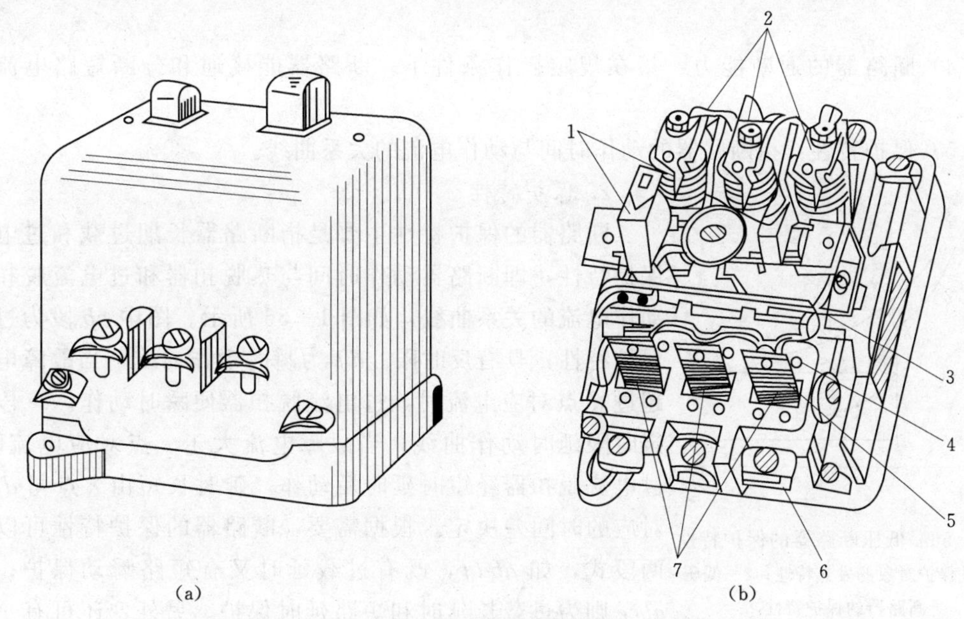

图 1-54　DZ5—20 型低压断路器的外形和结构

(a) 外形；(b) 结构

1—按钮；2—电磁脱扣器；3—自由脱扣机构；4—动触头；
5—静触头；6—接线柱；7—发热元件

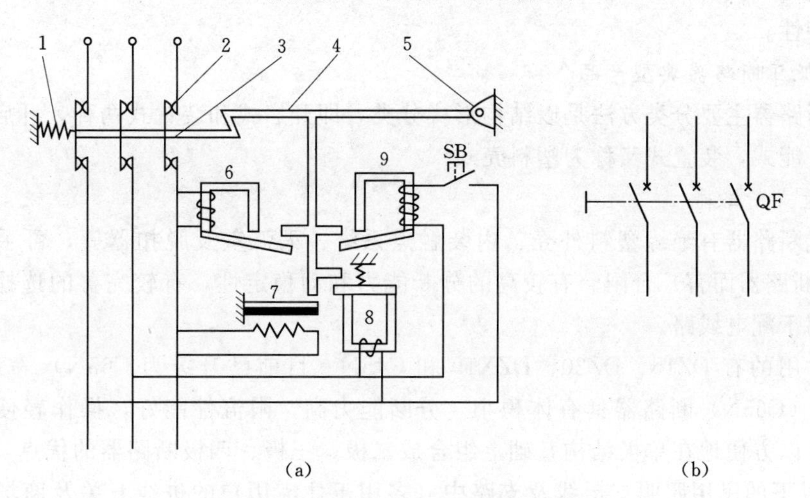

图 1-55　低压断路器工作原理与符号

(a) 原理示意图；(b) 符号

1—分闸弹簧；2—主触头；3—传动杆；4—锁扣；5—轴；6—过电流脱扣器；
7—热脱扣器；8—欠电压失电压脱扣器；9—分励脱扣器

(二) 低压断路器的主要技术数据和保护特性

1. 低压断路器的主要技术数据

(1) 额定电压：断路器在电路中长期工作时的允许电压值。

(2) 断路器额定电流：指脱扣器允许长期通过的电流，即脱扣器额定电流。

(3) 断路器壳架等级额定电流：指每一件框架或塑壳中能安装的最大脱扣器额定

电流。

(4) 断路器的通断能力：指在规定操作条件下，断路器能接通和分断短路电流的能力。

(5) 保护特性：指断路器的动作时间与动作电流的关系曲线。

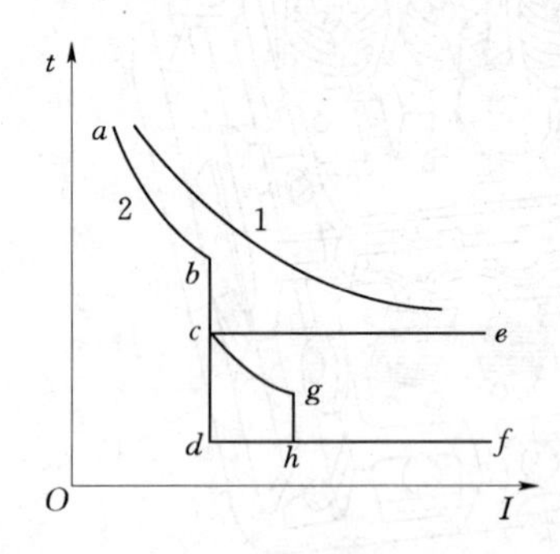

图 1-56 低压断路器的保护特性
1—被保护对象的发热特性；2—低压断路器的保护特性

2. 保护特性

断路器的保护特性主要是指断路器长期过载和过电流保护特性，即断路器动作时间与热脱扣器和过电流脱扣器动作电流的关系曲线，如图 1-56 所示。图中 ab 段为过载保护特性，具有反时限。df 为瞬时动作曲线，当故障电流超过 d 点对应电流时，过电流脱扣器便瞬时动作。ce 段为定时限延时动作曲线，当故障电流大于 c 点对应电流时，过电流脱扣器经短时延时后动作，延时长短由 c 点与 d 点对应的时间差决定。根据需要，断路器的保护特性可以是两段式，如 $abdf$，既有过载延时又有短路瞬动保护；而 $abce$ 则为过载长延时和短路延时保护。另外，还可有三段式的保护特性，如 $abcghf$ 曲线，既有过载长延时，短路短延时，又有特大短路的瞬动保护。为达到良好的保护作用，断路器的保护特性应与被保护对象的发热特性有合理的配合，即断路器的保护特性 2 应位于被保护对象发热特性 1 的下方，并以此来合理选择断路器的保护特性。

(三) 低压断路器典型产品

低压断路器主要分类方法是以结构形式分类，即开启式和装置式两种。开启式又称为框架式或万能式，装置式又称为塑料壳式。

1. 装置式断路器

装置式断路器有绝缘塑料外壳、内装触点系统、灭弧室及脱扣器等，可手动或电动(对大容量断路器而言) 合闸。有较高的分断能力和动稳定性，有较完善的选择性保护功能，广泛用于配电线路。

目前常用的有 DZ15、DZ20、DZX19 和 C45N (目前已升级为 C65N) 等系列产品。其中 C45N (C65N) 断路器具有体积小，分断能力高，限流性能好，操作轻便，型号规格齐全，可以方便地在单极结构基础上组合成二极、三极、四极断路器的优点，广泛使用在 60A 及以下的民用照明支干线及支路中 (多用于住宅用户的进线开关及商场照明支路开关)。

DZ20 系列断路器型号含义如图 1-57 所示。

2. 框架式低压断路器

框架式断路器一般容量较大，具有较高的短路分断能力和较高的动稳定性，适用于交流 50Hz，额定电压 380V 的配电网络中作为配电干线的主保护。

框架式断路器主要由触点系统、操作机构、过电流脱扣器、分励脱扣器及欠压脱扣器、附件及框架等部分组成，全部组件进行绝缘后装于框架结构底座中。

目前，我国常用的有 DW15、ME、AE、AH 等系列的框架式低压断路器。DW15 系

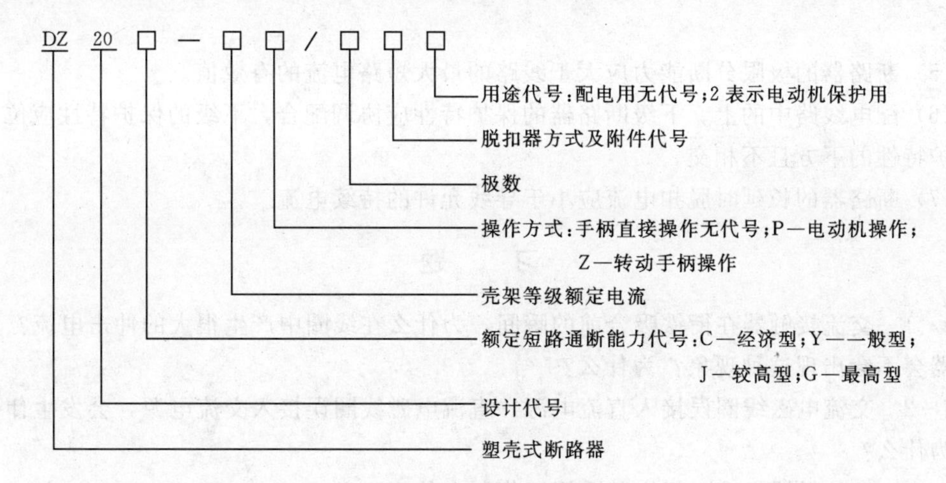

图1-57　DZ20系列断路器型号含义

列断路器是我国自行研制生产的，全系列具有1000A、1500A、2500A和4000A等几个型号。

ME、AE、AH等系列断路器是利用引进技术生产的。它们的规格型号较为齐全（ME开关电流等级从630～5000A，共13个等级），额定分断能力较DW15更强，常用于低压配电干线的主保护。

3. 智能化断路器

目前，国内生产的智能化断路器有框架式和塑料外壳式两种。框架式智能化断路器主要用于智能化自动配电系统中的主断路器，塑料外壳式智能化断路器主要用在配电网络中分配电能和作为线路及电源设备的控制与保护，亦可用作三相笼型异步电动机的控制。智能化断路器的特征是采用了以微处理器或单片机为核心的智能控制器（智能脱扣器），它不仅具备普通断路器的各种保护功能，同时还具备实时显示电路中的各种电气参数（电流、电压、功率、功率因数等），对电路进行在线监视、自行调节、测量、试验、自诊断、通信等功能，能够对各种保护功能的动作参数进行显示、设定和修改，保护电路动作时的故障参数能够存储在非易失存储器中以便查询，国内DW45、DW40、DW914（AH）、DW18（AE—S）、DW48、DW19（3WE）、DW17（ME）等智能化框架断路器和智能化塑壳断路器，都配有ST系列智能控制器及配套附件，ST系列智能控制器是国家机械部“八五”至“九五”期间的重点项目。产品性能指标达到国际20世纪90年代先进水平。它采用积木式配套方案，可直接安装于断路器本体中，无需重复二次接线，并可多种方案任意组合。

（四）低压断路器的选用原则

（1）根据线路对保护的要求确定断路器的类型和保护形式（确定选用框架式、装置式或限流式等）。

（2）断路器的额定电压U_N应等于或大于被保护线路的额定电压。

（3）断路器欠压脱扣器额定电压应等于被保护线路的额定电压。

（4）断路器的额定电流及过流脱扣器的额定电流应大于或等于被保护线路的计算

电流。

(5) 断路器的极限分断能力应大于线路的最大短路电流的有效值。

(6) 配电线路中的上、下级断路器的保护特性应协调配合，下级的保护特性应位于上级保护特性的下方且不相交。

(7) 断路器的长延时脱扣电流应小于导线允许的持续电流。

习　题

1-1　交流接触器在衔铁吸合前的瞬间，为什么在线圈中产生很大的冲击电流？直流接触器会不会出现这种现象？为什么？

1-2　交流电磁线圈误接入直流电源，直流电磁线圈误接入交流电源，会发生什么问题？为什么？

1-3　在接触器标准中规定其适用工作制有什么意义？

1-4　交流接触器在运行中有时在线圈断电后，衔铁仍掉不下来，电动机不能停止，这时应如何处理？故障原因在哪里？应如何排除？

1-5　继电器和接触器有何区别？

1-6　电压、电流继电器各在电路中起什么作用？它们的线圈和触点各接于什么电路中？如何调节电压（电流）继电器的返回系数？

1-7　时间继电器和中间继电器在控制电路中各起什么作用？如何选用时间继电器和中间继电器？

1-8　电动机的启动电流很大，当电动机启动时，热继电器会不会动作？为什么？

1-9　既然在电动机的主电路中装有熔断器，为什么还要装热继电器？装有热继电器是否就可以不装熔断器？为什么？

1-10　分析感应式速度继电器的工作原理，它在线路中起何作用？

1-11　在交流电动机的主电路中用熔断器作短路保护，能否同时起到过载保护作用？为什么？

1-12　低压断路器在电路中的作用如何？如何选择低压断路器？怎样实现干、支线断路器的级间配合？

第二章 电气控制基本环节

第一节 电气控制线路的绘制原理

电气控制系统是由电气控制元件按一定要求连接而成。为了清晰地表达生产机械电气控制系统的工作原理，便于系统的安装、调整、使用和维修，将电气控制系统中的各电气元件用一定的图形符号和文字符号表达出来，再将其连接情况用一定的图形表达出来，这种图形就是电气控制系统图。

常用的电气控制系统图有电气原理图、电器布置图与安装接线图。

一、电气图常用的图形符号、文字符号和接线端子标记

本教材电气控制系统图中，电气元器件的图形符号、文字符号均采用以下标准，《电气简图用图形符号》（GB/T 4728—1996～2000）和《电气技术中的文字符号制定通则》（GB 7159—1987）。接线端子标记采用《电器设备接线端子和特定导线线端的识别及应用字母数字系统的通则》（GB 4026—1992），并按照 GB 6988—1993～2002 的要求来绘制电气控制系统图。常用的图形符号和文字符号见本书附录 B。

二、电气原理图

电气原理图是用来表示电路各个电气元件导电部件的连接关系和工作原理的图。该图应根据简单、清晰的原则，采用电气元件展开形式来绘制，它不按电气元件的实际位置来画，也不反映电气元件的大小、安装位置，只用电气元件的导电部件及其接线端钮表示电气元件，用导线将这些导电部件连接起来，反映其连接关系。所以，电气原理图结构简单、层次分明，关系明确，适用于分析研究电路的工作原理，且为其他电气图的依据，在设计部门和生产现场获得广泛的应用。

现以图 2-1 CW6132 普通车床电气原理图为例来阐明绘制电气原理图的原则和注意事项。

（一）绘制电气原理图的原则

（1）图中所有的元器件都应采用国家统一规定的图形符号和文字符号。

（2）电气原理图的组成。电气原理图由主电路和辅助电路组成。主电路是从电源到电动机的电路，其中有刀开关、熔断器、接触器主触头、热继电器发热元件与电动机等。主电路用粗线绘制在图面的左侧或上方。辅助电路包括控制电路、照明电路、信号电路及保护电路等。它们由继电器、接触器的电磁线圈、继电器、接触器辅助触头、控制按钮、其他控制元件触头、控制变压器、熔断器、照明灯、信号灯及控制开关等组成，用细实线绘制在图面的右侧或下方。

（3）电源线的画法。原理图中直流电源用水平线画出，一般直流电源的正极画在图面上方，负极画在图面的下方。三相交流电源线集中水平画在图面的上方，顺序自上而下依

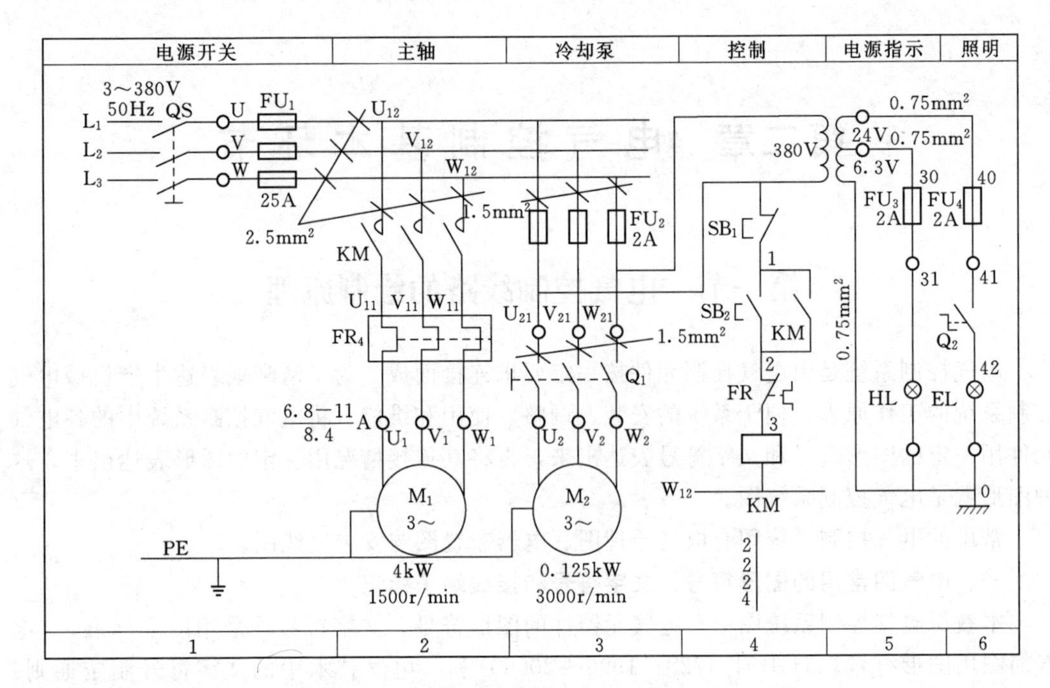

图 2-1　CW6132 型普通车床电气原理图

L_1、L_2、L_3 排列，中性线（N 线）和保护接地线（PE 线）排在相线之下。主电路垂直于电源线画出，控制电路与信号电路垂直在两条水平电源线之间。耗电元件（如接触器、继电器的线圈、电磁铁线圈、照明灯、信号灯等）直接与下方水平电源线相接，控制触头接在上下方电路水平线与耗电元件之间。

（4）原理图中电气元件的画法。原理图中的各电气元件均不画实际的外形图，原理图中只画出其带电部件，同一电气元件上的不同带电部件是按电路中的连接关系画出，但必须按国家标准规定的图形符号绘制，并且用同一文字符号表明。对于几个同类电器，在表示名称的文字符号后加上数字符号，以示区别。

（5）电气原理图中电气触头的画法。原理图中各元器件触头状态均按没有外力作用时或未通电时触头的自然状态画出。对于接触器、电磁式继电器是按电磁线圈未通电时的触头状态绘制，对于控制按钮、行程开关的触头是按不受外力作用时的状态绘制，对于断路器和开关电器触头按断开状态绘制。

（6）原理图的布局。原理图按功能布置，即同一功能的电气元件集中在一起，尽可能地按动作顺序从上到下或从左到右的原则绘制。

（7）线路连接点、交叉点的绘制。在电路图中，对于需要测试和拆接的外部引线的端子，采用“空心圆”表示；有直接电联系的导线连接点，用“实心圆”表示；无直接电联系的导线交叉点不画黑圆点，但在电气图中尽量避免线条的交叉。

（8）原理图的绘制要层次分明，各电器元件及触头的安排要合理，既要做到所用元器件最少，耗能最少，又要保证电路运行可靠，节省连接导线以及安装、维修方便。

（二）关于电气原理图图面区域的划分

为了便于确定原理图的内容和组成部分在图中的位置，可在各种幅面的图样上分区。

每个分区内竖边方向用大写的拉丁字母编号，横边方向用阿拉伯数字编号。编号的顺序应从与标题栏相对应的图符的左上角开始，分区代号用该区的拉丁字母和阿拉伯数字表示。有时为了分析方便，也把数字区放在图的下面。为了方便读图，利于理解电路工作原理，常在图面区域对应的上方表明该区域的元件或电路的功能，如图 2-1 所示。

（三）继电器、接触器触头位置的索引

电气原理图中，在继电器、接触器线圈的下方注有该继电器、接触器触头所在图中位置的索引代号，索引代号用图面区域号表示。其中左栏为常开触头所在图区号，右栏为常闭触头所在图区号，如图 2-1 所示。

（四）电气原理图中技术数据的标注

电气原理图中电气元件的相关数据，常在电气原理图中电器元件文字符号下方标注出来。如图 2-1 中热继电器文字符号 FR 下方标有 6.8－11A，该数据为该热继电器的动作电流值范围，而 8.4A 为该继电器的整定电流值。

三、电器布置图

电器元件布置图是用来表明电气原理图中各元器件的实际安装位置，可按实际情况分别绘制，如电气控制箱中的电器元件布置图、控制面板图等。电器元件布置图是控制设备生产及维护的技术文件，电器元件布置注意事项及布置示例详见第四章第三节。

四、电气安装接线图

电气安装接线图主要用于电器的安装接线、线路检查、线路维修和故障处理，通常接线图与电气原理图和元件布置图一起使用。电气安装接线图表示出项目的相对位置、项目代号、端子号、导线号、导线型号、导线截面等内容。接线图中的各个项目（如元件、器件、部件、组件、成套设备等）采用简化外形（如正方形、矩形、圆形）表示，简化外形旁应标注项目代号，并应与电气原理图中的标注一致。

电气安装接线图的绘制原则及示例详见第四章第三节。

第二节　电气控制电路基本控制规律

由继电器接触器所组成的电气控制电路，基本控制规律有自锁控制、互锁控制、点动与连续运转的控制、多地连锁控制、顺序控制与自动循环控制等。

一、自锁与互锁控制

自锁与互锁的控制统称为电气的连锁控制，在电气控制电路中应用十分广泛。

（一）自锁控制

图 2-2 为三相笼型异步电动机全压启动单向运转控制电路。图 2-2（a）中，电动机启动时，合上电源开关 Q，接通控制电路电源，按下启动按钮 SB，其常开触点闭合，接触器 KM 线圈通电吸合，KM 常开主触头闭合，使电动机接入三相交流电源启动旋转；松开 SB 启动按钮，KM 线圈断电释放，KM 常开主触头打开，电动机停止运转。图 2-2（b）中，启动按钮 SB_2 与 KM 常开辅助触头并联，当接通电源按下启动按钮 SB_2 时，接触器 KM 线圈通电吸合，KM 常开主触头与常开辅助触头同时闭合，前者使电动机接入三相交流电源启动旋转；后者使 KM 线圈经 SB_2 常开触头与 KM 自身的常开辅助触头两

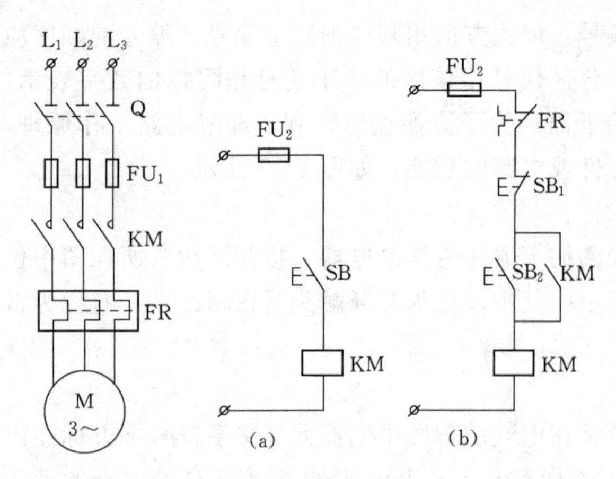

图 2-2　三相笼型异步电动机全压启动单向运转控制电路

路供电。松开启动按钮 SB_2 时，虽然 SB_2 这一路已断开，但 KM 线圈仍通过自身常开触头这一通路而保持通电，使电动机继续运转。这种依靠接触器自身辅助触头而保持通电的现象称为自锁，这对起自锁作用的辅助触头称为自锁触头，这段电路称为自锁电路。要使电动机停止运转，可按下停止按钮 SB_1，KM 线圈断电释放，主电路及自锁电路均断开，电动机断电停止。图 2-2（b）电路是一个典型的有自锁控制的单向运转电路，又称启—保—停电路，也是一个具有最基本控制功能的电路。

电路中的保护环节：

（1）熔断器 FU_1、FU_2 作为短路保护，但不能实现过载保护。

（2）热继电器 FR 作为过载保护。当电动机长时间过载时，FR 会断开控制电路，使接触器断电释放，电动机停止工作，实现电动机的过载保护。

（3）欠压保护与失压保护。由启动按钮 SB_2 与接触器 KM 配合，当发生欠压或失压时接触器会自动释放而切断电动机电源；当电源电压恢复时，由于接触器自锁触头已断开，不会自行启动。

（二）互锁控制

各种生产机械常要求具有上、下、左、右、前、后等相反方向的运动，这就要求电动机能够正、反向运转。对于三相交流电动机可采用改变定子绕组相序的方法来实现。

若在图 2-2 自锁控制电路基础上，在主电路中加入转换开关 SA，SA 有 4 对触头，3 个工作位置。当转换开关 SA 置于上、下方不同位置时，通过其触头来改变电动机定子接入三相交流电源的相序，进而改变电动机的旋转方向。在这里，接触器 KM 作为线路接触器使用，转换开关控制电动机正反转电路如图 2-3 所示。转换开关 SA 为电动机旋转方向预选开关，由按钮来控制接触器，再由接触器主触头来接通或断开电动机三相电源，实现电动机的启动和停止。电路保护环节与自锁控制电路相同。

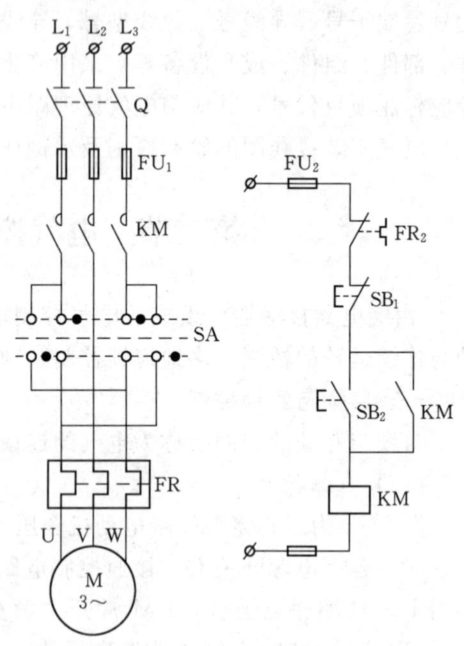

图 2-3　转换开关控制电动机正反转电路

图 2-4 为借助正、反向接触器改变定子绕组相序实现三相异步电动机正反转控制的电路。图左方为其主电路图，右方为三种控制电路图。图 2-4（a）是将两个单向旋转控

制电路组合而成。主电路由正、反转接触器 KM_1、KM_2 的主触头来实现电动机三相电源任意两相的换相，从而实现电动机正反转。当正转启动时，按下正转启动按钮 SB_2，KM_1 线圈通电吸合并自锁，电动机正向启动并运转；当反转启动时，按下反转启动按钮 SB_3，KM_2 线圈通电吸合并自锁，电动机便反向启动并运转。但若在按下正转启动按钮 SB_2，电动机已进入正转运行后，发生又按下反转启动按钮 SB_3 的误操作时，由于正反转接触器 KM_1、KM_2 线圈均通电吸合，其主触头均闭合，于是发生电源两相短路，致使熔断器 FU_1 熔体熔断，电动机无法工作。为了避免上述事故的发生，就要求保证两个接触器不能同时工作。这种在同一时间里两个接触器只允许一个工作的相互制约的控制作用称为互锁。在控制电路中将正、反转两个接触器常闭触头串接在对方线圈电路中，这两对动断触点称为互锁触点。图 2-4（b）为带接触器互锁保护的正、反转控制线路。这样当按下正转启动按钮 SB_2 时，正转接触器 KM_1 线圈通电，主触点闭合，电动机正转，与此同时，由于 KM_1 的动断辅助触点断开而切断了反转接触器 KM_2 的线圈电路。同理，在反转接触器 KM_2 动作后，也保证了正转接触器 KM_1 的线圈电路不能再工作。

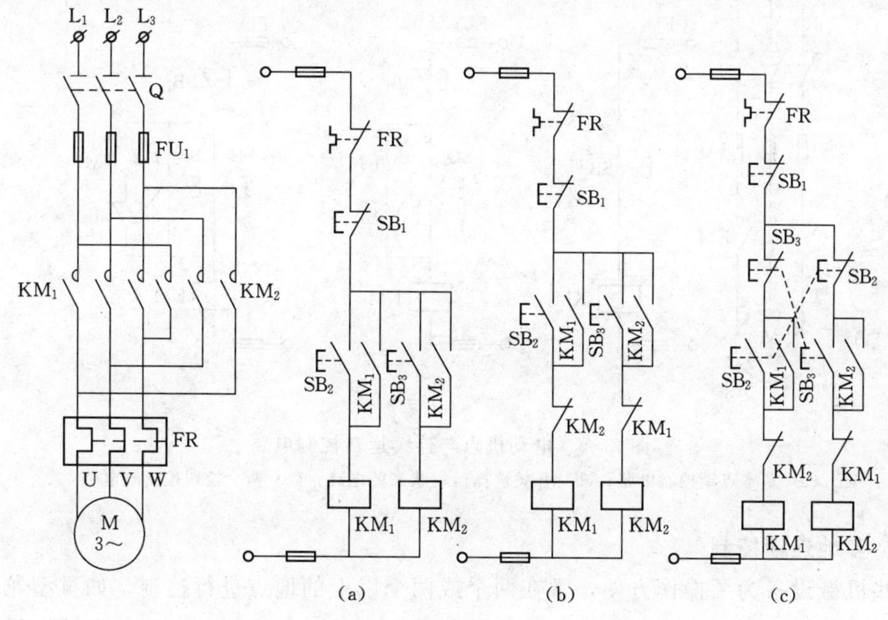

图 2-4 三相异步电动机正反转控制电路

（a）无互锁电路；（b）具有电气互锁电路；（c）具有双重互锁电路

图 2-4（b）是利用正反转接触器常闭辅助触头作互锁的，这种互锁称为电气互锁。这种电路要实现电动机由正转到反转，或由反转变正转，都必须先按下停止按钮，然后才可进行反向启动，这种电路称为正一停一反电路。

图 2-4（c）是在图 2-4（b）基础上又增加了一对互锁，这对互锁是将正、反转启动按钮的常闭辅助触头串接在对方接触器线圈电路中，这种互锁称为按钮互锁，又称机械互锁。所以图 2-4（c）是具有双重互锁的控制电路，该电路可以实现不按停止按钮，由正转直接变反转，这是因为按钮互锁触头可实现先断开正在运行的电路，再接通反向运转电路。这种电路称为正—反—停电路。

由上述可知，具有互锁功能的电动机正反转控制电路，增加了相间短路保护环节。

二、点动与连续运转的控制

生产机械的运转状态有连续运转与短时间运转，所以对其拖动电动机的控制也有点动与连续运转两种控制电路。图 2-5 为电动机点动与连续运转控制电路，左方为主电路图，右方为三种控制形式的控制电路图。

图 2-5（a）是最基本的点动控制电路。按下点动按钮 SB，KM 线圈通电，电动机启动旋转；松开 SB 按钮，KM 线圈断电释放，电动机停转。所以，该电路为单纯的点动控制电路。

如图 2-2 所示知，连续运行与点动运行在控制环节上最大的区别就在于是否有自锁环节。图 2-5（b）是用开关 SA 断开或接通自锁电路，可实现点动也可实现连续运转的电路。合上开关 SA 时，可实现连续运转；SA 断开时，可实现点动控制。图 2-5（c）是用复合按钮 SB3 实现点动控制，按钮 SB_2 实现连续运转的电路。

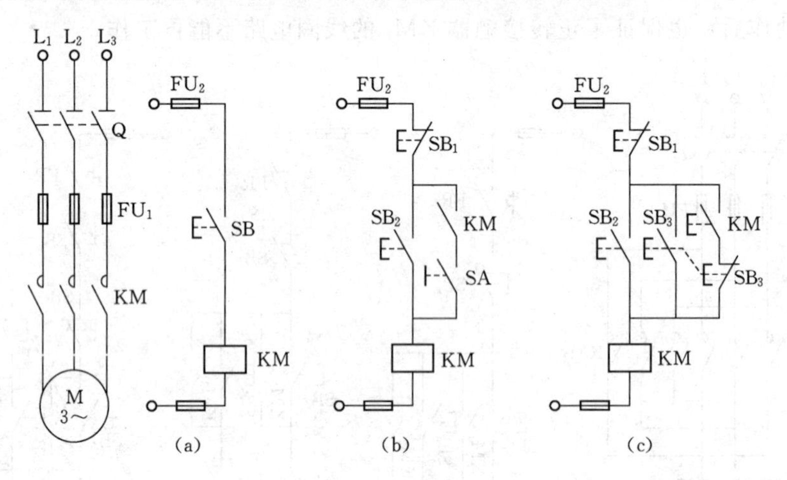

图 2-5　电动机点与连续运转控制电路

（a）基本点动控制电路；（b）开关选择运行状态的电路；（c）两个按钮控制的电路

三、多地连锁控制

有些机械设备为了操作方便，常在两个或两个以上的地点进行控制，如重型龙门刨床有时在固定的操作台上控制，有时需要站在机床四周悬挂按钮控制；又如自动电梯，人在梯厢里可以控制，人在梯厢外也能控制，这样就形成了需要多地控制的电路。多地控制是用多组启动按钮、停止按钮来进行的，这些按钮连接的原则是：启动按钮常开触头要并联，即逻辑或的关系；停止按钮常闭触头要串联，即逻辑与的关系。图 2-6 为多地控制电路图。

四、顺序控制

具有多台电动机拖动的机械设备，在操作时为了保证设备的安全运行和工艺过程的顺利进行，对电动机的启动、停止，必须按一定顺序来控制，这就称为电动机的顺序控制。这种情况在机械设备中是常见的。例如，某机床的油泵电动机要先于主轴电动机启动，主轴电动机又先于切削液泵电动机启动等。顺序启停控制电路有顺序启动、同时停止控制电

路和顺序启动、顺序停止的控制电路。图 2－7 为两台电动机顺序控制电路图，图中左方为两台电动机顺序控制主电路，右方为两种不同控制要求的控制电路，其中图 2－7（a）为按顺序启动电路图。合上主电路与控制电路电源开关，按下启动按钮 SB_2，KM_1 线圈通电并自锁，电动机 M_1 启动旋转，同时串在 KM_2 控制电路中的 KM_1 常开辅助触头也闭合，此时再按下按钮 SB_4，KM_2 线圈通电并自锁，电动机 M_2 启动旋转。如果先按下 SB_4 按钮，因 KM_1 常开辅助触头断开，电动机 M_2 不可能先启动，达到按顺序启动 M_1、M_2 的目的。

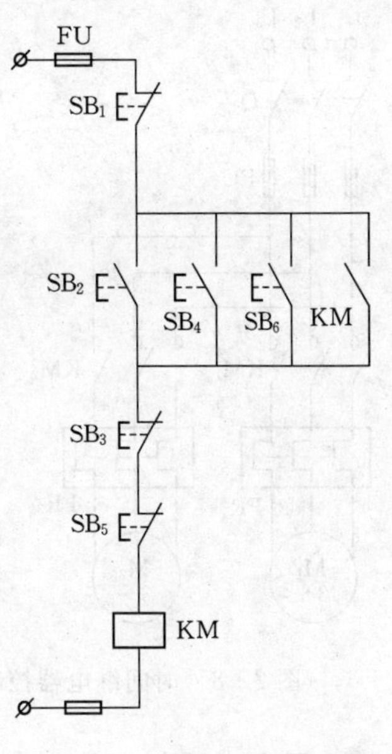

图 2－6　多地控制电路图

生产机械除要求按顺序启动外，有时还要求按一定顺序停止，如传送带运输机，前面的第一台运输机先启动，再启动后面的第二台；停车时应先停第二台，再停第一台，这样才不会造成物料在皮带上的堆积和滞留。图 2－7（b）为按顺序启动与停止的控制电路，为此在图 2－7（a）基础上，将接触器 KM_2 的常开辅助触头并接在停止按钮 SB_1 的两端，这样，即使先按下 SB_1，由于 KM_2 线圈仍通电，电动机 M_1 不会停转，只有按下 SB_3，电动机 M_2 先停后，再按下 SB_1 才能使 M_1 停转，达到先停 M_2，后停 M_1 的要求。

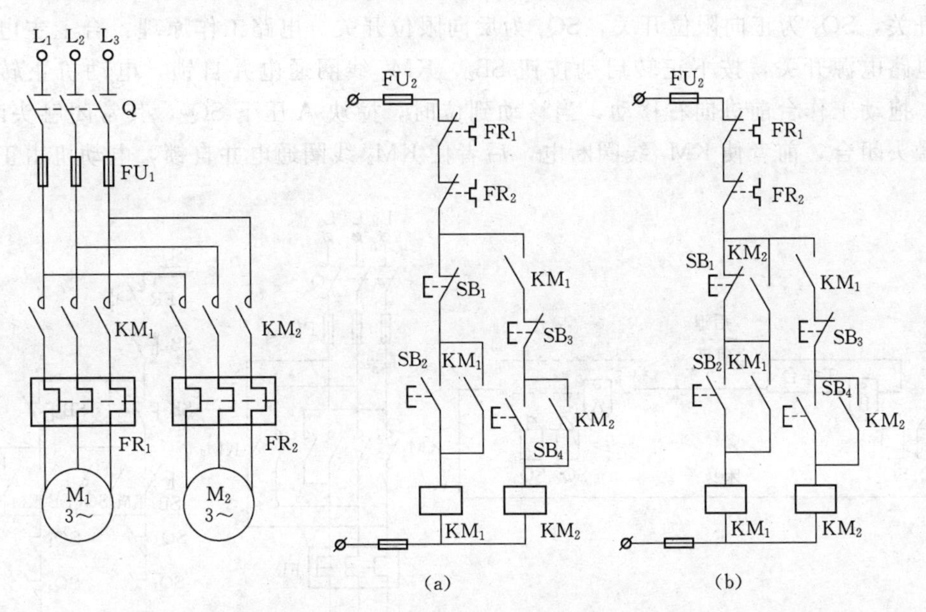

图 2－7　两台电动机顺序控制电路图

（a）按顺序启动电路；（b）按顺序启动、停止的控制电路

在许多顺序控制中，要求有一定的时间间隔，此时往往用时间继电器来实现。图 2－8 为时间继电器控制的顺序启动电路。接通主电路与控制电路电源，按下启动按钮 SB_2，KM_1、KT 同时通电并自锁，电动机 M_1 启动运转。当通电延时型时间继电器 KT 延时时

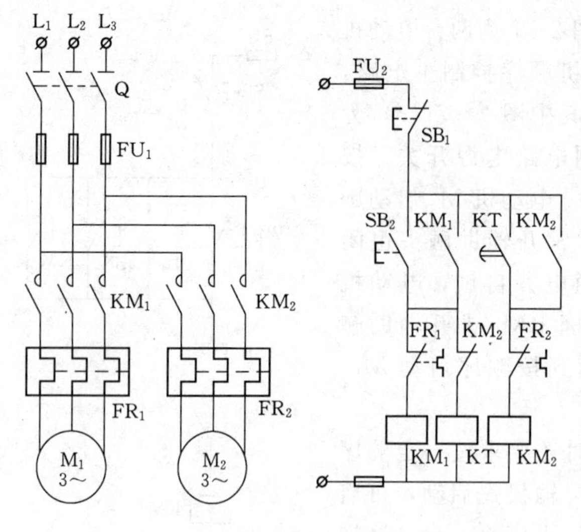

图 2-8　时间继电器控制的顺序启动电路

间到，其延时闭合的常开触头闭合，接通 KM_2 线圈电路并自锁，电动机 M_2 启动旋转，同时 KM_2 常闭辅助触头断开，将时间继电器 KT 线圈电路切断，KT 不再工作。

五、自动往复循环系统

在生产中，某些机床的工作台需要进行自动往复运行，而自动往复运行通常是利用行程开关来控制自动往复运动的相对位置，再来控制电动机的正反转或电磁阀的通断点来实现生产机械的自动往复运动的。图 2-9（a）为机床工作台自动往复运动示意图，在床身两端固定有行程开关 SQ_1、SQ_2，用来表明加工的起点与终点。在工作台上设有撞块 A 和 B，其随运动部件工作台一起移动，分别压下 SQ_2、SQ_1，来改变控制电路状态，实现电动机的正反向运转，拖动工作台实现工作台的自动往复运动。图 2-9（b）为自动往复循环控制电路，其中左方为主电路，右方为控制电路。图中 SQ_1 为反向转正向行程开关，SQ_2 为正向转反向行程开关，SQ_3 为正向限位开关，SQ_4 为反向限位开关。电路工作原理：合上主电路与控制电路电源开关，按下正转启动按钮 SB_2，KM_1 线圈通电并自锁，电动机正转启动旋转，拖动工作台前进向右移动，当移动到位时，撞块 A 压下 SQ_2，其常闭触头断开，常开触头闭合，前者使 KM_1 线圈断电，后者使 KM_2 线圈通电并自锁，电动机由正转变

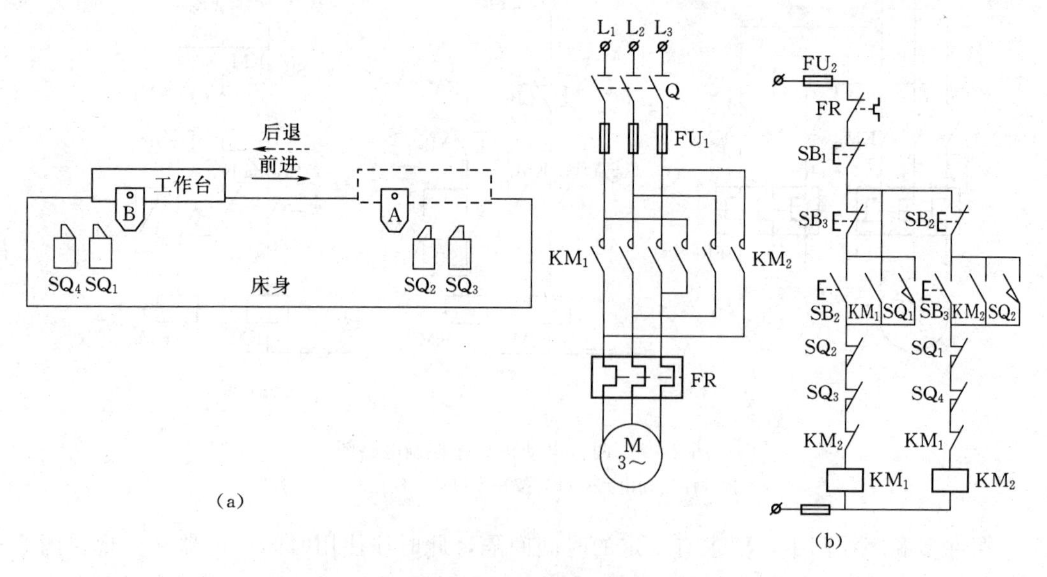

图 2-9　自动往复循环控制

（a）机床工作台自动往复运动示意图；（b）自动往复循环控制电路

为反转，拖动工作台由前进变为后退，工作台向左移动。当后退到位时，撞块B压下SQ_1，使KM_2断电，KM_1通电，电动机由反转变为正转，拖动工作台变后退为前进，如此周而复始实现自动往返工作。当按下停止按钮SB_1时，电动机停止，工作台停下。当行程开关SQ_1、SQ_2失灵时，由限位开关SQ_3、SQ_4来实现极限保护，避免运动部件因超出极限位置而发生事故。

第三节　三相异步电动机的启动控制

以上介绍的电动机控制电路中，均以感应电动机直接启动控制为例。所谓直接启动即启动时电动机的定子绕组直接接在额定电压的交流电源上。这种方法的优点是启动设备简单，启动力矩大，启动时间短。缺点是启动电流大（启动电流为额定电流的4～7倍），当电动机容量很大时，过大的启动电流一方面会引起供电线路上很大的压降，影响线路上其他用电设备的正常运行；另一方面电动机频繁启动会严重发热，加速线圈老化，缩短电动机的寿命。因此直接启动只能用于电源容量较电动机容量大得多的情况。

电源容量是否允许电动机在额定电压下直接启动，可根据下式判断：

$$\frac{I_{ST}}{I_N}\leqslant\frac{3}{4}+\frac{P_S}{4P_N}$$

式中　I_{ST}——电动机全压启动电流，A；

I_N——电动机额定电流，A；

P_S——电源容量，kVA；

P_N——电动机额定功率，kW。

一般容量小于10kW的电动机常采用直接启动。若电动机不适于直接启动，则需采用本节介绍的启动方法。

为了减小启动电流，在电动机启动时必须采取适当措施，本节将分别介绍笼型感应电动机和绕线转子感应电动机限制启动电流的控制线路。

一、笼型感应电动机启动控制线路

笼型感应电动机限制启动电流常采用减压启动的方法。所谓减压启动，是指启动时降低加在电动机定子绕组上的电压，待电动机启动后再将电压恢复到额定值，使之运行在额定电压下。减压启动可以减少启动电流，减小线路电压降，也就减小了启动时对线路的影响。但电动机的电磁转矩与定子端电压平方成正比，所以电动机的启动转矩对应减小，故减压启动适用于空载或轻载下启动。常用的有星形—三角形减压启动与自耦变压器减压启动。软启动是一种当代电动机控制技术，正在一些场合推广使用。

（一）星形—三角形减压启动控制

对于正常运行时定子绕组接成三角形的三相笼型异步电动机，均可采用星形—三角形减压启动。启动时，定子绕组先接成星形，待电动机转速上升到接近额定转速时，将定子绕组换接成三角形，电动机便进入全压下的正常运转。

图2-10为QX4系列自动星形—三角形启动器电路，适用于125 kW及以下的三相笼型异步电动机作星形—三角形减压启动和停止的控制。

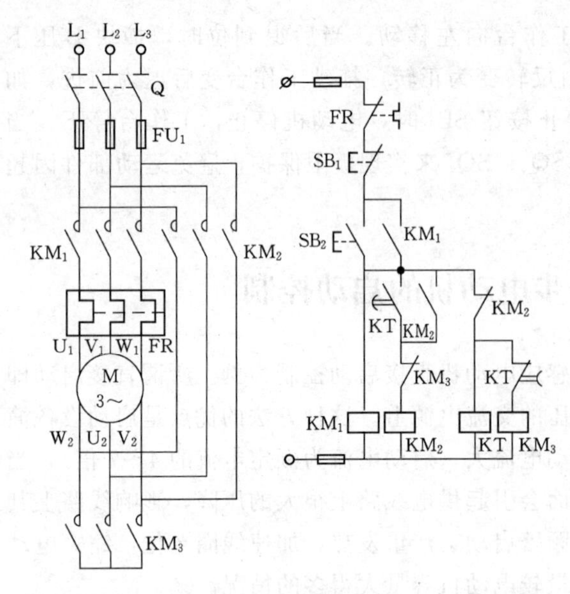

图 2-10　QX4 系列自动星形—三角形启动器电路

电路工作原理：合上电源开关 Q，按下启动按钮 SB_2，KM_1、KT、KM_3 线圈同时接通并自锁，电动机三相定子绕组接成星形接入三相交流电源进行减压启动。当电动机转速接近额定转速时，通电延时型时间继电器动作，KT 常闭触头断开，KM_3 线圈断电释放；同时 KT 常开触头闭合，KM_2 线圈通电吸合并自锁，电动机绕组接成三角形全压运行。当 KM_2 通电吸合后，KM_2 常闭触头断开，使 KT 线圈断电，避免时间继电器长期工作。KM_2、KM_3 常闭触头为互锁触头，以防同时接成星形和三角形造成电源短路。

QX4 系列自动星形—三角形启动器技术数据表见表 2-1。

表 2-1　　QX4 系列自动星形—三角形启动器技术数据

型号	控制电动机功率 (kW)	额定电流 (A)	热继电器额定电流 (A)	时间继电器整定值 (s)
QX4—17	13 17	26 33	15 19	11 13
QX4—30	22 38	42.5 58	25 34	15 17
QX4—55	40 55	77 105	45 61	20 24
QX4—75	75	142	85	30
QX4—125	125	260	100～160	14～60

（二）自耦变压器减压启动控制

电动机自耦变压器减压启动是将自耦变压器一次侧接在电网上，启动时定子绕组接在自耦变压器二次侧上。这样，启动时电动机获得的电压为自耦变压器的二次电压。待电动机转速接近电动机额定转速时，再将电动机定子绕组接在电网上即电动机额定电压上进入正常运转。这种减压启动适用于较大容量电动机的空载或轻载启动，启动转矩可以通过改变不同抽头来获得。

图 2-11 为 XJ01 系列自耦变压器减压启动电路图。图中 KM_1 为减压启动接触器，KM_2 为全压运行接触器，KA 为中间继电器，KT 为减压启动时间继电器，HL_1 为电源指示灯，HL_2 为减压启动指示灯，HL_3 为正常运行指示灯。

电路工作原理：合上主电路与控制电路电源开关，HL_1 灯亮，表明电源电压正常。按下启动按钮 SB_2，KM_1、KT 线圈同时通电并自锁，将自耦变压器接入，电动机由自耦

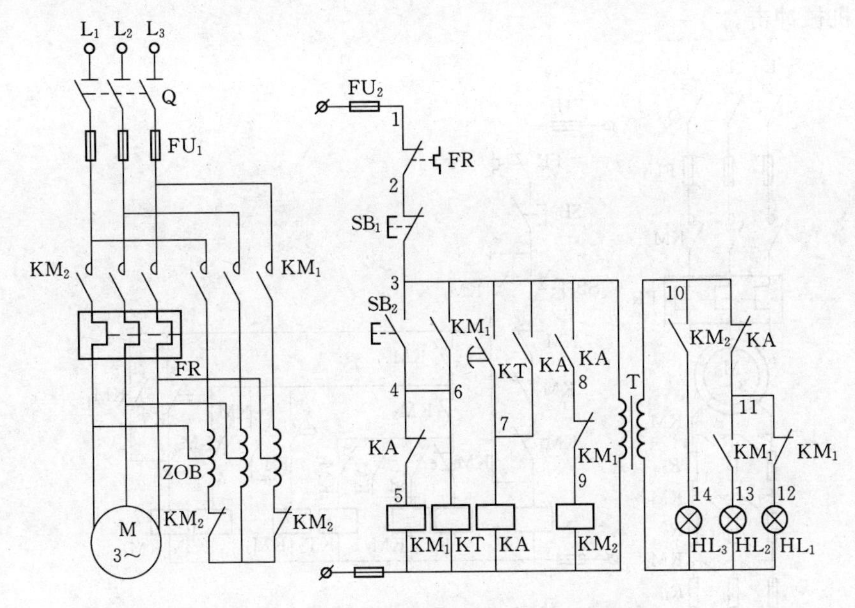

图 2－11　XJ01 系列自耦减压启动电路图

变压器二次电压供电作减压启动，同时指示灯 HL_1 灭，HL_2 亮，显示电动机正进行减压启动。当电动机转速接近额定转速时，时间继电器 KT 通电延时闭合触头闭合，使 KA 线圈通电并自锁，其常闭触头断开 KM_1 线圈电路，KM_1 线圈断电释放，将自耦变压器从电路切除；KA 的另一对常闭触头断开，HL_2 指示灯灭；KA 的常开触头闭合，使 KM_2 线圈通电吸合，电源电压全部加在电动机定子上，电动机在额定电压下进入正常运转，同时 HL_3 指示灯亮，表明电动机减压启动结束。由于自耦变压器星形连接部分的电流为自耦变压器一、二次电流之差，故用 KM_2 辅助触头来连接。

二、三相绕线转子异步电动机的启动控制

三相绕线转子感应电动机较直流电动机结构简单，维护方便，调速和启动性能比笼型感应电动机优越。有些生产机械要求较大的启动力矩和较小的启动电流，笼型感应电动机不能满足这种启动性能的要求，在这种情况下可采用绕线转子感应电动机拖动，通过滑环在转子绕组中串接外加设备达到减小启动电流，增大启动转矩及调速的目的。故三相绕线转子异步电动机的启动控制适用于重载启动的场合。

按绕线转子启动过程中串接装置不同分串电阻启动和串频敏变阻器启动电路，转子串电阻启动又有按时间原则和电流原则控制两种。

（一）转子电路串电阻启动控制

图 2－12 为时间原则控制转子串电阻启动电路。图中 KM_1 为线路接触器，KM_2、KM_3、KM_4 为短接电阻启动接触器，KT_1、KT_2、KT_3 为短接转子电阻时间继电器。值得注意的是，电路在转子全部电阻串入情况下启动，且当电动机进入正常运行时，只有 KM_1、KM_4 两个接触器处于长期通电状态，而 KT_1、KT_2、KT_3 与 KM_2、KM_3 线圈通电时间均压缩到最低限度，一方面节省电能，延长电器使用寿命，更为重要的是减少电路故障，保证电路安全可靠地工作。由于电路为逐级短接电阻，电动机电流与转矩突然增

大，产生机械冲击。

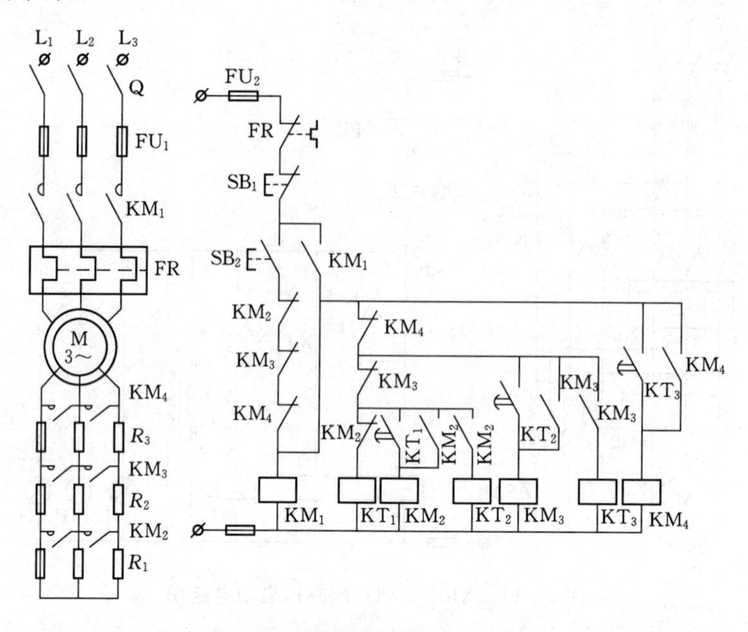

图 2－12　时间原则控制转子电阻启动电路

图 2－13 是由电动机转子电流大小的变化来控制电阻短接的启动控制电路，图中主电路转子绕组中除串接启动电阻外，还串接有电流继电器 KA_2、KA_3 和 KA_4 的线圈，三个电流继电器的吸合电流都一样，但是释放电流不同，KA_2 释放电流最大，KA_3 次之，

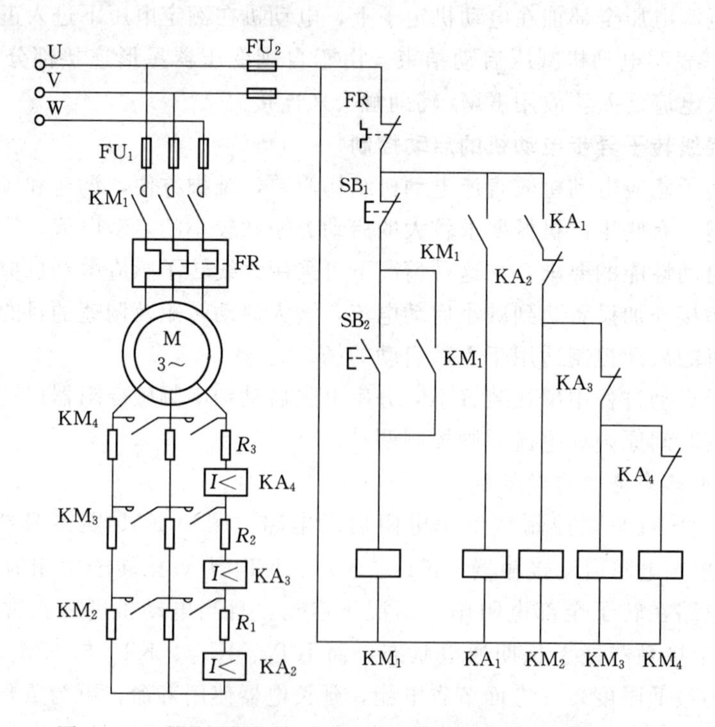

图 2－13　按电流原则控制的转子串电阻减压启动控制电路

KA_4 最小。当刚启动时，启动电流很大，电流继电器全部吸合，控制电路中的动断触点打开，接触器 KM_2、KM_3、KM_4 的线圈不能得电吸合，因此全部启动电阻接入。随着电动机转速升高，电流变小，电流继电器根据释放电流的大小等级依次释放，使接触器线圈依次得电，主触点闭合，逐级短接电阻，直到全部电阻都被短接，电动机启动完毕，进入正常运行。

控制电路中所接 KA_1 的作用：若无 KA_1，当转子电流由零上升尚未达到电流继电器吸合值时，KA_2、KA_3、KA_4 未吸合，使 KM_2、KM_3、KM_4 同时通电，将转子启动电阻全部短接，导致电动机 M 直接启动。有了 KA_1，在 KM_1 线圈通电后才使 KA_1 通电，在 KA_1 动合触点闭合之前，转子电流已超过 KA_2、KA_3、KA_4 吸合值并已动作，其动断触点已将 KM_2、KM_3、KM_4 电路断开，确保转子串电阻启动。

（二）转子电路串频敏变阻器启动控制

转子电路串电阻启动时，由于在启动过程中逐级切除电阻，因此电流及转矩的突然变化存在机械冲击，并且其控制电路较复杂，启动电阻体积较大，能耗大，维修麻烦，故实际生产中，常采用其他的启动方式，但是串电阻启动具有启动转矩大的优点，因而对有低速运行要求，并且初始启动转矩大的传动装置仍是一种常用的启动方式。

绕线转子异步电动机启动的另一方法是转子电路串频敏变阻器启动，这种启动方法具有恒转矩的启动、制动特性，又是静止的、无触点的电子元件，很少需要维修，因而常用于绕线转子异步电动机的启动，特别是大容量绕线转子异步电动机的启动控制。

频敏变阻器是一种由铸铁片或钢板叠成铁芯，外面再套上绕组的三相电抗器，接在转子绕组的电路中，其绕组电抗和铁芯损耗决定的等效阻抗随着转子电流的频率而变化。在电动机的启动过程中，当电动机转速增高时，频敏变阻器的阻抗值自动地平滑减小，这一方面限制了启动电流；另一方面又可得到大致恒定的启动转矩。图 2-14 是采用频敏变阻器的启动控制电路，该电路可用选择开关 SA 选择手动或自动控制，当选

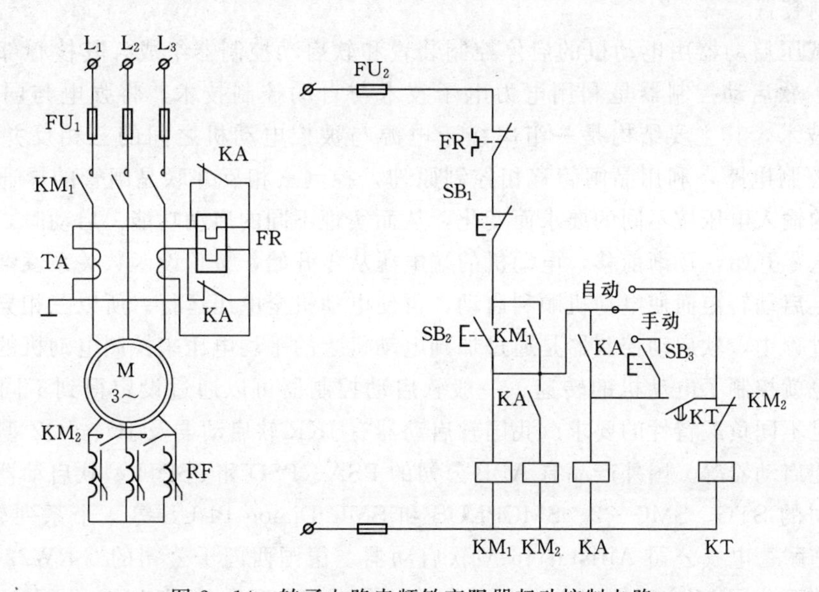

图 2-14　转子电路串频敏变阻器起动控制电路

择自动控制时，按下启动按钮 SB2，其工作过程如图 2-15 所示。选择手动控制时，时间继电器不起作用，手动控制按钮 SB_3 控制中间继电器 KA 和接触器 KM_2 通电工作。

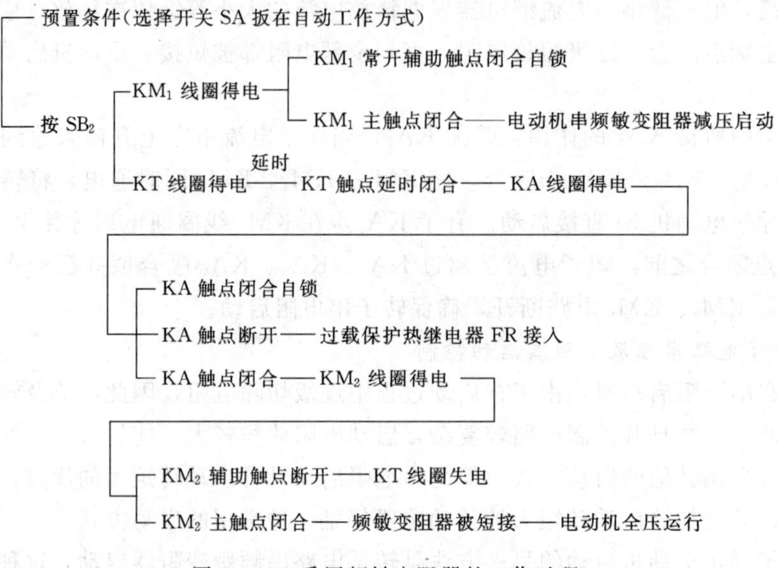

图 2-15 采用频敏变阻器的工作过程

启动过程中，KA 的动断触点将继电器发热元件短接，以免启动时间过长而使热继电器产生误动作。

三、固态降压启动器的启动控制

前述的传统异步电动机启动方式的共同特点是电路简单，但启动转矩固定不可调，启动过程存在较大的冲击电流，使被拖动负载受到较大的机械冲击，且易受电网电压波动影响。固态减压启动器是一种集电机软启动、软停车、轻载节能和多种保护功能于一体的新颖电机控制装置。

固态减压启动器由电动机的启停控制装置和软启动控制器组成，其核心部件是软启动控制器。软启动控制器是利用电力电子技术与自动控制技术，将强电与弱电结合起来的控制技术，其主要结构是一组串接于电源与被控电动机之间的三相反并联晶闸管及其电子控制电路，利用晶闸管移相控制原理，控制三相反并联晶闸管的导通角，使被控电动机的输入电压按不同的要求而变化，从而实现不同的启动功能。启动时，使晶闸管的导通角从零开始，逐渐前移，电动机的端电压从零开始，按预设函数关系逐渐上升，直至达到满足启动转矩而使电动机顺利启动，再使电动机全电压运行。所以三相异步电动机在软启动过程中，软启动控制器是通过加到电动机上的平均电压来控制电动机的启动电流和转矩，也就控制了电动机的转速。一般软启动控制器可以通过设定得到不同的启动特性，以满足不同负载特性的要求。我国软启动器有 JKR 软启动器及 JQ、JQZ 型交流电动机固态节能启动器等。国外产品有 ABB 公司的 PSA、PSD 和 PSDH 型软启动器，美国罗克韦尔公司的 STC、SMC-2、SMCPLUS 和 SMC Dialog PLUS 等 4 个系列软启动器，以及法国施耐德电气公司 Altistart46 型软启动器、德国西门子公司的 3 RW22 型软启动器、英国欧丽公司 MS2 型软启动器、英国 CT 公司 SX 型和德国 AEG 公司 3DA、3DM

型软启动器等。

第四节　三相异步电动机的制动控制

三相异步电动机从切除电源到完全停止旋转，由于机械惯性，总需要经过一定的时间，这往往不能满足生产机械要求迅速停车的要求，也影响生产率的提高。因此，应对电动机进行制动控制，制动控制方法有机械制动和电气制动。所谓机械制动，用机械装置来强迫电动机迅速停车；电气制动是使电动机的电磁转矩方向与电动机旋转方向相反，起制动作用。电气制动有反接制动、能耗制动、再生制动以及派生的电容制动等，这些制动方法各有特点，适用不同场合，本节介绍几种典型的制动控制电路。

一、电动机单向反接制动控制

反接制动是利用改变电动机电源的相序，使定子绕组产生相反方向的旋转磁场，因而产生制动转矩的一种制动方法。电源反接制动时，转子与定子旋转磁场的相对转速接近 2 倍的电动机同步转速，所以定子绕组中流过的反接制动电流相当于全压启动时启动电流的 2 倍，因此反接制动制动转矩大，制动迅速，冲击大，通常适用于 10kW 及以下的小容量电动机。为了减小冲击电流，通常在笼型异步电动机定子电路中串入反接制动电阻。另外，当电动机转速接近零时，要及时切断反相序电源，以防电动机反向再启动，通常用速度继电器来检测电动机转速并控制电动机反相序电源的断开。

图 2-16 为电动机单向反接制动控制电路。图中 KM_1 为电动机单向运行接触器，KM_2 为反接制动接触器，KS 为速度继电器，R 为反接制动电阻。启动电动机时，合上开

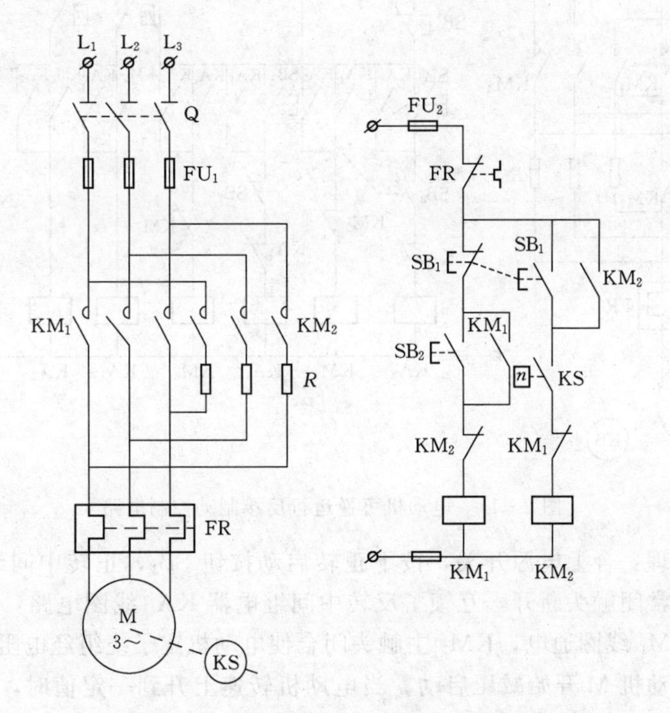

图 2-16　电动机单向反接制动控制电路

关，按下 SB_2，KM_1 线圈通电并自锁，主触头闭合，电动机全压下启动，当与电动机有机械连接的速度继电器 KS 转速超过其动作值 140r/min 时，其相应触头闭合，为反接制动作准备。停止时，按下停止按钮 SB_1，SB_1 常闭触头断开，使 KM_1 线圈断电释放，KM_1 主触头断开，切断电动机原相序三相交流电源，电动机仍以惯性高速旋转。当将停止按钮 SB_1 按到底时，其常开触头闭合，使 KM_2 线圈通电并自锁，电动机定子串入三相对称电阻接入反相序三相交流电源进行反接制动，电动机转速迅速下降。当转速下降到 KS 释放转速即 100r/min 时，KS 释放，KS 常开触头复位，断开 KM_2 线圈电路，KM_2 断开释放，主触头断开电动机反相序交流电源，反接制动结束，电动机自然停车至零。

二、电动机可逆运行反接制动控制

图 2-17 为电动机可逆运行反接制动控制电路。图中 KM_1、KM_2 为电动机正、反转接触器，KM_3 为短接制动电阻接触器，KA_1、KA_2、KA_3、KA_4 为中间继电器，KS 为速度继电器，其中 KS-1 为正转闭合触头，KS-2 为反转闭合触头。电阻 R 启动时起定子串电阻减压作用，停车时，电阻 R 又作为反接制动电阻。

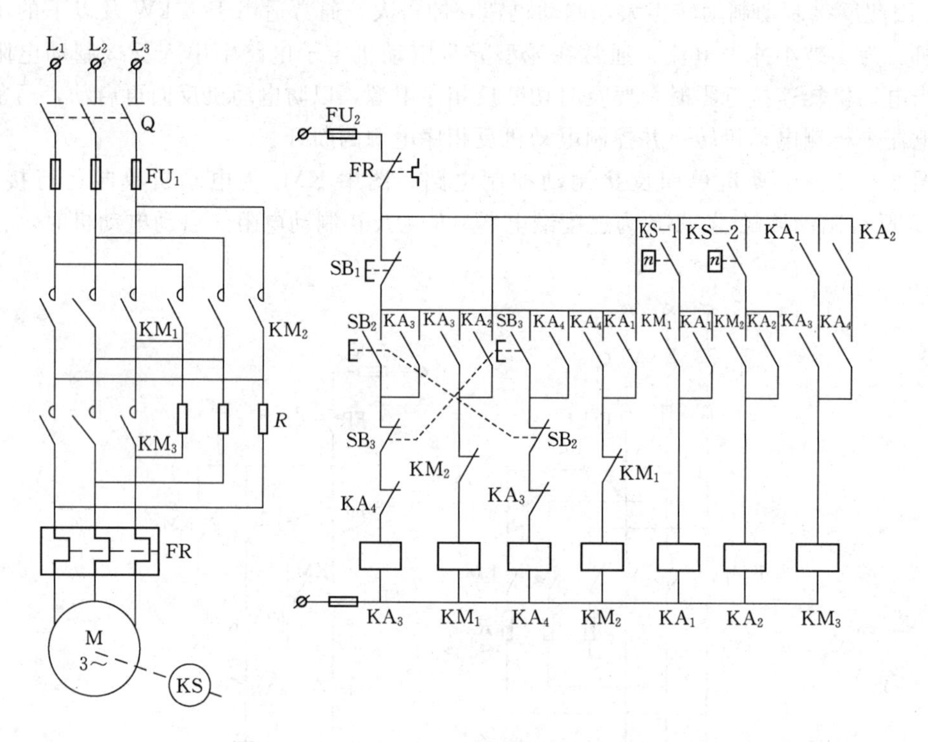

图 2-17 电动机可逆运行反接制动控制电路

电路工作原理：合上电源开关，按下正转启动按钮 SB_2，正转中间继电器 KA_3 线圈通电并自锁，其常闭触头断开，互锁了反转中间继电器 KA_4 线圈电路，KA_3 常开触头闭合，使接触器 KM_1 线圈通电，KM_1 主触头闭合使电动机定子绕组经电阻 R 接通正相序三相交流电源，电动机 M 开始减压启动。当电动机转速上升到一定值时，速度继电器正转常开触头 KS-1 闭合，中间继电器 KA_1 通电并自锁。这时由于 KA_1、KA_3 的常开触头闭

合，接触器 KM_3 线圈通电，于是电阻 R 被短接，定子绕组直接加以额定电压，电动机转速上升到稳定工作转速。所以，电动机转速从零上升到转速继电器 KS 常开触头闭合这一区间是定子串电阻降压启动。

在电动机正转运转过程中，若按下停止按钮 SB_1，则 KA_3、KM_1、KM_3 线圈相继断电释放，但此时电动机转子仍以惯性高速旋转，使 KS-1 仍维持闭合状态，中间继电器 KA_1 仍处于吸合状态，所以在接触器 KM_1 常闭触头复位后，接触器 KM_2 线圈便通电吸合，其常开主触头闭合，使电动机定子绕组经电阻 R 获得反相序三相交流电源，对电动机进行反接制动，电动机转速迅速下降。当电动机转速低于速度继电器释放值时，速度继电器常开触头 KS-1 复位，KA_1 线圈断电，接触器 KM_2 线圈断电释放，反接制动过程结束。

电动机反向启动和反接制动停车过程与正转时相同，不同的是速度继电器其作用的是反向触头 KS-2，中间继电器 KA_2 替代了 KA_1，在此不再复述。

三、电动机单向运行能耗制动控制

能耗制动是在电动机脱离三相交流电源后，向定子绕组内通入直流电流，建立静止磁场，利用转子感应电流与静止磁场的作用产生制动的电磁转矩，达到制动的目的。在制动过程中，电流、转速和时间三个参量都在变化，可任取一个作为控制信号。按时间作为变化参量，控制电路简单，实际应用较多。图 2-18 为电动机单向运行时间原则控制能耗制动电路图。

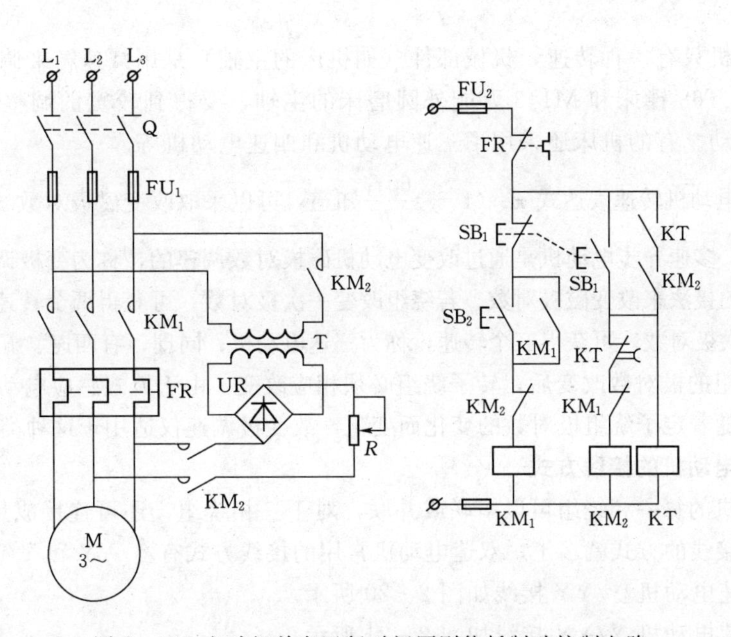

图 2-18　电动机单向运行时间原则能耗制动控制电路

电路工作原理：电动机现已处于单向运行状态，所以 KM_1 通电并自锁。若要使电动机停转，只要按下按钮 SB_1，KM_1 线圈断电释放，其主触头断开，电动机断开三相交流电源。同时，KM_2、KT 线圈同时通电并自锁，KM_2 主触头将电动机定子绕组接入直流电源进行能耗制动，电动机转速迅速降低，当转速接近零时通电延时型时间继电器 KT 延

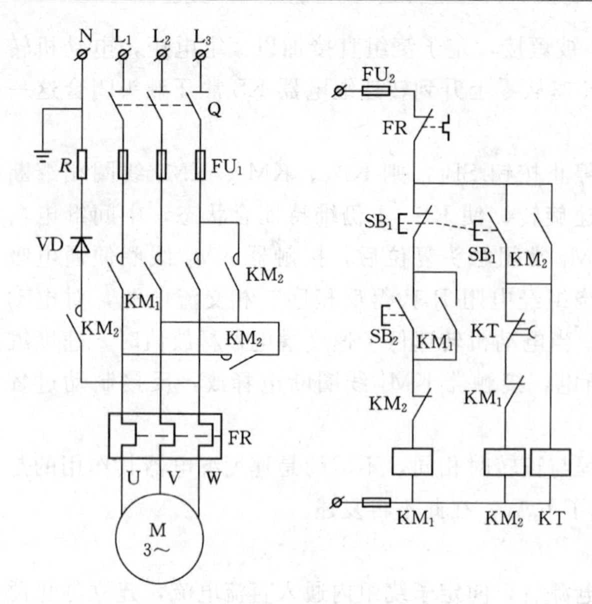

图 2-19 电动机无变压器单管能耗制动电路

时时间到，KT 常闭延时断开触头动作，使 KM_2、KT 线圈相继断电释放，能耗制动结束。

四、无变压器单管能耗制动控制

对于 10kW 以下电动机，在制动要求不高时，可采用无变压器单管能耗制动。图 2-19 为电动机无变压器单管能耗制动电路，图中 KM_1 为运行接触器，KM_2 为制动接触器，KT 为能耗制动时间继电器。该电路整流电源电压为 220V，由 KM_2 主触头接至电动机定子绕组，经整流二极管 VD 接至电源中性线 N 构成闭合电路。制动时电动机 U、V 相由 KM_2 主触头短接，因此只有单方向制动转矩。电路工作原理与图 2-18 所示电路相似，读者可自行分析。

第五节 三相异步电动机的调速控制

一般电动机只有一种转速，机械部件（如机床的主轴）是用减速箱来调整的。但在有些机床中，如 T68 镗床和 M143 万能外圆磨床的主轴，要得到较宽的调整范围，则采用双速电动来传动。有的机床还采用了三速电动机和四速电动机等。

通过异步电动机转速表达式 $\pi=(1-s)\dfrac{60f_1}{p}$ 知道，可以采取改变磁极对数 p、电源频率或转差率来调整。多速异步电动机是通过改变电动机磁极对数调速的，称为变极调速。通常采用改变定子绕组的接法来改变磁极对数。若绕组改变一次极对数，可获得两个转速，称为双速电动机；改变两次极对数，可获得三个转速，称为三速电动机；同理，有四速、五速电动机。

当定子绕组的极对数改变后，转子绕组必须相应改变，由于笼式感应电动机的转子无固定极对数，能随着定子绕组极对数的变化而变化，故变极调速仅适用于这种类型的电动机。

一、双速电动机的接线方式

双速电动机的每一相绕组可以串联或并联，对于三相绕组，还可连接成星形或三角形，这样组合起来接线的方式就多了。双速电动机常用的接线方式有△/YY 和 Y/YY 两种。

4/2 极双速电动机△/YY 接线如图 2-20 所示。

4/2 极双速电动机 Y/YY 接线如图 2-21 所示。

二、△/YY 连接双速电动机控制电路

（一）接触器控制双速电动机的控制电路

接触器控制双速电动机控制电路如图 2-22 所示，工作原理如下。先合上电源开关 QS，按下低速启动按钮 SB_2，低速接触器 KM_1 线圈获电，互锁触头断开，自锁触头闭合，

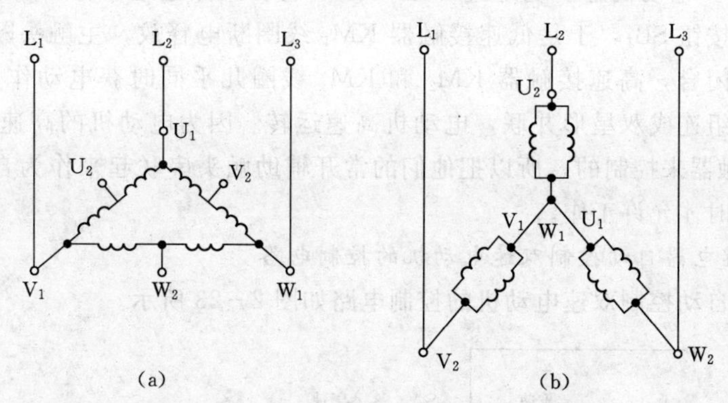

图 2-20　4/2 极双速电动机△/YY 接线图

(a) △连接；(b) YY 连接

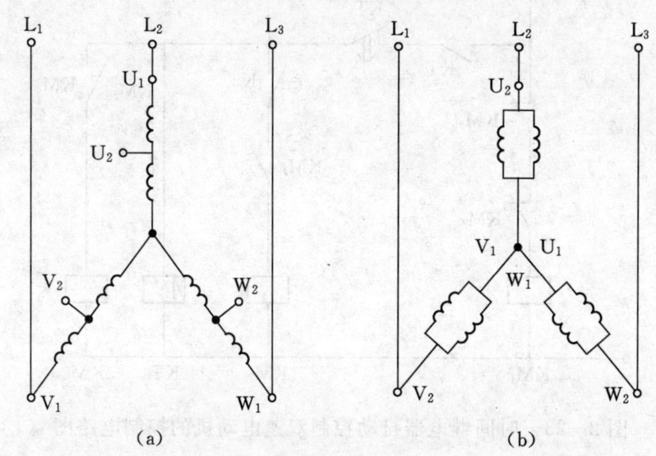

图 2-21　4/2 极双速电动机 Y/YY 接线图

(a) Y 连接；(b) YY 连接

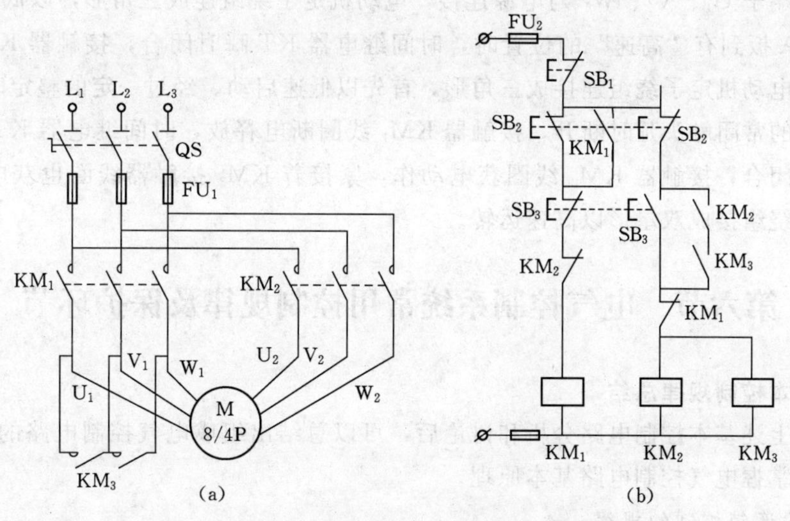

图 2-22　接触器控制双速电动机控制电路图

(a) 主电路；(b) 控制电路

KM_1 主触头闭合，电动机定子绕组连成三角形，电动机低速运转。如需换为高速运转，可按下高速启动按钮 SB_3，于是低速接触器 KM_1 线圈断电释放，主触头断开，自锁触头断开，互锁触头闭合，高速接触器 KM_2 和 KM_3 线圈几乎同时获电动作，主触头闭合，使电动机定子绕组连成双星形并联，电动机高速运转。因为电动机的高速运转是由 KM_2 和 KM_3 两个接触器来控制的，所以把他们的常开辅助触头串联起来作为自锁，只有当两个接触器都吸合时才允许工作。

（二）时间继电器自动控制双速电动机的控制电路

时间继电器自动控制双速电动机的控制电路如图 2-23 所示。

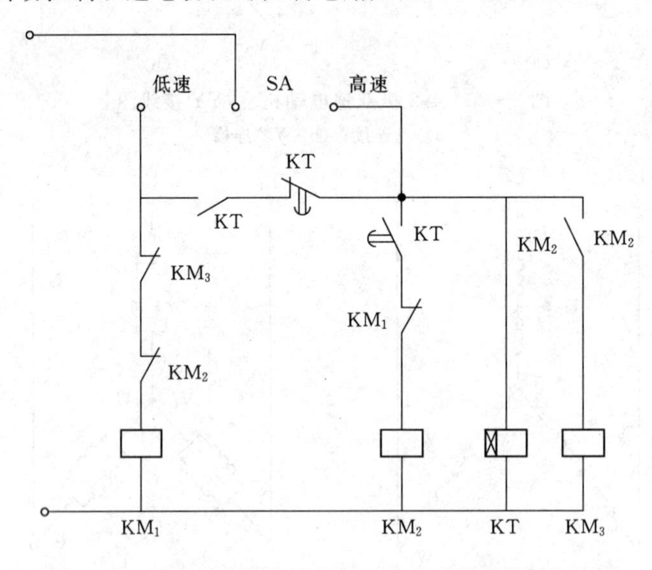

图 2-23 时间继电器自动控制双速电动机的控制电路图

如把 SA 扳到标有"低速"的位置时，接触器 KM_1 线圈获电动作，电动机定子绕组的三个出线端子 U_1、V_1、W_1 与电源连接，电动机定子绕组连成三角形，以低速运转。

如把 SA 扳到有"高速"的位置时，时间继电器 KT 瞬时闭合，接触器 KM_1 线圈获电动作，使电动机定子绕组连接成三角形，首先以低速启动。经过一定的整定时间，时间继电器 KT 的常闭触头延时断开，接触器 KM_1 线圈断电释放，时间继电器 KT 的延时常开触头延时闭合，接触器 KM_2 线圈获电动作，紧接着 KM_3 接触器线圈也获电动作，使电动机定子绕组接成双星形以高速运转。

第六节 电气控制系统常用控制规律及保护环节

一、基本控制规律总结

通过对上述基本控制电路分析和讨论后，可以总结出组成电气控制电路的基本规律，以便更好地掌握电气控制电路基本原理。

（一）按连锁控制的规律

电气控制电路中，各电器之间具有互相制约、互相配合的控制，称为连锁控制。在顺

序控制电路中，要求接触器 KM_1 得电后，接触器 KM_2 才能得电。可以将前者的常开触点串接在 KM_2 线圈的控制电路中，或者将 KM_2 控制线圈的电源从 KM_1 的自锁触点后引入。在电动机正、反转控制电路中，要求接触器 KM_1 得电后，接触器 KM_2 不能得电吸合，则需将前者的常闭接触点串接在 KM_2 线圈电路中，反之亦然。这种连锁关系称为互锁。

在单相点动、连续运行混合控制电路中，为了可靠地实现点动控制，要求电动机的正常连续工作与点动工作实现连锁控制，则需用复合按钮作点动控制按钮，并将点动按钮的常闭触点串联在自锁回路中。在具有自动停止的正反转控制电路中，为使运动部件在规定的位置停下来，可以把正向行程开关 SQ_1 的常闭触点串入正转接触 KM_1 的线圈回路中，把反向行程开关 SQ_2 的常闭触点串入反转接触器 KM_2 的线圈回路中。

综上所述，实现连锁控制的基本方法是采用反映某一运动的连锁触点控制另一运动的相应电器，从而达到连锁控制的目的。连锁控制的关键是正确地选择连锁触点。

（二）按控制过程的变化参量进行控制的规律

在生产过程中总伴随着一系列的参数变化，例如电流、电压、压力、温度、速度、时间等参数。在电气控制中，常选择某些能反映生产过程的变化参数作为控制参量进行控制，从而实现自动控制的目的。

在星形—三角形减压启动控制电路中，选择时间作为控制参量，采用时间继电器实现电动机绕组由星形向三角形连接的自动转换。这种选择时间作为控制参量进行控制的方式称为时间原则。

在自动往返控制电路中，选择运动部件的行程作为控制参量，采用行程开关实现运动部件的自动往返运动。这种选择行程作为控制参量进行控制的方式称为行程原则。

在反接制动控制电路中，选择速度作为控制参量，采用速度继电器实现及时切断反向制动电源。这种选择速度（转速）作为控制参量进行控制的方式称为速度原则。

在绕线式异步电动机的控制电路中，选择电流作为控制参量，采用电流继电器实现电动机启动过程中逐级短接启动电阻。这种选择电流作为控制参量进行控制的方式称为电流原则。

控制过程中选择电压、压力、温度等控制参量进行控制的方式分别称为电压原则、压力原则、温度原则。

按控制过程的变化参量进行控制的关键是正确选择参量，确定控制原则，并选定能反映该控制参量变化的电器元件。

二、常用保护环节

电气控制系统必须在安全可靠的前提下来满足生产工艺要求。为此，在电气控制系统的设计与运行中，必须考虑系统发生各种故障和不正常工作情况的可能性，在控制系统中设置有各种保护装置。保护环节是所有电气控制系统不可缺少的组成部分。常用的保护环节有过电流、过载、短路、过电压、失电压、断相、弱磁场与超速保护等，本节主要介绍低压电动机常用的保护环节。

（一）短路保护

当电器或线路绝缘遭到破坏、负载短路、接线错误时都将产生短路现象。短路时产生的瞬时故障电流可达到额定电流的十几倍，使电气设备或配电线路因过流而产生电动力而损坏，甚至因电弧而引起火灾。短路保护要求具有瞬动特性，即要求在很短时间内切断电源。短路保护的常用办法有熔断器保护和低压断路器保护。熔断器熔体的选择见上一章有关内容。低压断路器动作电流按电动机启动电流的1.2倍来整定，相应低压断路器切断短路电流的触头容量应加大。

（二）过电流保护

过电流保护是区别于短路保护的一种电流型保护。所谓过电流是指电动机或电器元件超过其额定电流的运行状态，其一般比短路电流小，不超过6倍额定电流。在过电流情况下，电器元件并不是马上损坏，只要在达到最大允许温升之前，电流值能恢复正常，还是允许的。但过大的冲击负载，使电动机流过过大的冲击电流，以致损坏电动机。同时，过大的电动机电磁转矩也会使机械的传动部件受到损坏，因此要瞬时切断电源。电动机在运行中产生过电流的可能性要比发生短路的可能性大，特别是频繁启动和正反转、重复短时工作电动机中更是如此。

过电流保护常用过电流继电器来实现，通常过电流继电器与接触器配合使用，即将过电流继电器线圈串接在被保护电路中，当电路电流达到其整定值时，过电流继电器动作，而过电流继电器常闭触头串接在接触器线圈电路中，使接触器线圈断电释放，接触器主触头断开切断电动机电源。这种过电流保护环节常用于直流电动机和三相绕线转子异步电动机的控制电路中。若过电流继电器动作电流为1.2倍电动机电流，则过流继电器也可实现短路保护作用。

（三）过载保护

过载保护是过电流保护中的一种。过载是指电动机的运行电流大于其额定电流，但在1.5倍额定电流以内。引起电动机过载的原因很多，如负载的突然增加，缺相运行或电源电压降低等。若电动机长期过载运行，其绕组的温升将超过允许值而使绝缘老化、损坏。过载保护装置要求具有反时限特性，且不会受到电动机短时过载冲击电流或短路电流的影响而瞬时动作，所以通常用热继电器作过载保护。当有6倍以上额定电流通过热继电器时，需经5s后才动作，这样在热继电器未动作前，可能使热继电器的发热元件先烧坏，所以在使用热继电器作过载保护时，还必须装有熔断器或低压断路器的短路保护装置。由于过载保护特性与过电流保护不同，故不能用过电流保护方法来进行过载保护。

对电动机进行断相保护，可选用带断相保护的热继电器来实现过载保护。

（四）失电压保护

电动机应在一定的额定电压下才能正常工作，电压过高、过低或者工作过程中非人为因素的突然断电，都可能造成生产机械损坏或人身事故。因此在电气控制电路中，应根据要求设置失电压保护、过电压保护和欠电压保护。

电动机正常工作时，如果因为电源电压消失而停转，一旦电源电压恢复时，有可能自行启动，电动机的自行启动将造成人身事故或机械设备损坏。为防止电压恢复时电动机自行启动或电器元件自行投入工作而设置的保护，称为失电压保护。采用接触器和按钮控制的启动、停止，就具有失电压保护作用。这是因为当电源电压消失时，接触器就会自动释

放而切断电动机电源，当电源电压恢复时，由于接触器自锁触头已断开，不会自行启动。如果不是采用按钮而是用不能自动复位的手动开关、行程开关来控制接触器，必须采用专门的零电压继电器。工作过程中一旦失电，零压继电器释放，其自锁电路断开，电源电压恢复时，不会自行启动。

（五）欠电压保护

电动机运转时，电源电压过分降低引起电磁转矩下降，在负载转矩不变情况下，转速下降，电动机电流增大。此外，由于电压的降低引起控制电器释放，造成电路不正常工作。因此，当电源电压降到60%～80%额定电压时，将电动机电源切除而停止工作，这种保护称欠电压保护。

除上述采用接触器及按钮控制方式，利用接触器本身的欠电压保护作用外，还可采用欠电压继电器来进行欠电压保护，吸合电压通常整定为（0.8～0.85）U_N，释放电压通常整定为（0.5～0.7）U_N。其方法是将电压继电器线圈跨接在电源上，其常开触头串接在接触器线圈电路中，当电源电压低于释放值时，电压继电器动作使接触器释放，接触器主触头断开电动机电源实现欠电压保护。

（六）过电压保护

电磁铁、电磁吸盘等大电感负载及直流电磁机构、直流继电器等，在通断时会产生较高的感应电动势，将使电磁线圈绝缘击穿而损坏。因此，必须采用过电压保护措施。通常过电压保护是在线圈两端并联一个电阻，电阻串电容或二极管串电阻，以形成一个放电回路，实现过电压的保护。

（七）直流电动机的弱磁保护

直流电动机磁场的过度减少会引起电动机超速，需设置弱磁保护，这种保护是通过在电动机励磁线圈回路中串入电流继电器来实现的。在电动机运行时，若励磁电流过小，欠电流继电器释放，其触头断开电动机电枢回路线路接触器线圈电路，接触器线圈断电释放，接触器主触头断开电动机电枢回路，电动机断开电源，实现保护电动机之目的。

（八）其他保护

除上述保护外，还有超速保护、行程保护、油压（水压）保护等，这些都是在控制电路中串接一个受这些参量控制的常开触头或常闭触头来实现对控制电路的电源控制来实现的。这些装置有离心开关、测速发电机、行程开关、压力继电器等。

习　题

2-1　常用的电气控制系统图有哪三种？

2-2　何为电气原理图？绘制电气原理图的原则是什么？

2-3　何为电器布置图？电器元件的布置应注意哪几方面？

2-4　何为电气安装接线图？绘制电气安装接线图应注意哪几个方面？

2-5　电动机点动控制与连续运转控制在电气控制电路上有何不同，其关键控制环节是什么？

2-6　采用接触器与按钮控制的电路是如何实现电动机的失电压与欠电压保护的？

2-7　何为互锁控制？实现电动机正、反转互锁控制的方法有哪两种？为何有了机械互锁还要有电气互锁？

2-8　指出电动机正、反转控制电路中的控制关键环节是哪两处？

2-9　试设计一个电气控制电路：三台三相笼型异步电动机启动时，M_1 先启动，经 10s 后 M_2 自行启动，运行 30s 后 M_1 停止并同时使 M_3 自行启动，再运行 30s 后其余两台电动机全部停止。

2-10　为两台三相笼型异步电动机设计电气控制电路，其要求如下：

(1) 两台电动机互不影响地独立操作；

(2) 能同时控制两台电动机的启动和停止；

(3) 当任一台电动机发生过载时，两台电动机均停止。

2-11　有两台电动机 M_1 和 M_2，要求 M_1 先启动，经过时间 10s 后，才能用按钮启动电动机 M_2，电动机 M_2 启动后，M_1 立即停转，试设计控制电路图。

2-12　某一三相笼型异步电动机采用 Y-△减压启动，能耗制动停车，试画出其电气控制电路图。

2-13　电气控制系统常用的保护环节有哪些？他们各采用什么电器元件？

第三章　典型生产机械的电气控制

第一节　CA6140 车床控制电路

一、CA6140 普通车床的结构及运动形式剖析

车床是一种应用极为广泛的金属切削机床，能够车削外圆、内圆、端面、螺纹、螺杆，车削定型表面，并可用钻头、绞刀等进行加工。CA6140 型号意义为：C 表示车床，A 表示第一次重大改进，6 表示落地及普通车床，1 表示普通车床，40 是机床主参数，回转直径为 400mm。

（一）CA6140 普通车床的主要结构

CA6140 普通车床主要由床身、主轴箱、进给箱、溜板箱、刀架、丝杠、光杠、尾架等部分组成。图 3－1 是 CA6140 型普通车床的外形。

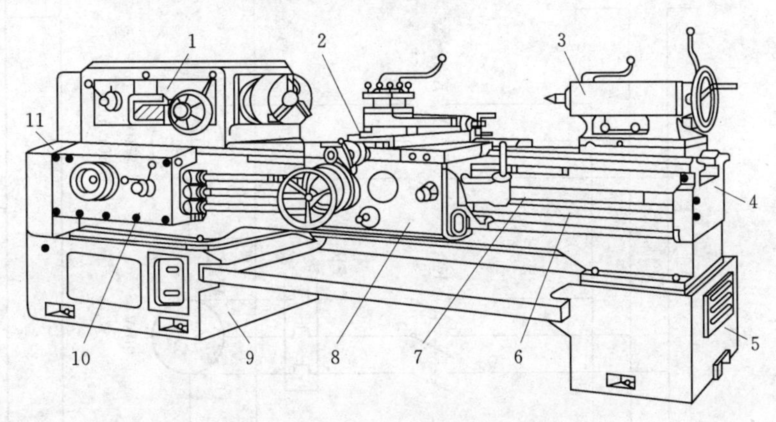

图 3－1　CA6140 型普通车床外形图

1—主轴箱；2—刀架；3—尾座；4—床身；5、9—床腿；6—光杠；7—丝杠；8—溜板箱；10—进给箱；11—挂轮变速机构

（二）CA6140 普通车床的运动形式

为了加工各种旋转表面，车床必须进行切削运动和辅助运动。切削运动包括主运动和进给运动，而除此之外的其他运动皆为辅助运动。主运动即主轴的运动，即卡盘或顶尖带着工件的旋转运动。进给运动是指刀架的纵向或横向直线运动。刀架的进给运动也是由主轴电动机拖动的，其运动方式有手动和自动两种。辅助运动是指刀架的快速移动、尾座的移动以及工件的夹紧与放松等。

二、CA6140 普通车床的控制要求

从车床的加工工艺特点出发，中小型卧式车床的电气控制要求如下。

（1）主轴电动机一般选用三相笼型异步电动机。为了满足主运动与进给运动之间严格

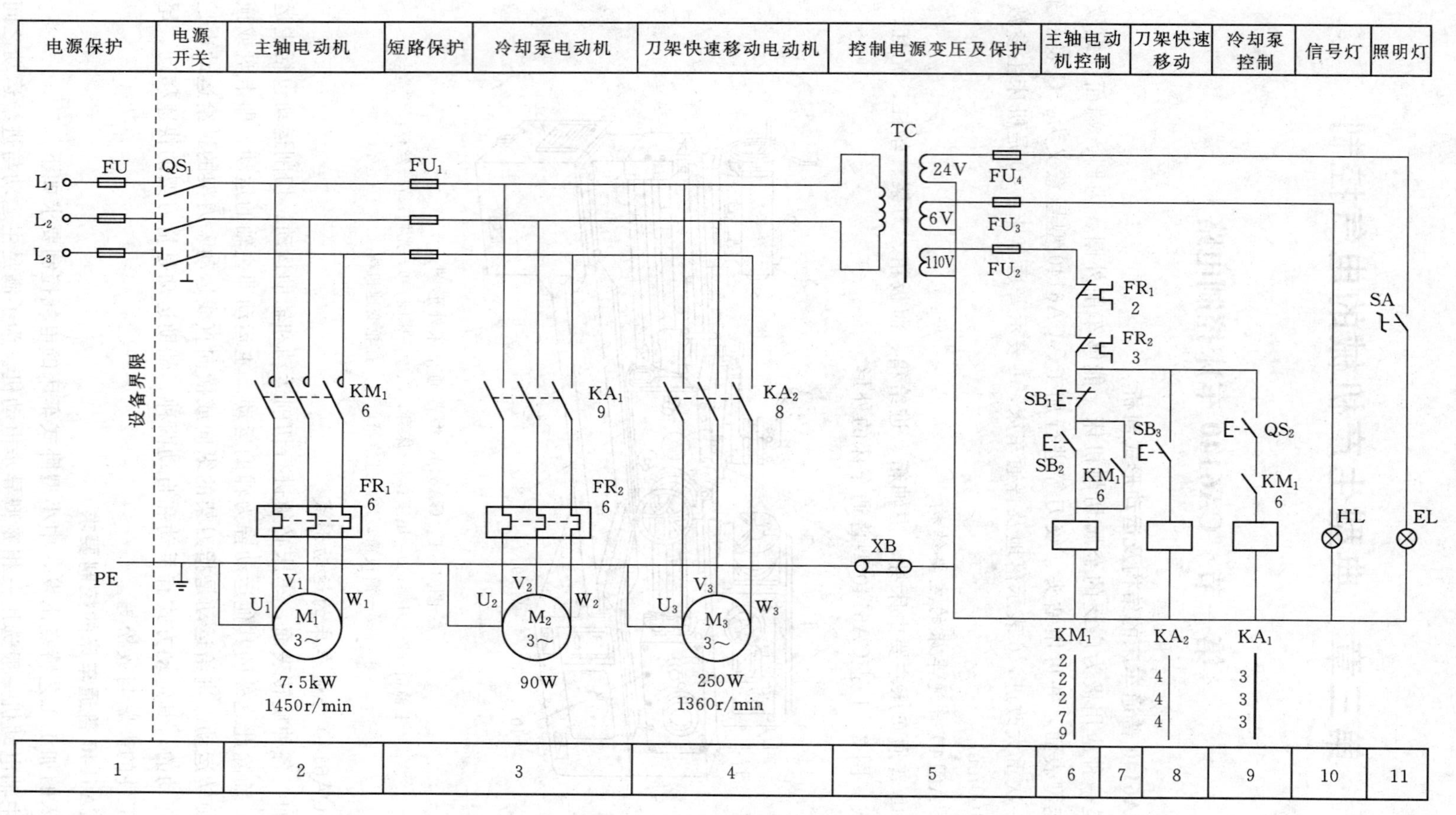

图 3-2　CA6140 车床电气原理图

的比例关系，只用一台电动机来驱动。为了满足调速要求，通常采用机械变速。

（2）为了车削螺纹，要求主轴电动机能够正反向运行。由于主轴电动机容量较大，主轴的正反向运行则靠摩擦离合器来实现，电动机只作单向旋转。

（3）车削加工时，为防止刀具与工件温度过高，需要冷却液对其进行冷却，为此设置一台冷却泵电动机，冷却泵电动机只需单向旋转。当主轴电动机启动后冷却泵电动机才能动作，当主轴电动机停车时，冷却泵电动机应立即停车。

（4）为实现溜板的快速移动，应由单独的快速移动电动机来拖动，即采用点动控制。

（5）电路应具有必要的短路、过载、欠电压和零电压等保护环节，并具有安全可靠的局部照明和信号指示。

三、CA6140车床电气原理图

CA6140车床电气原理如图3-2所示。

（一）主电路分析

三相交流电源由转换开关QS_1引入。FU实现整个车床控制电路的短路保护。

M_1为主轴电动机，带动主轴旋转和刀架的进给运动，由接触器KM_1控制，熔断器FU实现短路保护，热继电器FR_1实现过载保护。

M_2为冷却泵电动机，输送冷却液；由中间继电器KA_1控制，热继电器FR_2实现过载保护。M_3为刀架快速移动电动机，由中间继电器KA_2控制。FU_1熔断器实现对电动机M_2、M_3和控制变压器TC的短路保护。

（二）控制电路分析

控制电路的电源由控制变压器TC的二次侧输出110V电压提供。

1. 主轴电动机M_1的控制（图3-3）

主轴的正反转是采用多片摩擦离合器实现的。

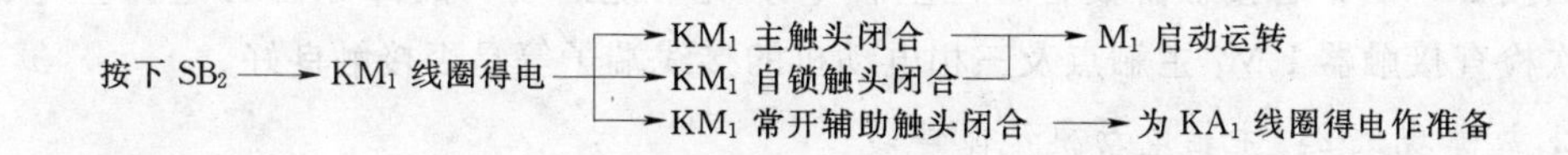

图3-3　主轴电动机M_1的控制

2. 冷却泵电动机M_2的控制

由图3-2可见，主轴电动机M_1与冷却泵电动机M_2两台电动机之间实现顺序控制。只有当电动机M_1启动运转后，合上转换开关QS_2，中间继电器KA_1线圈才会获电，其触头闭合使电动机M_2释放冷却液。

3. 刀架快速移动电动机M_3的控制

刀架快速移动的电路为点动控制，因此在主电路中未设过载保护。刀架移动方向（前、后、左、右）的改变，是由进给操作手柄配合机械装置来实现的。如需要快速移动，按下按钮SB_3即可。

（三）照明、信号电路分析

照明灯EL和指示灯HL的电源分别由控制变压器TC二次侧输出24 V和6 V电压提

供。照明灯 EL 开关为 SA，指示灯 HL 为电源指示灯，只要接通电源，灯就会亮。熔断器 FU_3 和 FU_4 分别作为指示灯 HL 和照明灯 EL 的短路保护。接触器 KM_1、中间继电器 KA_1 可实现失压和欠压保护。

另外，为防止电动机外壳漏电伤人，电动机外壳均与地线连接。XB 为连接片，可连也可不连。

四、CA6140 普通车床常见故障检修

（一）机床故障分析方法

对于机床故障，通常在断电情况下按照“片—线—点”的顺序，排除故障。具体方法是：依据故障现象，确定故障范围即“片”，比如主电机不转，原因有可能在主电路也有可能在控制电路，要根据操作机床时的各种现象，来具体判断是哪“片”电路出了问题；分析原理，进一步确定是哪条“电路”出了问题，再用万用表测量是哪“点”出现了短路、断路或器件损坏等故障。找出故障点后排除故障，再次试车时，一定要先排除电路存在的短路故障。

检查故障通常是断电检查，必要时通电检查，常用的仪表有验电笔、万用表和摇表，如电路中有直流电路，有可能需要示波器。

（二）普通车床常见故障分析举例

1. 故障现象 1：主轴电动机 M_1 不能启动

原因分析：

（1）控制电路没有电压；

（2）控制电路中的熔断器 FU_2 熔断；

（3）接触器 KM_1 未吸合，按启动按钮 SB_2，接触器 KM_1 若不动作，故障必定在控制电路。如按钮 SB_1、SB_2 的触头接触不良，接触器线圈断线，就会导致 KM_1 不能通电动作；当按 SB_2 后，若接触器吸合，但主轴电动机不能启动，故障原因必定在主电路中，可依次检查接触器 KM_1 主触点及三相电动机的接线端子等是否接触良好。

2. 故障现象 2：主轴电动机不能停转

原因分析：这类故障多数是由于接触器 KM_1 的铁芯极面上的油污使铁芯不能释放或 KM_1 的主触点发生熔焊，或停止按钮 SB_1 的常闭触点短路所造成的。应切断电源，清洁铁芯极面的污垢或更换触点，即可排除故障。

3. 故障现象 3：主轴电动机的运转不能自锁

原因分析：当按下按钮 SB_2 时，电动机能运转，但放松按钮后电动机即停转，这是由于接触器 KM_1 的辅助常开触头接触不良或位置偏移、卡阻现象引起的故障。这时只要将接触器 KM_1 的辅助常开触点进行修整或更换即可排除故障。辅助常开触点的连接导线松脱或断裂也会使电动机不能自锁。

4. 故障现象 4：刀架快速移动电动机不能运转

原因分析：按点动按钮 SB_3，中间继电器 KA_2 未吸合，故障必然在控制电路中，这时可检查点动按钮 SB_3、中间继电器 KA_2 的线圈是否断路。

第二节　M7120 平面磨床控制电路

一、M7120 平面磨床的结构及运动形式剖析

磨床是用砂轮的周边或端面进行机械加工的精密机床，平面磨床则是用砂轮磨削加工各种零件的平面。M7120 型平面磨床是平面磨床中使用较为普遍的一种，它的磨削精度和光洁度都比较高，操作方便，适用磨削精密零件和各种工具，并可以镜面磨削。

M7120 的型号意义为：M 代表磨床类；7 代表平面磨床组；1 代表卧轴矩台式；20 代表工作台的工作面宽 200 mm。

（一）M7120 平面磨床的主要结构

M7120 型平面磨床由床身、工作台（包括电磁吸盘）、磨头、立柱、拖板、行程挡块、砂轮修正器、驱动工作台手轮、垂直进给手轮、横向进给手轮等部件组成，如图 3-4 所示。

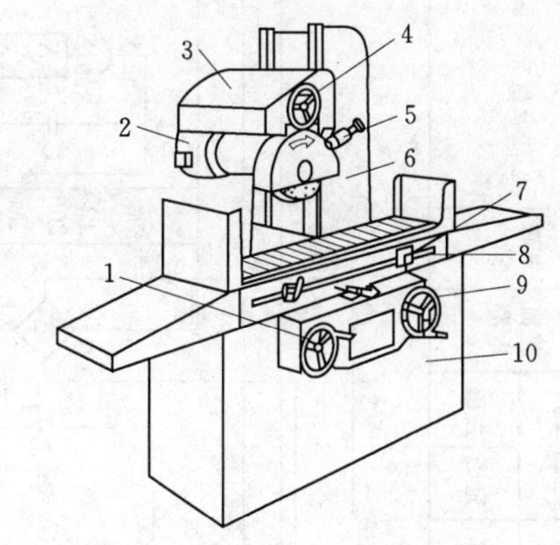

图 3-4　M7120 平面磨床结构图

1—工作台纵向移动手轮；2—砂轮架；3—滑板座；4—砂轮横向进给手轮；5—砂轮修正器；6—立柱；7—撞块；8—工作台；9—砂轮垂直进给轮；10—床身

（二）M7120 型平面磨床的运动形式

M7120 型平面磨床共有 4 台电动机。砂轮电动机是主运动电动机，它直接带动砂轮旋转，对工件进行磨削加工。砂轮升降电动机使拖板（磨头安装在拖板上）沿立轴导轨上下移动，用以调整砂轮位置。液压泵电动机驱动液压泵进行液压传动，用来带动工作台和砂轮的往复运动；由于液压传动较平稳，换向时惯性小，所以换向平稳、无振动，并能实现无级调速，从而保证加工精密。冷却泵电动机带动冷却泵供给砂轮对工件加工时所需的冷却液，同时利用冷却液带走磨下的铁屑。

二、M7120 型平面磨床的控制要求

（一）主电路

磨床对砂轮电动机、液压泵电动机和冷却液泵电动机只要求单向运转，而对砂轮升降电动机要求能双向运转。

（二）控制电路

（1）为了保证安全生产，电磁吸盘与液压泵、砂轮、冷却泵三台电动机间应有电气连锁装置，当电磁吸盘不工作或发生故障时，三台电动机均不能启动。

（2）冷却泵电动机只有在砂轮电动机工作时才能够启动，并且工作状态可选。

（3）电磁吸盘要求有充磁和退磁功能。

（4）指示电路应能正确显示电源和液压泵、砂轮、砂轮升降三台电动机以及电磁吸盘的工作情况。

（5）电路应设有必要的短路保护、过载保护和电气连锁保护。

（6）电路应设有局部照明装置。

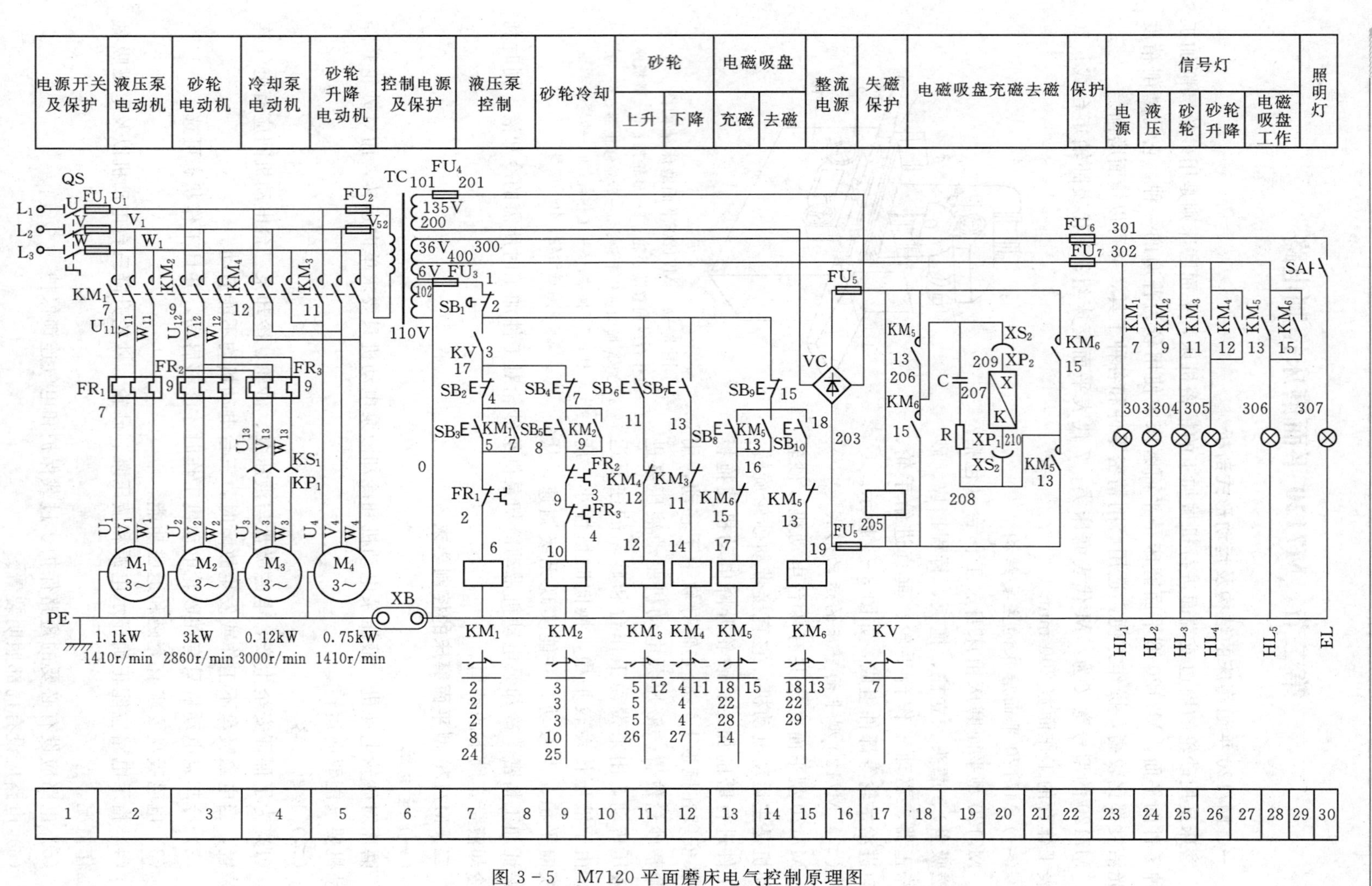

图3-5　M7120 平面磨床电气控制原理图

三、电气控制电路分析

M7120 型平面磨床的电气控制电路如图 3－5 所示。图中分为主电路、控制电路、电磁工作台控制电路及照明与指示灯电路四部分。

（一）主电路

主电路共有四台电动机，其中 M_1 是液压泵电动机，它驱动液压泵进行液压传动，实现工作台和砂轮的往复运动。M_2 是砂轮电动机，它带动砂轮转动来完成磨削加工工件。M_3 是冷却泵电动机，它供给砂轮对工件加工时所需的冷却液。它们分别用接触器 KM_1、KM_2 控制。冷却泵电动机 M_3，只有在砂轮电机 M_2 运转后才能运转。M_4 是砂轮升降电动机，它用于磨削过程中调整砂轮与工件之间的位置。M_1、M_2、M_3 是长期工作的，所以电路都设有过载保护。M_4 是短期工作的，电路不设过载保护。四台电动机共用一组熔断器 FU_1 作短路保护。

（二）控制电路

1. 液压泵电动机 M_1 的控制

合上电源开关 QS，如果整流电源输出直流电压正常，则在图区 17 上的欠电压继电器 KV 线圈通电吸合，使图区 7（2—3）上的常开触点闭合，为启动液压电动机 M_1 和砂轮电动机 M_2 做好准备。如果 KV 不能可靠动作，则液压电动机 M_1 和砂轮电动机 M_2 均无法启动。因为平面磨床的工件是靠直流电磁吸盘的吸力将工件吸牢在工作台上，只有具备可靠的直流电压后，才允许启动砂轮和液压系统，以保证安全。

当 KV 吸合后，按下启动按钮 SB_3，接触器 KM_1 线圈吸合并自锁，液压泵电动机 M_1 启动运转，HL_2 指示灯亮。若按下停止按钮 SB_2，接触器 KM_1 线圈断电释放，电动机 M_1 断电停转，HL_2 指示灯熄灭。

2. 砂轮电动机 M_2 及冷却泵电动机 M_3 的控制

电动机 M_2 及 M_3 也必须在 KV 通电吸合后才能启动。按启动按钮 SB_5，接触器 KM_2 线圈通电吸合，砂轮电动机 M_2 启动运转。由于冷却泵电动机 M_3 通过接插器 KP_1 和 M_2 联动控制，所以 M_2 和 M_3 同时启动运转。当不需要冷却时，可将插头 KP_1 和 KS_1 拉出。按下停止按钮 SB_4 时，接触器 KM_2 线圈断电释放，M_2 与 M_3 同时断电停转。

两台电动机的过载保护热继电器 FR_2 和 FR_3 的常闭触头都串联在 KM_2 电路上，只要有一台电动机过载，就使接触器 KM_2 失电。因冷却液循环使用，经常混有污垢杂质，很容易引起冷却泵电动机 M_3 过载，故用热继电器 FR_3 进行过载保护。

3. 砂轮升降电动机 M_4 的控制

砂轮升降电动机只有在调整工件和砂轮之间位置时使用。

按下点动按钮 SB_6，接触器 KM_3 线圈获电吸合，电动机 M_4 启动正转，砂轮上升。达到所需位置时，松开 SB_6，接触器 KM_3 线圈断电释放，电动机 M_4 停转，砂轮停止上升。

按下点动按钮 SB_7，接触器 KM_4 线圈获电吸合，电动机 M_4 启动反转，砂轮下降，当达到所需位置时，松开 SB_7，KM_4 断电释放，电动机 M_4 停转，砂轮停止下降。

为了防止电动机 M_4 正反转电路同时接通，故在对方电路中串入接触器 KM_4 和 KM_3 的常闭触头进行连锁控制。

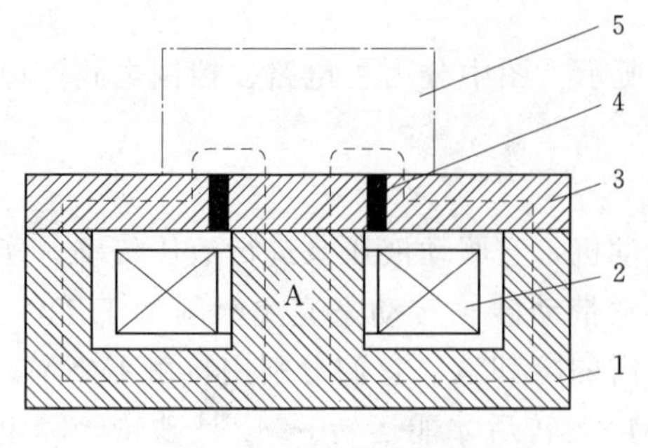

图 3-6　电磁吸盘图
1—钢制吸盘体；2—线圈；3—钢制盖板；
4—隔磁层；5—工件

（三）电磁工作台控制电路分析

电磁工作台又称电磁吸盘，它是固定加工工件的一种夹具。它利用通电导体在铁芯中产生的磁场吸牢铁磁材料的工件，以便加工。它与机械夹具比较，具有夹紧迅速，不损伤工件，一次能吸牢若干个小工件以及工件发热可以自由伸缩等优点，因而电磁吸盘在平面磨床上用得十分广泛。电磁吸盘结构如图 3-6 所示。其外壳是钢制箱体，中部的芯体上绕有线圈，吸盘的盖板用非磁性材料（如铅锡合金）隔离成若干小块。当线圈通上直流电以后，电磁吸盘的芯体被磁化，产生磁场，磁通便以芯体和工件做回路，工件被牢牢吸住。

电磁吸盘的控制电路包括三个部分：整流装置、控制装置和保护装置。

1. 整流装置

整流装置由变压器 TC 和单相桥式全波整流器 VC 组成，供给 110V 直流电源。

2. 控制装置

控制装置由 SB_8、SB_9、SB_{10} 和接触器 KM_5、KM_6 等组成。

电磁工作台充磁和去磁过程如下：

（1）充磁过程。当电磁工作台上放上铁磁材料的工件后，接下电磁按钮 SB_8，接触器 KM_5 线圈获电吸合，接触器 KM_5 的两副主触头区 18（204－206）、区 21（205－208）闭合，同时其自锁触头区 14（15－16）闭合，连锁触头区 15（18－19）断开，电磁吸盘 YH 通入直流电流进行充磁将工件吸牢，然后进行磨削加工。磨削加工完毕后，在取下加工好的工件时，先按下按钮 SB_9，接触器 KM_5 断电释放，切断电磁吸盘 YH 的直流电源，电磁吸盘断电，由于吸盘和工件都有剩磁，要取下工件，需要对吸盘和工件进行去磁处理。

（2）去磁过程。按下点动按钮 SB_{10}，接触器 KM_6 线圈获电吸合，接触器 KM_6 的两副主触头区 18（205 －206）、区 21（204 － 208）闭合，电磁吸盘 YH 通入反向直流电，使电磁吸盘和工件去磁。去磁时，为了防止电磁吸盘和工件反向磁化将工件再次吸住，仍取不下工件，所以要注意按点动按钮 SB_{10} 的时间不能过长，同时接触器 KM_6 采用点动控制方式。

3. 保护装置

保护装置由放电电阻 R、电容 C 以及欠压继电器 KV 组成。

（1）电阻 R 和电容 C 的作用。电磁盘是一个大电感，在充磁吸工件时，存储有大量磁场能量。当它脱离电源时的一瞬间，电磁吸盘 YH 的两端产生较大的自感电动势，如果没有 RC 放电回路，电磁吸盘的线圈及其他电器的绝缘将有被击穿的危险，故用电阻和电容组成放电回路。利用电容 C 两端的电压不能突变的特点，使电磁吸盘线圈两端电压变化趋于缓慢；电阻 R 能消耗电磁能量，如果参数选配得当，此时 RLC 电路可以组成一个衰减振荡电路，对去磁将是十分有利的。

(2) 欠压继电器KV的作用。在加工过程中，若电源电压下降使电磁吸盘YH吸力不足，则电磁吸盘将吸不牢工件，会导致工件被砂轮打出的情况，造成严重事故。因此，在电路中设置了欠压继电器KV，将其线圈并联在直流电源上，其常开触头区7（2—3）串联在液压泵电机和砂轮电机的控制电路中，若电压过低使电磁吸盘YH吸力不足而吸不牢工件，欠电压继电器KV立即释放，使液压泵电动机M_1和砂轮电动机M_2立即停转，以确保电路的安全。

(四) 照明和指示灯电路

图3-5中EL为照明灯，其工作电压为36V，由变压器TC供给。SA为照明开关。

HL_1、HL_2、HL_3、HL_4和HL_5为指示灯，其工作电压6V，也由变压器TC供给。

五个指示灯的作用分别如下：

(1) HL_1亮表示控制电源的电源正常；不亮，表示电源有故障。

(2) HL_2亮表示液压泵电动机M_1处于运转状态，工作台正在进行往复运动；不亮，M_1停转。

(3) HL_3亮表示冷却泵电动机M_3及砂轮电动机M_2处于运行状态；不亮，表示M_2、M_3停转。

(4) HL_4亮表示砂轮升降电动机M_4处于运行状态；不亮，表示M_4停转。

(5) HL_5亮表示电磁吸盘YH处于工作状态（充磁或去磁）；不亮，表示电磁吸盘未工作。

四、M7120型平面磨床常见故障检修

(一) 电磁吸盘无吸力

首先检查变压器TC的整流输入端熔断器FU_2及电磁吸盘熔断器FU_3的熔丝是否完好，再检查接插器XP_2和XS_2接触是否良好。若均未发现故障，则可检查电磁吸盘YH线圈两端是否短路或断路。

(二) 电磁吸盘吸力不足

(1) 可能由电源电压低所造成，检查时可测量整流器输出电压。

(2) 可能由整流电路故障造成，检查时可测量其直流输出电压，若下降一半则判断某一整流二极管断路，更换损坏的二极管即可。若有一桥臂被击穿而形成短路，则另一桥臂二极管也会过流损坏，这时变压器升温极快，应及时切断电源。

(三) 电磁吸盘退磁效果差，造成工件难以取下

其故障原因在于退磁电压过高或退磁电路断开，无法退磁或退磁时间调整不当。

第三节　Z3050摇臂钻床控制电路

一、Z3050钻床的结构及运动形式剖析

钻床是一种孔加工机床，可用于在大中型零件上进行钻孔、扩孔、铰孔、攻丝。钻床的种类很多，有台式钻床、立式钻床、卧式钻床、摇臂钻床、深孔钻床、专用钻床等。在各类钻床中，摇臂钻床具有操作方便、灵活、适用范围广等优点，特别适用于多孔大型零件的孔加工，是机械加工中常用的机床设备。

Z3050 的型号意义为：Z 表示钻床，3 代表钻床组号，0 代表摇臂钻床型，50 代表最大钻孔直径为 50mm。

（一）摇臂钻床的主要结构

Z3050 摇臂钻床主要由底座、内立柱、外立柱、摇臂、主轴箱、工作台等部分组成，其结构示意如图 3－7 所示。

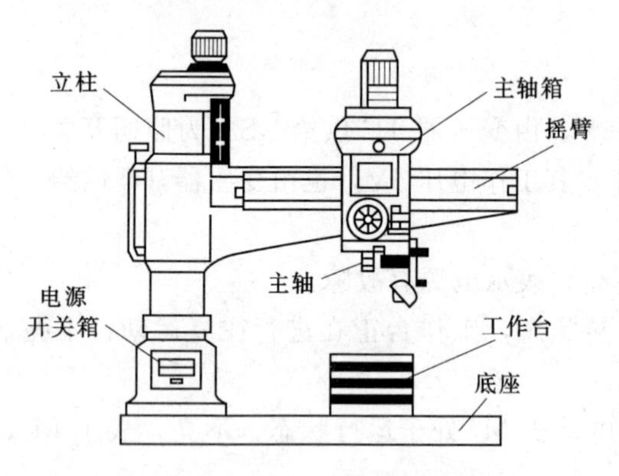

图 3－7　Z3050 摇臂钻床结构示意图

内立柱固定在底座的一端，在它的外面套有外立柱，外立柱可绕内立柱回转 360°。摇臂的一端为套筒，它套装在外立柱上，并借助丝杆的正反转，可沿着外立柱作上下移动。由于丝杆与外立柱连成一体，而升降螺母固定在摇臂上，因此摇臂不能绕外立柱转动，只能与外立柱一起绕内立柱回转。主轴箱是一个复合部件，由主传动电动机、主轴和主轴传动机构、进给和变速机构、机床的操作机构等组成。主轴箱安装在摇臂的水平导轨上，可以通过手轮操作，使其在水平导轨上沿摇臂移动。

（二）摇臂钻床的运动形式

当进行加工时，由特殊的夹紧装置将主轴箱紧固在摇臂导轨上，而外立柱紧固在内立柱上，摇臂紧固在外立柱上，然后进行钻削加工。钻削加工时，钻头一边进行旋转切削，一边进行纵向进给，其运动形式如下：

（1）摇臂钻床的主运动为主轴的旋转运动；

（2）摇臂钻床的进给运动为主轴的纵向进给；

（3）辅助运动有摇臂沿外立柱的垂直移动，主轴箱沿摇臂长度方向的移动，摇臂与外立柱一起绕内立柱的回转运动。

二、电气拖动特点及控制要求

Z3050 摇臂钻床电气拖动特点及控制要求如下：

（1）Z3050 摇臂钻床采用四台电动机拖动，分别是主轴电动机、摇臂升降电动机、液压泵电动机和冷却泵电动机，这些电动机都采用直接启动方式。

（2）为适应多种形式的加工要求，摇臂钻床主轴的旋转及进给运动有较大的调速范围，一般情况下多由机械变速机构实现。主轴变速机构与进给变速机构均装在主轴箱内。

（3）摇臂钻床的主运动和进给运动均为主轴的运动，为此，这两项运动由一台主轴电动机拖动，分别经传动机构实现主轴的旋转与进给。

（4）主轴电动机的正反转采用机械方法实现，因此主轴电动机只需单向旋转。

（5）摇臂升降电动机要求能正反向旋转。

（6）内外立柱的夹紧与放松、主轴与摇臂的夹紧与放松均采用液压驱动，备有液压泵电动机，通过液压泵电动机拖动液压泵提供压力油实现。液压泵电动机要求能正反向旋转，并根据要求采用点动控制。

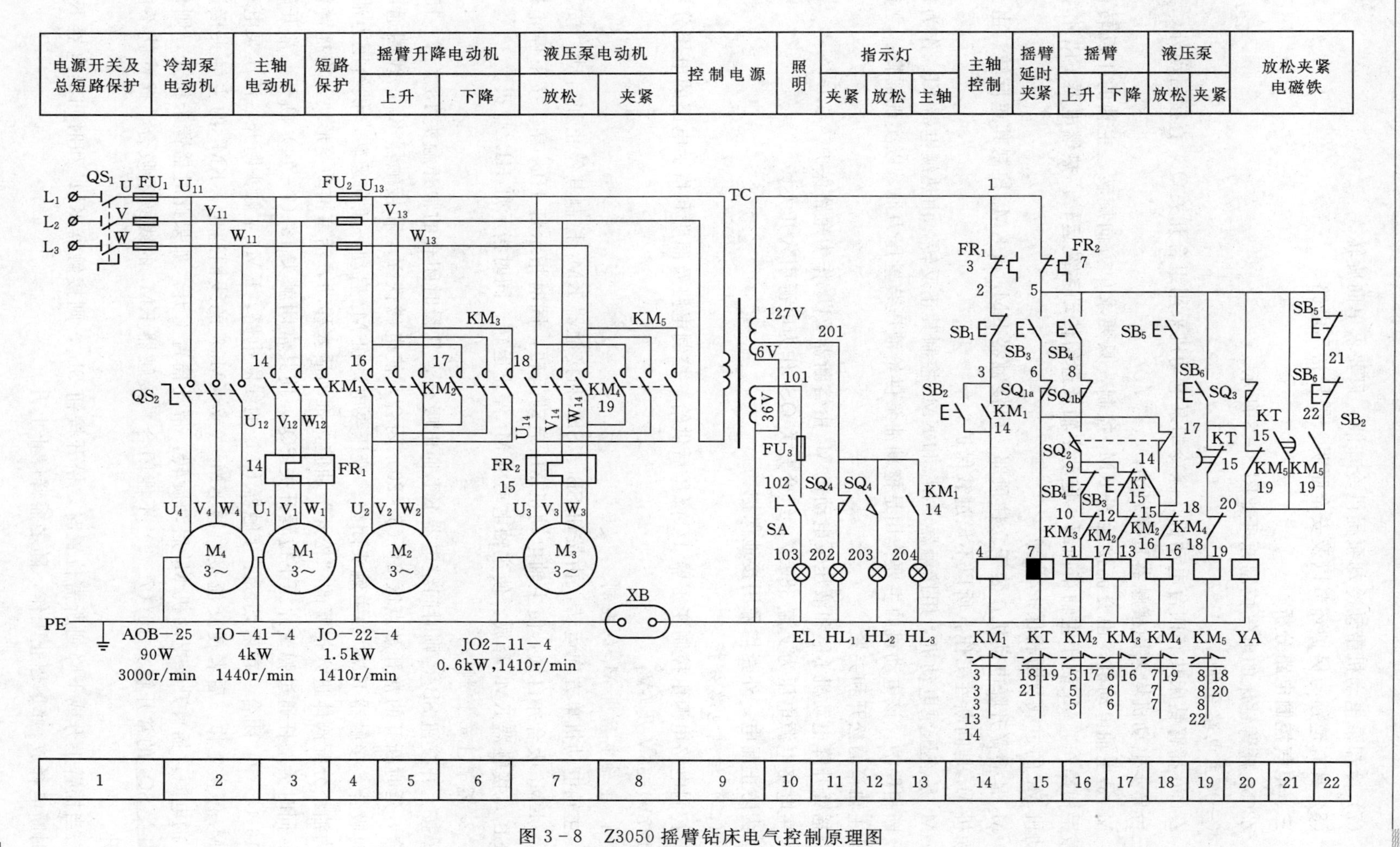

图 3－8　Z3050 摇臂钻床电气控制原理图

(7) 冷却泵电动机带动冷却泵提供冷却液，只要求单向旋转。

(8) 具有连锁与保护环节以及安全照明、信号指示电路。

三、电气控制电路分析

Z3050 摇臂钻床的电气控制原理如图 3－8 所示。

（一）主电路分析

Z3050 摇臂钻床共有四台电动机，除冷却泵电动机采用组合开关 QS_2 直接启动外，其余三台异步电动机均采用接触器直接启动。

M_1 是主轴电动机，由交流接触器 KM_1 控制，只要求单方向旋转，主轴的正反转由机械手柄操作。M_1 装于主轴箱顶部，拖动主轴及进给传动系统运转。热继电器 FR_1 作为电动机 M_1 的过载及断相保护。

M_2 是摇臂升降电动机，装于立柱顶部，用接触器 KM_2 和 KM_3 控制其正反转。由于电动机 M_2 是间断性工作，所以不设过载保护。

M_3 是液压泵电动机，用接触器 KM_4 和 KM_5 控制其正反转，由热继电器 FR_2 作为过载及断相保护。该电动机的主要作用是拖动油泵供给液压装置压力油，以实现摇臂、立柱以及主轴箱的松开和夹紧。

摇臂升降电动机 M_2 和液压泵电动机 M_3 由熔断器 FU_2 作为短路保护。

主电路电源电压为交流 380 V，组合开关 QS_1 作为电源引入开关。

为防止漏电，外壳均采用接地保护。

（二）控制电路分析

控制电路电源由控制变压器 TC 降压后供给，控制电路及照明和指示电路的电压分别为 127V、36V 及 6V。

1. 主轴电动机 M_1 的控制

主轴电动机单方向运转，由按钮 SB_1、SB_2 和接触器 KM_1 控制其停止和启动。按下 SB_2，KM_1 吸合并自锁，使主轴电动机 M_1 启动运转，同时指示灯 HL_3 亮。按下停止按钮 SB_1，接触器 KM_1 释放，使主轴电动机 M_1 停止运转，同时指示灯 HL_3 熄灭。

2. 摇臂上升控制

按上升按钮 SB_3，则时间继电器 KT 通电吸合，其瞬时闭合的常开触头 18（14－15）闭合，延时断开的常开触点区 21（5－20）闭合，使电磁铁 YA 和接触器 KM_4 线圈通电同时吸合，接触器 KM_4 的主触头闭合，液压泵电动机 M_3 启动，正向运转，供给压力油。压力油经分配阀体进入摇臂的“松开”油腔，推动活塞移动，活塞推动菱形块，将摇臂松开。同时活塞杆通过弹簧片压下位置开关 SQ_2，使其常闭触头 18（7－14）断开，常开触头 16（7－9）闭合。前者切断了接触器 KM_4 的线圈电路，KM_4 主触头断开，液压泵电动机 M_3 停止工作。后者使交流接触器 KM_2（或 KM_3）的线圈通电，KM_2 的主触头接通 M_2 的电源，摇臂升降电动机 M_2 启动旋转，带动摇臂上升。如果此时摇臂未松开，则位置开关 SQ_2 的常开触头 16（7－9）不能闭合，接触器 KM_2 的线圈不吸合，摇臂就不能上升。

当摇臂上升或下降到所需位置时，松开按钮 SB_3，则接触器 KM_2 和时间继电器 KT 同时断电释放，M_2 停止工作，随之摇臂停止上升。

由于时间继电器KT同时断电释放，经1～3s时间的延时后，其延时闭合的常闭触头19（17－18）闭合，使接触器KM_5吸合，接触器KM_5的主触头区8闭合，液压泵电动机M_3反向旋转，此时YA仍然处于吸合状态，随之泵内压力油经分配阀从反方向进入摇臂的"夹紧"油腔使摇臂夹紧。在摇臂夹紧后，活塞杆推动弹簧片压下位置开关SQ_3，其常闭触头20（5－17）断开，KM_5和YA断电释放，M_3最终停止工作，完成了摇臂的"松开→上升→夹紧"的整套动作。

3. 摇臂下降控制

按下降按钮SB_4，则时间继电器KT通电吸合，其瞬时闭合的常开触头18（14－15）闭合和延时断开的常开触点区21（5－20）闭合，使电磁铁YA和接触器KM_4线圈通电同时吸合，接触器KM_4的主触头7区闭合，液压泵电动机M_3启动，正向运转，供给压力油。压力油经分配阀体进入摇臂的"松开"油腔，推动活塞移动，活塞推动菱形块，将摇臂松开。同时活塞杆通过弹簧片压下位置开关SQ_2，使其常闭触头18（7－14）断开，常开触头16（7－9）闭合。前者切断了接触器KM_4的线圈电路，KM_4主触头断开，液压泵电动机M_3停止工作。后者使交流接触器KM_3的线圈通电，KM_3的主触头接通M_2的电源，摇臂升降电动机M_2反向旋转，带动摇臂下降。如果此时摇臂未松开，则位置开关SQ_2的常开触头16（7－9）不能闭合，接触器KM_3的线圈不吸合，摇臂就不能下降。

当摇臂上升或下降到所需位置时，松开按钮SB_4，则接触器KM_3和时间继电器KT同时断电释放，M_2停止工作，随之摇臂停止下降。

由于时间继电器KT同时断电释放，经1～3s时间的延时后，其延时闭合的常闭触头19（17－18）闭合，使接触器KM_5吸合，接触器KM_5的主触头区8闭合，液压泵电动机M_3反向旋转，此时YA仍然处于吸合状态，随之泵内压力油经分配阀从反方向进入摇臂的"夹紧"油腔，使摇臂夹紧。在摇臂夹紧后，活塞杆推动弹簧片压下位置开关SQ_3，其常闭触头20（5－17）断开，KM_5和YA断电释放，M_3最终停止工作，完成了摇臂的"松开→下降→夹紧"的整套动作。

行程开关SQ_{1a}和SQ_{1b}作为摇臂升降的超程限位保护，当摇臂上升到极限位置时，压下SQ_{1a}使其断开，接触器KM_2断电释放，M_2停止运行，摇臂停止上升；当摇臂下降到极限位置时，压下SQ_{1b}使其断开，接触器KM_3断电释放，M_2停止运行，摇臂停止下降。

摇臂的自动夹紧由位置开关SQ_3控制。如果液压夹紧系统出现故障，不能自动夹紧摇臂，或者由于SQ_3调整不当，在摇臂夹紧后不能使SQ_3的常闭触头断开，都会使液压泵电动机M_3因长期过载运行而损坏。为此电路中设有热继电器FR_2，其整定值应根据电动机M_3的额定电流进行调整。

摇臂升降电动机M_2的正反转接触器KM_2和KM_3不允许同时获电动作，以防止电源相间短路。为避免因操作失误、主触头熔焊等原因而造成短路事故，在摇臂上升和下降的控制电路中采用了接触器连锁和复合按钮连锁，以确保电路安全工作。

4. 立柱与主轴箱的夹紧与放松控制

按主轴箱松开按钮SB_5，接触器KM_4通电，液压泵电动机M_3正转。电磁铁YA不通电，压力油进入主轴箱松开油缸和立柱松开油缸，推动松紧机构使主轴箱和立柱松开。行程开关SQ_4不受压，其常闭触头闭合，指示灯HL_1亮，表示主轴箱和立柱已经松开。

主轴箱在摇臂的水平导轨上由手轮操纵来回移动，通过推动摇臂可使其与外立柱一起绕内立柱旋转。

按主轴箱夹紧按钮 SB_6，接触器 KM_5 通电，液压泵电动机 M_3 反转。电磁铁 YA 仍不通电，压力油进入主轴箱和摇臂“夹紧”油缸，推动松紧机构使主轴箱和摇臂夹紧。行程开关 SQ_4 受压，其常闭触头断开，指示灯 HL_1 灭，其常开触头闭合，指示灯 HL_2 亮，表示主轴箱和立柱已经夹紧。

5. 冷却泵的启动和停止

合上或断开自动开关 QS_2，就可接通或切断电源，实现冷却泵电动机 M_4 的启动和停止。

四、Z3050 摇臂钻床常见故障检修

（一）摇臂不能升降

由摇臂升降过程可知，升降电动机 M_2 旋转，带动摇臂升降，其条件是使摇臂从立柱上完全松开后，活塞杆压合位置开关 SQ_2。所以发生故障时，应首先检查位置开关 SQ_2 是否动作，如果 SQ_2 不动作，常见故障是 SQ_2 已损坏或安装位置移动。这样，摇臂虽已放松，但活塞杆压不上 SQ_2，摇臂就不能升降。有时液压系统发生故障使摇臂放松不够，也会压不上 SQ_2，使摇臂不能运动。由此可见 SQ_2 的位置非常重要。

另外，电动机 M_3 电源相序接反时，按上升按钮 SB_4 或下降按钮 SB_5，M_3 反转，使摇臂夹紧，压不上 SQ_2 摇臂也不能升降。所以钻床大修或安装后，一定要检查电源相序。

（二）摇臂升降后摇臂夹不紧

由摇臂夹紧的动作可知，夹紧动作的结束是由位置开关 SQ_3 来完成的，如果 SQ_3 动作过早，使 M_3 尚未充分夹紧就停转。常见的故障是 SQ_3 安装位置不合适，或固定螺钉松动造成 SQ_3 移位，使 SQ_3 在摇臂夹紧动作未完成时就被压上，切断了 KM_5 回路，M_3 停转。

（三）立柱、主轴箱不能夹紧或松开

立柱、主轴箱不能夹紧或松开的可能原因是液压系统油路堵塞，接触器 KM_4 或 KM_5 不能吸合所致。

（四）摇臂上升或下降限位保护开关失灵

限位开关 SQ_1 的失灵分两种情况：一是限位开关 SQ_1 损坏，SQ_1 触头不能因开关动作而闭合或接触不良使电路断开，由此摇臂不能上升或下降；二是组合开关 SQ_1 不能动作，触头熔焊，使电路处于接通状态。当摇臂上升或下降到极限位置后，摇臂升降电动机 M_2 堵转，这时应立即松开 SB_4 或 SB_5。

第四节　X62W 万能铣床控制电路的安装与检修

一、X62W 万能铣床的结构及运动形式剖析

铣床系指主要用铣刀在工件上加工各种表面的机床。通常铣刀旋转运动为主运动，工

件（和）铣刀的移动为进给运动。它可以加工平面、沟槽，也可以加工各种曲面、齿轮等。铣床是用铣刀对工件进行铣削加工的机床。铣床除能铣削平面、沟槽、轮齿、螺纹和花键轴外，还能加工比较复杂的型面，效率较刨床高，在机械制造和修理部门得到广泛应用。

X62 W 型号意义为：X 表示铣床，6 代表卧式，2 代表 2 号机床（用 0、1、2、3 代表工作台面长与宽），W 是万能的意思。

（一）X62 W 万能铣床的主要结构

X62 W 万能铣床的主要结构由床身、主轴、刀杆、横梁、工作台、回转盘、横溜板和升降台等几部分组成，如图 3-9 所示。

（二）X62 W 万能铣床的运动形式

（1）主轴转动是由主轴电动机通过弹性联轴器来驱动传动机构，当机构中的一个双联滑动齿轮块啮合时，主轴即可旋转。

（2）工作台面的移动是由进给电动机驱动，它通过机械机构使工作台能进行三种形式六个方向的移动，即：工作台面能直接在溜板上部可转动部分的导轨上做纵向（左、右）移动；工作台面借助横溜板做横向（前、后）移动；工作台面借助升降台做垂直（上、下）移动。

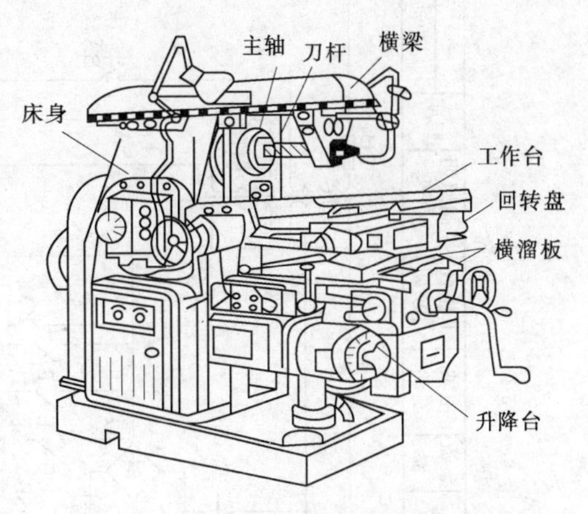

图 3-9　X62 W 万能铣床的主要结构

二、电气拖动特点及控制要求

X62 W 万能铣床电气拖动的特点及控制要求如下：

（1）机床要求有三台电动机，分别称为主轴电动机、进给电动机和冷却泵电动机。

（2）由于加工时有顺铣和逆铣两种，所以要求主轴电动机能正、反转及在变速时能瞬时冲动一下，以利于齿轮的啮合，并要求还能制动停车和实现两地控制。

（3）工作台的三种运动形式、六个方向的移动是依靠机械的方法来达到的，要求进给电动机能正反转，且要求纵向、横向、垂直三种运动形式相互间有连锁，以确保操作安全。同时要求工作台进给变速时，电动机也能达到瞬间冲动、快速进给及两地控制等要求。

（4）冷却泵电动机只要求正转。

（5）进给电动机与主轴电动机需实现两台电动机的连锁控制，即主轴工作后才能进行进给。

三、电气控制电路分析

X62 W 万能铣床电气控制电路如图 3-10 所示。电气原理图是由主电路、控制电路和照明电路三部分组成。

（一）主电路分析

转换开关 QS_1 是铣床的电源总开关。熔断器 FU_1 作为总电源的短路保护。

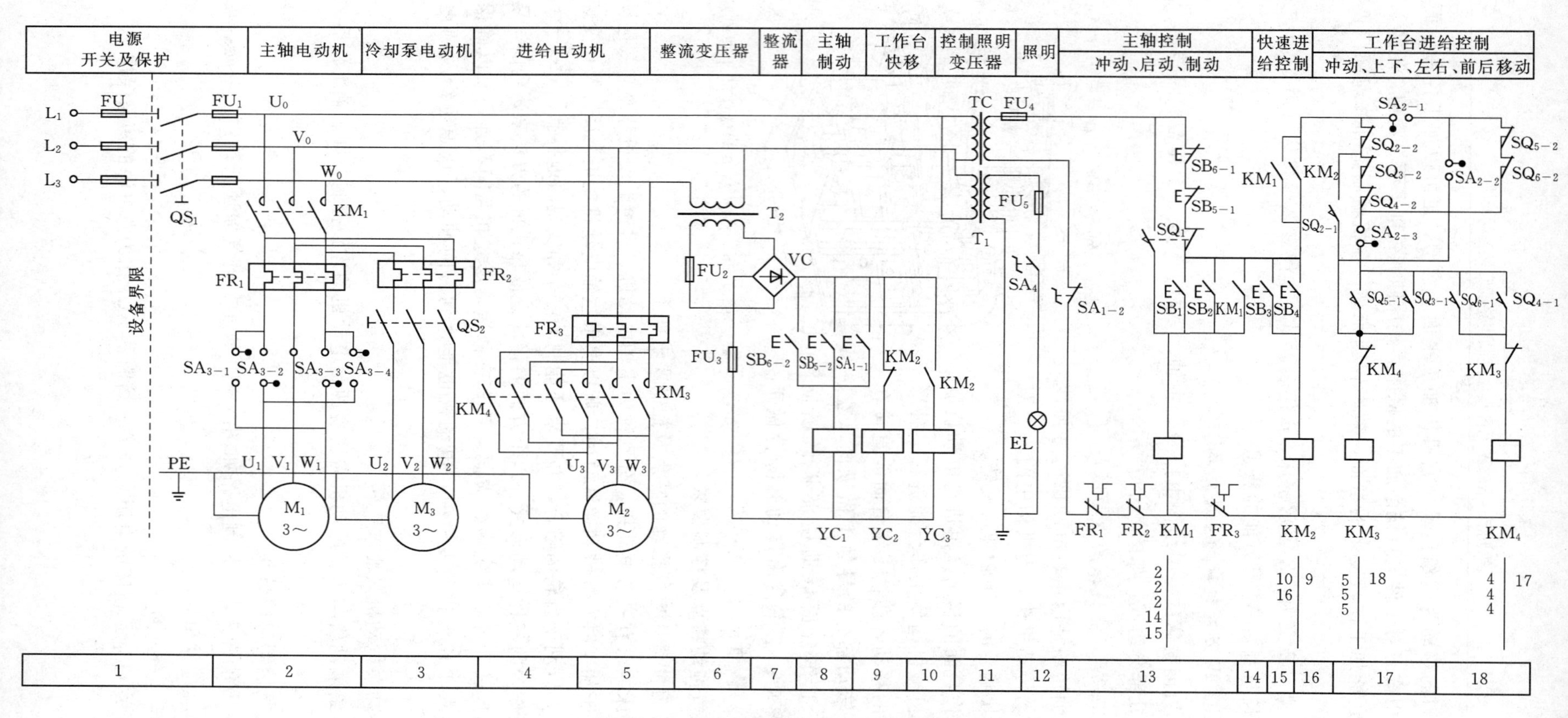

图 3-10 X62 W 万能铣床电气控制原理图

1. 主轴电动机 M_1

主轴电动机 M_1 由 KM_1 控制启动和停止，旋转方向由 SA_3 预先设置。FR_1 对 M_1 进行过载保护。

2. 进给电动机 M_2

M_2 由 KM_3 和 KM_4 控制实现正反转。FR_3 对 M_2 进行过载保护。

3. 冷却泵电动机 M_3

M_3 只有在 M_1 启动后才能启动。由转换开关 QS_2 控制其直接启动、停止。采用 FR_2 作过载保护。

为防止漏电，外壳均采用接地保护。

（二）控制电路分析

控制电路的电源由变压器 TC 提供，电压为 110 V。

1. 主轴控制电路

（1）启动。合上 QS_1，SA_3 置位，按下 SB_1 或 SB_2（两地控制），KM_1 吸合并自锁，主触头闭合，主轴电动机 M_1 启动。

（2）制动。前面我们学习过铣床主轴的反接制动，这里学习另一种制动方法——电磁离合器制动。

按下停止按钮 SB_5 或 SB_6，KM_1 断电的同时电磁离合器 YC_1 得电，对 M_1 进行制动，停车后松开按钮。应注意，停机按下停止按钮一定要按到底，并要保持一段时间，否则没有制动。

换刀时，主轴的意外转动会造成人身事故，因此应使主轴处于制动状态。在停止按钮动合触头 SB_{5-2}、SB_{6-2} 两端并联一个转换开关 SA_{1-1} 触头，换刀时使它处于接通状态，电磁离合器 YC_1 线圈通电，主轴处于制动状态。换刀结束后，将 SA_1 置于断开位置，这时 SA_{1-1} 触头断开，SA_{1-2} 触头闭合，为主轴启动做好准备。

（3）变速冲动。在主轴变速手柄向下压并向外拉出时，冲动开关 SQ_1 短时受压，接触器 KM_1 短时得电，主轴电动机 M_1 点动，使齿轮易于啮合；选好速度后迅速退回手柄，行程开关 SQ_1 恢复，KM_1 失电，变速冲动结束。当主轴电动机重新启动后，便在新的转速下运行。

注意：在推回变速手柄时，动作应迅速，以免 SQ_1 压合时间过长，主轴电动机 M_1 转速太快，而不利于齿轮啮合甚至打坏齿轮。

2. 工作台进给控制电路

转换开关 SA_2 为圆工作台状态选择开关，当圆工作台不工作，工作台进给时 SA_2 处于断开位置，它的触头 SA_{2-1}、SA_{2-3} 接通，SA_{2-2} 断开。

只有当主轴启动后，接触器 KM_1 得电自锁，工作台控制电路才能工作，实现主轴旋转和工作台的顺序连锁控制。

（1）工作台纵向（左、右）进给运动的控制。

将操作手柄扳向右侧，联动机构接通纵向进给机械离合器，同时压下向右进给的行程开关 SQ_5，SQ_5 的常开触头 SQ_{5-1} 闭合，常闭触头 SQ_{5-2} 断开，由于 SQ_6、SQ_3、SQ_4 不动作，则 KM_3 线圈得电，KM_3 的主触头闭合，进给电动机 M_2 正转，工作台向右运动。

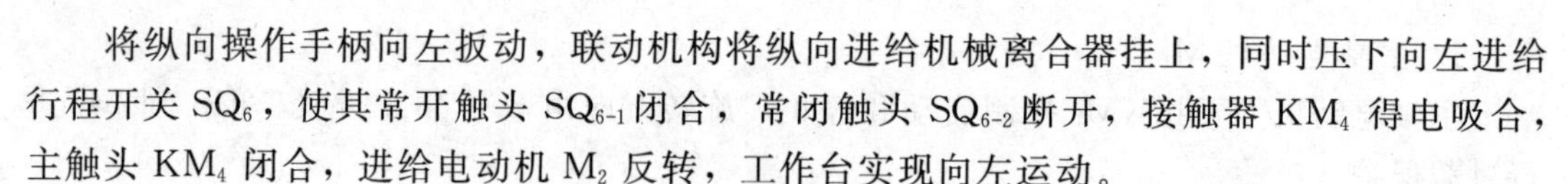

将纵向操作手柄向左扳动，联动机构将纵向进给机械离合器挂上，同时压下向左进给行程开关 SQ_6，使其常开触头 SQ_{6-1} 闭合，常闭触头 SQ_{6-2} 断开，接触器 KM_4 得电吸合，主触头 KM_4 闭合，进给电动机 M_2 反转，工作台实现向左运动。

若将手柄扳到中间位置，纵向进给机械离合器脱开，行程开关 SQ_5 与 SQ_6 复位，电动机 M_2 停转，工作台停止运动。

（2）工作台垂直（上、下）和横向（前、后）运动的控制。

工作台的上下和前后运动由垂直和横向进给手柄操纵。该手柄扳向上、下、左、右时，接通相应的机械进给离合器；手柄在中间位置时，各向机械进给离合器均不接通，各行程开关复位，接触器 KM_3 和 KM_4 失电释放，电动机 M_2 停转，工作台停止移动。

当手柄扳到向下或向前位置时，手柄通过机械联动使行程开关 SQ_3 动作，KM_3 得电，进给电动机正转，拖动工作台移动。当手柄扳到向上或向后位置时，行程开关 SQ_4 动作。KM_4 得电，进给电动机反转。工作台垂直（上、下）和横向（前、后）运动的控制过程与纵向（左、右）进给运动的控制过程相似，不再重复。

（3）工作台的快速移动控制。

主轴电动机启动后，将操纵手柄扳到所需移动方向，再按下快速移动按钮 SB_3（SB_4），使接触器 KM_2 吸合，其常闭触头断开，进给离合器 YC_2 断电脱离，常开触头闭合，快移离合器 YC_3 得电工作，工作台按照选定进给方向，实现快速移动。松开快速移动按钮时，KM_2 失电，常开触头断开，YC_3 断电脱离，KM_2 常闭触头闭合，进给离合器 YC_2 得电工作，工作台仍然按原选定的方向进给移动。

（4）进给变速冲动控制。

变速时将进给变速手柄向外拉出并转动调整到所需转速，再把手柄用力向外拉到极限位置后迅速推回原位。在外拉手柄的瞬间，SQ_2 瞬时动作，动断触头 SQ_{2-2} 分断，动合触头 SQ_{2-1} 闭合，KM_3 做短时吸合，M_2 稍稍转动。当手柄推回原位时，SQ_2 恢复，KM_3 失电释放，变速冲动使齿轮顺利啮合。

（三）圆工作台的控制

圆工作台用于铣削圆弧、凸轮曲线，由进给电动机 M_2 通过传动机构驱动圆工作台进行工作。

使用时，圆工作台工作状态选择开关 SA_2 处于接通位置，触头 SA_{2-2} 闭合，SA_{2-1}、SA_{2-3} 断开。此时按下 SB_1 或 SB_2，KM_1 吸合并自锁，同时 KM_1 常开触头闭合，电流通过 $SQ_{2-2} \rightarrow SQ_{3-2} \rightarrow SQ_{4-2} \rightarrow SQ_{6-2} \rightarrow SQ_{5-2} \rightarrow SA_{2-2}$，使 KM_3 得电吸合，M_2 正转，并通过传动机构使圆工作台按照需要方向移动。

圆工作台的运动必须和六个方向的进给有可靠的互锁，否则会造成刀具或机床的损坏。为避免此种事故发生，从电气上保证了只有纵向、横向及垂直手柄放在零位才可以进行圆工作台的旋转运动。如果扳动工作台的任一进给手柄，SQ_3～SQ_6 就有一个常闭触头被断开，KM_3 失电释放，圆工作台停止工作。

（四）其他电路分析

1. 电磁离合器的直流电源

通过变压器 T_2 降压，经桥式整流电路 VC 供给电磁离合器的直流电源；在变压器 T_2

二次侧和桥式整流电路 VC 输出端，分别采用 FU_2 和 FU_3 进行短路保护。

2. 照明控制

变压器 T_1 供给 24 V 安全照明电压，照明灯由转换开关 SA_4 控制，采用 FU_5 短路保护。

3. 多地控制

为了使操作者能在铣床的正面、侧面方便地操作，设置了多地控制，如主轴电动机的启动（SB_1、SB_2）、主轴电动机的停止（SB_5、SB_6）、工作台的进给运动和快速移动（SB_3、SB_4）等。

（五）其他连锁和保护

1. 工作台限位保护

在工作台的六个方向上各设有一块挡铁，当工作台移动到极限位置时，挡铁撞动进给手柄，使其回到中间零位，所有进给行程开关复位，从而实现行程限位保护。

2. 工作台垂直和横向运动、工作台纵向运动之间的连锁

单独对垂直和横向操作手柄而言，上下左右四个方向只能选其一。但在操作这个手柄时，纵向手柄应置于中间位置。如纵向操作手柄被拨动到任何一个方向，SQ_5 和 SQ_6 两个行程开关中的一个被压下，其常闭触头 SQ_{5-2} 和 SQ_{6-2} 断开，接触器 KM_3 和 KM_4 立刻失电，M_2 停止，起到了连锁保护作用。

3. 过载保护

主轴电动机和冷却泵过载时，热继电器常闭触头 FR_1、FR_2 断开，控制电路断电，所有动作停止。当进给电动机过热，FR_3 的常闭触头断开，工作台无进给和快速运动。

4. 进给电动机正反转互锁

进给电动机的正反转互锁是通过 KM_3、KM_4 辅助常闭触头分别串在对方线圈回路实现的。

5. 工作台进给和快速移动的互锁

KM_2 的辅助常开和常闭触头分别控制工作台进给和工作台快速移动，实现了互锁。

四、X62 W 铣床常见故障检修

（一）主轴电路常见故障分析与检修

1. 主轴电动机不能启动

主要检查主轴电动机 M_1 主电路和控制电路中 KM_1 支路段。

试运行时，观察 KM_1 接触器是否吸合，若不吸合，查找控制电路，用观察法、电阻法、电压法来测量，检查 FU_4、FR_1、FR_2、SA_{1-2}、SB_{6-1}、SB_{5-1}、SQ_1、SB_1、SB_2、KM_1 等。

若 KM_1 接触器吸合，但是主轴电动机不转，则应查找主电路。用电阻法、电压法测量，从上到下，依次测量 FR_1、SA_3 电压电阻是否正常，从而确定故障点。

常见故障有接线不牢，接触器常开常闭触点接反，按钮的常开常闭接反以及元件损坏等。

2. X62 W 主轴停车时，无制动

主要检查电磁离合器 YC_1 控制电路。重点检查电磁离合器 YC_1 是否得电。若电磁离

合器 YC_1 得电，表明电磁离合器 YC_1 或相应机械机构有故障。

若电磁离合器 YC_1 不得电，则主要检查电磁离合器 YC_1 控制电路，包括 SB_{5-2}、SB_{6-2}、YC_1、UC、FU_2、T_2，用观察法、电阻法、电压法来测量。逐渐减小故障范围，直至确定故障点。

3. X62 W 主轴冲动失灵

主要检查冲动开关 SQ_1。若主轴能够启动，说明控制电路中 KM_1 支路段以及主轴电动机 M_1 主电路正常。问题在冲动开关 SQ_1 以及相关的机械结构。

纠正相应的故障点，认真仔细地进行元件或导线更换，注意不要产生新的故障点。最后通电检查，确保故障完全修复。

（二）进给系统常见故障分析与检修

1. X62 W 工作台不能向右（左）进给

X62 W 工作台不能向右进给，主要检查进给电动机 M_2 主电路和控制电路中 KM_3 支路段。试运行时，观察 KM_3 接触器是否吸合，若不吸合，查找控制电路，用观察法、电阻法、电压法来测量，检查 SQ_{5-1}、KM_4 常闭触点以及 KM_3 线圈。

若 KM_3 接触器吸合，但是进给电动机 M_2 不转，则应查找主电路。用电阻法、电压法测量，从上到下，依次测量 FR_3、KM_3 主触点，电压电阻是否正常，从而确定故障点。

X62 W 工作台不能向左进给，主要检查进给电动机 M_2 主电路和控制电路中 KM_4 支路段，方法同上。

2. X62 W 工作台不能上（下）进给

X62 W 工作台不能向上进给，主要检查进给电动机 M_2 主电路和控制电路中 KM_3 支路段。

试运行时，观察 KM_3 接触器是否吸合，若不吸合，查找控制电路，用观察法、电阻法、电压法来测量，检查 SQ_{3-1}、KM_4 常闭触点以及 KM_3 线圈。

若 KM_3 接触器吸合，但是进给电动机 M_2 不转，则应查找主电路。用电阻法、电压法测量，从上到下，依次测量 FR_3、KM_3 主触点，电压电阻是否正常，从而确定故障点。

X62 W 工作台不能向下进给，主要检查进给电动机 M_2 主电路和控制电路中 KM_4 支路段，方法同上。

3. X62 W 工作台不能快速移动

主要检查电磁离合器 YC_3 控制电路以及 KM_2 控制电路。

试运行时，观察 KM_2 接触器是否吸合，若不吸合，查找控制电路，用观察法、电阻法、电压法来测量，检查 SB_3、SB_4 等。

若 KM_2 接触器吸合，但是工作台不能快速移动，则应查找电磁离合器 YC_3 是否得电。若电磁离合器 YC_3 有电压，表明电磁离合器 YC_3 或相应机械机构有故障。

若电磁离合器 YC_3 不得电，则主要检查电磁离合器 YC_3 控制电路，包括 KM_2 触点、UC、FU_2、T_2，用电压法来测量。逐渐减小故障范围，直至确定故障点。

4. X62 W 工作台不能进给变速冲动

主要检查冲动开关 SQ_{2-1}。若工作台其他进给正常，说明控制电路中 KM_3 支路段以及主轴电动机 M_2 主电路正常。问题在冲动开关 SQ_{2-1}，以及相关的机械结构。

纠正相应的故障点，认真仔细地进行元件或导线更换，注意不要产生新的故障点。最后通电检查，确保故障完全修复。

知识拓展：电气控制电路的检修

常用机床电气故障的检修方法主要有电压法、电阻法、短路法、开路法和电流法等，还可结合“问”、“看”、“听”、“摸”等方法。下面分别介绍电压测量法和电阻测量法。

一、电压测量法

电压测量法指利用万用表测量机床电气电路上某两点间的电压值来判断故障点的范围或故障元件的方法。

（一）分阶测量法

电压的分阶测量法如图 3－11 所示。检查时，首先用万用表测量 1、7 两点间的电压，若电路正常应为 380 V。然后按住启动按钮 SB_2 不放，同时将黑色表棒接到点 7 上，红色表棒按 6、5、4、3、2 标号依次向前移动，分别测量 7－6、7－5、7－4、7－3、7－2 各阶之间的电压。电路正常情况下，各阶的电压值均为 380V。如测到 7－6 之间无电压，说明是断路故障，此时可将红色表棒向前移，当移至某点（如 2 点）时电压正常，说明点 2 以后的触头或接线有断路故障。一般是点 2 后第一个触点（即刚跨过的停止按钮 SB_1 的触头）或连接线断路。

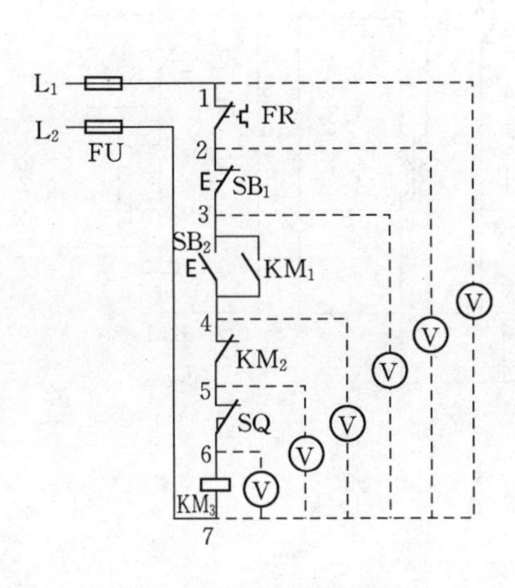

图 3－11　分阶测量法

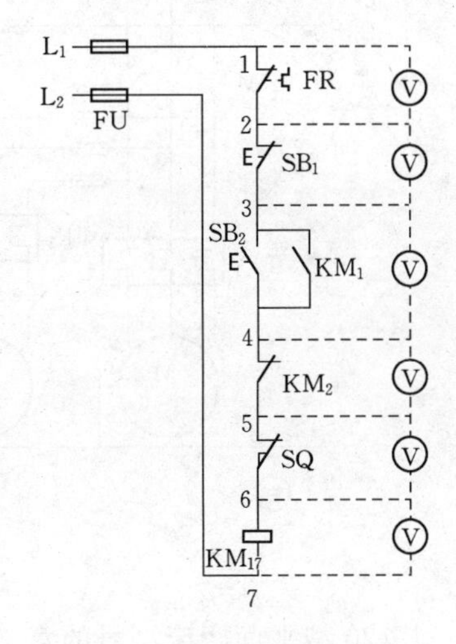

图 3－12　分段测量法

（二）分段测量法

电压的分段测量法如图 3－12 所示。

先用万用表测试 1、7 两点，电压值为 380V，说明电源电压正常。

电压的分段测量法是将红、黑两根表棒逐段测量相邻两标号点 1－2、2－3、3－4、4－5、5－6、6－7 间的电压。如电路正常，按 SB_2 后，除 6－7 两点间的电压等于 380V 之外，其他任何相邻两点间的电压值均为零。如按下启动按钮 SB_2，接触器 KM_1 不吸合，说明发生断路故障。此时可用电压表逐段测试各相邻两点间的电压，如测量到某相邻两点

间的电压为 380V 时，说明这两点间所包含的触点、连接导线接触不良或有断路故障。例如标号 4－5 两点间的电压为 380V，说明接触器 KM_2 的常闭触点接触不良。

二、电阻测量法

电阻测量法是利用仪表测量线路上某点或某个元器件的通和断来确定机床电气故障点的方法。使用时特别要注意一定要切断机床电源，且被测电路没有其他支路并联。电阻测量法也有分阶电阻测量和分段法电阻测量法两种。分阶测量法是当测量某相邻两阶电阻值其值突然增大，则可判断该跨接点为故障点。分段测量法是当测量到某相邻两点间的电阻值很大时，则可判断该两点间是故障点。

习　题

3－1　CA6140 车床型号的意义是什么？

3－2　CA6140 车床的控制要求有哪些，

3－3　分析 CA6140 车床的控制原理。

3－4　绘制实现刀架快速移动（点动）的电气控制电路图。

3－5　设计一个两处控制的电路，一处连续运行控制，一处点动控制。

3－6　分析以下电路的控制原理。

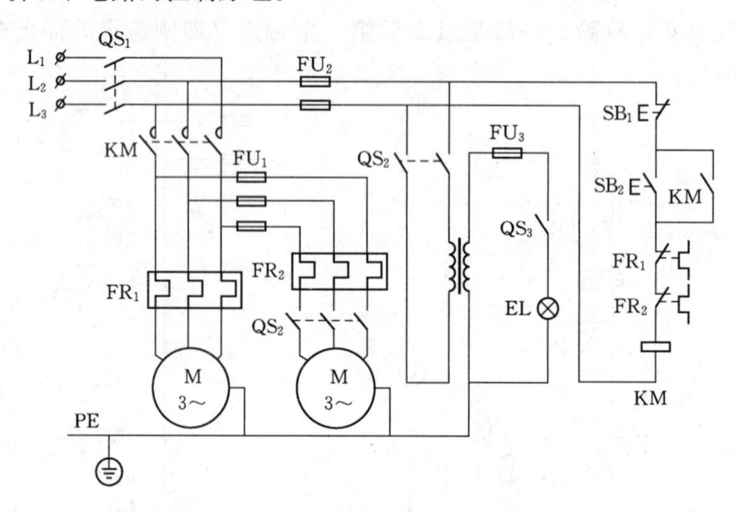

题 3－6 图

3－7　M7120 型平面磨床型号的意义是什么？

3－8　M7120 型平面磨床的控制要求有哪些？

3－9　在 M7120 型平面磨床电气控制中，励磁、退磁电路各有何作用？

3－10　在 M7120 型平面磨床工件磨削完毕后，为了使工件容易从工作台上取下，应使电磁吸盘去磁，此时应如何操作，电路工作情况如何？

3－11　M7120 平面磨床中为什么采用电磁吸盘夹持工件？电磁吸盘线圈为何要用直流供电，而不能采用交流供电？

3－12　M7120 平面磨床中有哪些保护环节？

3－13　分析 M7120 型平面磨床以下电路故障的原因：

合上总电源开关 QS 后，按下 SB_3，KM_1 线圈得电吸合，但松手后 KM_1，线圈失电释放；

合上总电源开关 QS 后，控制变压器 TC 电压正常，砂轮升降工作也正常，但按下 SB_3，液压泵电动机 M_1 不能工作；

电路电源电压正常，按下充磁按钮 SB_8，接触器 KM_5 动作正常，但是电磁吸盘磁力不足。

3－14　Z3050 型摇臂钻床在摇臂升降过程中，液压泵电动机 M_3 和摇臂升降电动机 M_2 应如何配合工作，并以摇臂上升为例叙述电路的工作过程。

3－15　在 Z3050 型摇臂钻床电路中 SQ_1、SQ_2、SQ_3 各行程开关的作用是什么？结合电路工作情况说明。

3－16　在 Z3050 型摇臂钻床电路中，时间继电器 KT、YA 的作用各是什么？

3－17　在 Z3050 型摇臂钻床电路中，设有哪些联锁和保护环节？

3－18　试描述 Z3050 型摇臂钻床在摇臂下降时电路的工作情况。

3－19　分析 Z3050 型摇臂钻床以下电路故障的原因：

电路的电源电压正常，按下摇臂上升按钮 SB_3，摇臂不能上升；按下 SB_3，摇臂上升工作正常，松开手后摇臂停止上升，但不能自动夹紧。

3－20　分析 X60W 万能铣床各种故障的检修步骤或原因。

3－21　试分析主轴电动机不能启动的检修步骤。

3－22　试分析主轴可以停车，但没有反接制动的故障原因。

3－23　试分析主电动机启动，进给电动机就转动，但扳动任一进给手柄，都不能进给的检修步骤。

3－24　试分析工作台各个方向都不能进给的检修步骤。

3－25　试分析工作台能上下进给，但不能左右进给的检修步骤。

3－26　试分析工作台能右进给，但不能左进给的检修步骤。

3－27　试分析圆工作台不工作的检修步骤。

第四章　电气控制系统设计

第一节　电气控制系统设计的主要内容、程序及基本原则

一、电气控制系统设计的主要内容

电气控制系统设计的基本任务是根据要求，设计和编制出设备制造和使用维修过程中所必需的图纸、资料，包括电气原理图、电器元件布置图、电气安装接线图、电气箱图及控制面板等，编制外购件目录、单台消耗清单、设备说明书等资料。

由此可见，电气控制系统的设计包括原理设计和工艺设计两部分，现以电力拖动控制系统为例说明两部分的设计内容。

（一）原理设计内容

（1）拟定电气设计任务书（技术条件）。

（2）确定电力拖动方案（电气传动形式）以及控制方案。

（3）选择电动机，包括电动机的类型、电压等级、容量及转速，并选择出具体型号。

（4）设计电气控制的原理框图，包括主电路、控制电路和辅助控制电路，确定各部分之间的关系，拟订各部分的技术要求。

（5）设计并绘制电气原理图，计算主要技术参数。

（6）选择电器元件，制定电动机和电器元件明细表，以及装置易损件及备用件的清单。

（7）编写设计说明书。

（二）工艺设计内容

工艺设计的主要目的是便于组织电气控制装置的制造，实现电气原理设计所要求的各项技术指标，为设备在今后的使用、维修提供必要的图纸资料。

工艺设计的主要内容包括：

（1）根据已设计完成的电气原理图及选定的电器元件，设计电气设备的总体配置，绘制电气控制系统的总装配图及总接线图。总图应反映出电动机、执行电器、电气箱各组件、操作台布置、电源以及检测元件的分布状况和各部分之间的接线关系与连接方式，这一部分的设计资料供总体装配调试以及日常维护使用。

（2）按照电气原理框图或划分的组件，对总原理图进行编号，绘制各组件原理电路图，列出各组件的元件目录表，并根据总图编号标出各组件的进出线号。

（3）根据各组件的原理电路及选定的元件目录表，设计各组件的装配图（包括电器元件的布置图和安装图）、接线图。图中主要反映各电器元件的安装方式和接线方式，这部分资料是各组件电路的装配和生产管理的依据。

（4）根据组件的安装要求，绘制零件图纸，并标明技术要求，这部分资料是机械加工

和对外协作加工所必需的技术资料。

(5) 设计电气箱，根据组件的尺寸及安装要求，确定电气箱结构与外形尺寸，设置安装支架，标明安装尺寸、安装方式、各组件的连接方式、通风散热及开门方式，在这一部分的设计中，应注意操作维护的方便与造型的美观。

(6) 根据总原理图、总装配图及各组件原理图等资料进行汇总，分别列出外购件清单、标准件清单以及主要材料消耗定额，这部分是生产管理和成本核算所必须具备的技术资料。

(7) 编写使用说明书。在实际设计过程中，根据生产机械设备的总体技术要求和电气系统的复杂程度，可对上述步骤作适当的调整及修正。

二、电气控制系统设计的一般程序

电气控制系统的设计一般按如下程序进行。

(一) 拟订设计任务书

电气控制系统设计的技术条件，通常是以电气设计任务书的形式加以表达的。电气设计任务书是整个系统设计的依据，拟订电气设计任务书，应聚集电气、机械工艺、机械结构三方面的设计人员，根据所设计的机械设备的总体技术要求，共同商讨，拟订认可。

在电气设计任务书中，应简要说明所设计的机械设备的型号、用途、工艺过程、技术性能、传动要求、工作条件、使用环境等。除此之外，还应说明以下技术指标及要求：

(1) 控制精度，生产效率要求。

(2) 有关电力拖动的基本特性，如电动机的数量、用途、负载特性、调速范围以及对反向、启动和制动的要求等。

(3) 用户供电系统的电源种类、电压等级、频率及容量等要求。

(4) 有关电气控制的特性，如自动控制的电气保护、连锁条件、动作程序等。

(5) 其他要求，如主要电气设备的布置草图、照明、信号指示、报警方式等。

(6) 目标成本及经费限额。

(7) 验收标准及方式。

(二) 电力拖动方案与控制方式的选择

电力拖动方案的选择是以后各部分设计内容的基础和先决条件。

电力拖动方案是指根据生产工艺要求，生产机械的结构，运动部件的数量，运动要求，负载特性，调速要求以及投资额等条件，去确定电动机的类型、数量、拖动方式，并拟定电动机的启动、运行、调速、转向、制动等控制要求。作为电气控制原理图设计及电器元件选择的依据。

(三) 电动机的选择

根据已选择的拖动方案，就可以进一步选择电动机的类型、数量、结构形式以及容量、额定电压、额定转速等。

(四) 电气控制方案的确定

拖动方案确定后，电动机已选好，采用什么方法来实现这些控制要求就是控制方式的选择。随着电气技术、电子技术、计算机技术、检测技术及自动控制理论的迅速发展，已使生产机械电力拖动控制方式发生了深刻的变革。从传统的继电接触器控制向可编程控制、计算机控制等方面发展，各种新型的工业控制器及标准系列控制系统不断出现，可供选择的控制方式很多。

（五）设计控制原理图

设计电气控制原理图，合理选择元器件，编制元器件目录清单。

（六）设计施工图

设计电气设备制造、安装、调试所必需的各种施工图纸并以此为根据编制各种材料定额清单。

（七）编写说明书

编写设计说明书和使用说明书。

三、电气控制系统设计的基本原则

电气控制系统的设计一般应遵循以下原则。

（一）最大限度实现生产机械和工艺对电气控制系统的要求

电气控制系统是为整个生产机械设备及其工艺过程服务的。因此，在设计之前，首先要弄清楚生产机械设备需满足的生产工艺要求，对生产机械设备的整个工作情况作一全面细致的了解。同时深入现场调查研究，收集资料，并结合技术人员及现场操作人员的经验，以此作为设计电气控制线路的基础。

（二）在满足生产工艺要求的前提下，力求使控制线路简单、经济

（1）尽量选用标准电器元件，尽量减少电器元件的数量，尽量选用相同型号的电器元件以减少备用品的数量。

（2）尽量选用标准的、常用的或经过实践考验的典型环节或基本电气控制线路。

（3）尽量减少不必要的触点，以简化电气控制线路。

（4）尽量缩短连接导线的数量和长度。

如图 4－1 所示，仅从控制线路上分析，没有什么不同，但若考虑实际接线，图 4－1（a）中的接线就不合理。因为按钮装在操作台上，接触器装在电气柜内，按图 4－1（a）的接法从电气柜到操作台需引 4 根导线。图 4－1（b）中的接线合理，因为它将启动按钮和停止按钮直接相连，从而保证了两个按钮之间的距离最短，导线连接最短，此时，从电气柜到操作台只需引出 3 根导线。所以，一般都将启动按钮和停止按钮直接连接。

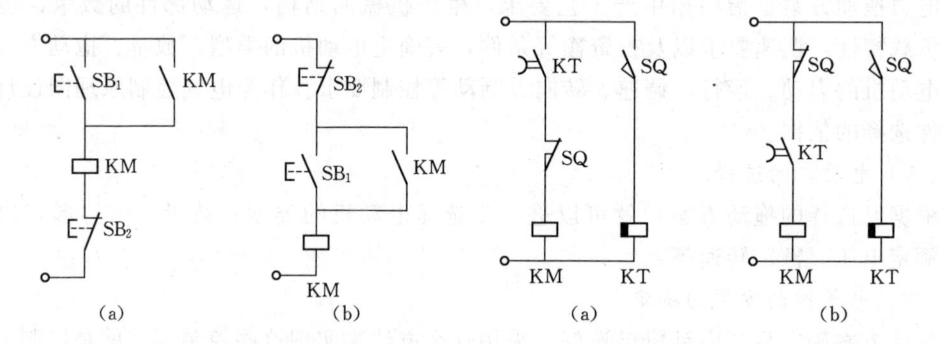

图 4－1　电气连接图的合理与不合理　　图 4－2　节省连接导线的方法

特别要注意，同一电器的不同触点在电气线路中尽可能具有更多的公共连接线，这样，可减少导线段数和缩短导线长度，如图 4－2 所示。行程开关装在生产机械上，继电

器装在电气柜内。图 4－2（a）中用 4 根长导线连接，而图 4－2（b）中用 3 根长连接导线。

（5）控制线路在工作时，除必要的电器元件必须通电外，其余的尽量不通电以利节能，延长电器元件寿命及减少线路故障。

（三）保证电气控制线路工作的可靠性

保证电气控制线路工作的可靠性，最主要的是选择可靠的电器元件。同时，在具体的电气控制线路设计上要注意以下几点：

（1）正确连接电器元件的触点：

在控制线路设计时，应使分布在线路不同位置的同一电器触点尽量接到同一个极或尽量共接同一等位点，以避免在电器触点上引起短路。如图 4－3（a）所示，行程开关 SQ 的动合和动断触点相距很近，在触头断开时，由于电弧可能造成电源短路，不安全；且 SQ 引出线需用 4 根也不合理。而用图 4－3（b）所示接法更为合理。

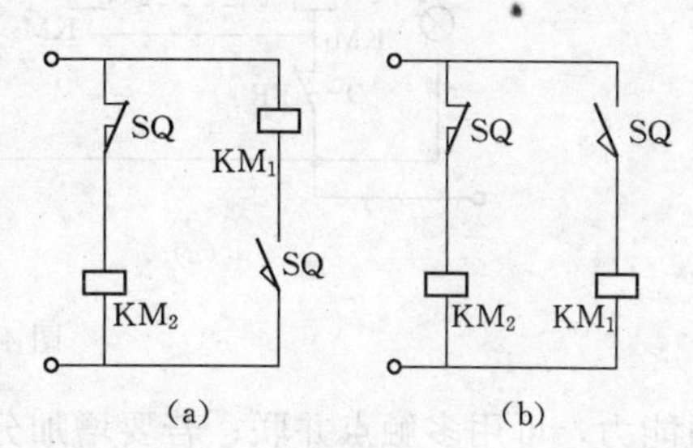

图 4－3　触点的正确与不正确连接

（2）正确连接电器的线圈：

1）在交流控制线路中不允许串联接入两个电器元件的线圈，即使外加电压是两个线圈额定电压之和。因为每个线圈上所分配到的电压与线圈的阻抗成正比，而两个电器元件的动作总是有先有后，不可能同时动作。若接触器 KM_1 先吸合，则线圈的电感显著增加，其阻抗比未吸合的接触器 KM_2 的阻抗大，因而在 KM_1 线圈上的电压降增大，使 KM_2 的线圈电压达不到动作电压；同时，电路电流增大，有可能将线圈烧毁。若需要两个电器元件同时工作，其线圈应并联连接。

2）两电感量相差悬殊的直流电压线圈不能直接并联。如果直接并联则可能在电路断开时，电感量较大的线圈产生的感应电势超过电感量小的线圈的工作电压，从而使电器误动作。

（3）避免出现寄生电路：

在电气控制线路的动作过程中，发生意外接通的电路称为寄生电路。寄生电路将破坏电器元件和控制线路的工作顺序或造成误动作。图 4－4（a）所示是一个具有指示灯和过载保护的电动机正反向控制电路。正常工作时，能完成正反向启动、停止和信号指示。但当热继电器 FR 动作时，产生寄生电路，电流流向如图中虚线所示，使正向接触器 KM_1 不能释放，起不了保护作用。如果将指示灯与其相应接触器线圈并联，则可防止寄生电路，如图 4－4（b）所示。

（4）在电气控制线路中应尽量避免许多电器元件依次动作才能接通另一个电器元件的控制线路。

（5）在频繁操作的可逆线路中，正反向接触器之间要有电气连锁和机械连锁。

（6）设计的电气控制线路应能适应所在电网的情况，并据此来决定电动机的启动方式是直接启动还是间接启动。

（7）在设计电气控制线路时，应充分考虑继电器触点的接通和分断能力。若要增加接

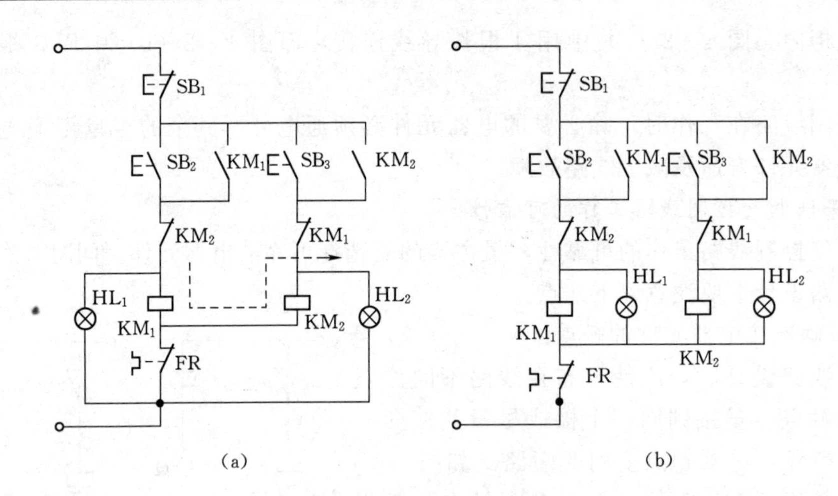

图 4-4 防止寄生电路

通能力，可用多触点并联；若要增加分断能力，可用多触点串联。

（四）保证电气控制线路工作的安全性

在电气控制线路中常设的保护环节有短路、过流、过载、失压、弱磁、超速、极限等。关于保护环节的设置可参见第二章第七节。

（五）应力求操作、维护、检修方便

电气控制线路对电气控制设备而言应力求维修方便，使用简单。为此，在具体进行电气控制线路的安装与配线时，电器元件应留有备用触点，必要时留有备用元件；为检修方便，应设置电气隔离，避免带电检修工作；为调试方便，控制方式应操作简单，能迅速实现从一种控制方式到另一种控制方式的转变，如从自动控制转换到手动控制等；设置多点控制，便于在生产机械旁进行调试；操作回路较多时，应采用主令控制器，而不能采用许多按钮。

第二节 电气原理线路设计的方法和步骤

电气原理线路的设计有两种方法：其一是经验设计法，其二是逻辑设计法。下面对两种方法分别加以阐述。

一、经验设计法

所谓经验设计法，顾名思义，它一般要求设计人员必须熟悉和掌握大量的基本环节和典型电路，具有丰富的实际设计经验。

经验设计法又称为一般设计法、分析设计法，是根据生产机械的工艺要求和生产过程，选择适当的基本环节（单元电路）或典型电路综合而成的电气控制线路。

一般不太复杂的（继电接触式）电气控制线路都可以按照这种方法进行设计。这种方法易于掌握，便于推广。但在设计的过程中需要反复修改设计草图以得到最佳设计方案，因此设计速度慢，必要时还要对整个电气控制线路进行模拟试验。

（一）经验设计法的基本步骤

一般的生产机械电气控制线路设计包含有主电路、控制电路和辅助控制电路等的

设计。

(1) 主电路设计：主要考虑电动机的启动、点动、正反转、制动和调速。

(2) 控制电路设计：包括基本控制线路和控制线路特殊部分的设计以及选择控制参量和确定控制原则。主要考虑如何满足电动机的各种运转功能和生产工艺要求。

(3) 连锁保护环节设计：主要考虑如何完善整个控制线路的设计，包含各种连锁环节以及短路、过载、过流、失压等保护环节。

(4) 线路的综合审查：反复审查所设计的控制线路是否满足设计原则和生产工艺要求。在条件允许的情况下，进行模拟试验，逐步完善整个电气控制线路的设计，直至满足生产工艺要求。

(二) 经验设计法的基本设计方法

(1) 根据生产机械的工艺要求和工作过程，适当选用已有的典型基本环节，将它们有机地组合起来加以适当的补充和修改，综合成所需要的电气控制线路。

(2) 若选择不到适当的典型基本环节，则根据生产机械的工艺要求和生产过程自行设计，边分析边画图，将输入的主令信号经过适当的转换，得到执行元件所需的工作信号。随时增减电器元件和触点，以满足所给定的工作条件。

二、逻辑设计法

逻辑设计法是利用逻辑代数这一数学工具来设计电气控制线路。即从机械设备的生产工艺要求出发，将控制线路中的接触器、继电器等电器元件线圈的通电与断电，触点的闭合与断开，以及主令元件的接通与断开等均看成逻辑变量，并根据控制要求，将这些逻辑变量关系表示为逻辑函数关系式，再运用逻辑函数基本公式和运算规律对逻辑函数式进行化简，然后按化简后的逻辑函数式画出相应的电路结构图，最后再作进一步的检查和完善，以期待获得最佳设计方案，使设计出的控制电路既符合工艺要求，又达到线路简单、工作可靠、经济合理的要求。

逻辑设计法的基本步骤如下：

(1) 根据生产工艺要求，做出工作循环示意图。

(2) 确定执行元件和检测元件，并根据工作循环示意图做出执行元件的动作节拍表和检测元件状态表。

执行元件的动作节拍表由生产工艺要求决定，是预先提供的。执行元件动作节拍表实际上表明接触器、继电器等电器线圈在各程序中的通电、断电情况。

检测元件状态表根据各程序中检测元件状态变化编写。

(3) 根据主令元件和检测元件状态表写出各程序的特征数，确定待相区分组，增设必要的中间记忆元件，使各待相区分组的所有程序区分开。

程序特征数是由对应程序中所有主令元件和检测元件的状态构成的二进制数码的组合数。例如，当一个程序有两个检测元件时，根据状态取值的不同，则该程序可能有四个不同的特征数。

当两个程序中不存在相同的特征数时，这两个程序是相区分的；否则，是不相区分的。将具有相同特征数的程序归为一组，称为待相区分组。

根据待相区分组可设置必要的中间记忆元件，通过中间记忆元件的不同状态将各待相区分组区分开。

(4) 列出中间记忆元件的开关逻辑函数式及执行元件动作逻辑函数式并画出相应的电路结构图。

(5) 对按逻辑函数式画出的控制电路进行检查、化简和完善，增加必要的保护和联锁环节。

第三节 电器元件布置图及电气安装接线图的设计

电器元件布置图及电气安装接线图设计的目的是为了满足电气控制设备的调试、使用和维修等要求。在完成电气原理图的设计及电器元件的选择之后，即可进行电器元件布置图及电气安装接线图设计。

一、电器元件布置图的设计

(一) 电器元件布置图的绘制原则

(1) 在一个完整的自动控制系统中，由于各种电器元件所起的作用不同，各自安装的位置也不同。因此，在进行电器元件布置图绘制之前应根据电器元件各自安装的位置划分各组件。(根据生产机械的工作原理和控制要求，将控制系统划分为几个组成部分称为部件；根据电气设备的复杂程度，每一部分又可划分为若干组件。) 同一组件内，电器元件的布置应满足以下原则：

1) 体积大和较重的元件应安装在电器板的下面，发热元件应安装在电器板的上面。

2) 强电与弱电分开，应注意弱电屏蔽，防止外界干扰。

3) 需要经常维护、检修、调整的电器元件安装位置不宜过高或过低。

4) 电器元件的布置应考虑整齐、美观、对称。结构和外形尺寸较类似的电器元件应安装在一起，以利于加工、安装、配线。

5) 各种电器元件的布置不宜过密，要有一定的间距。

(2) 各种电器元件的位置确定之后，即可以进行电器元件布置图的绘制。电器元件布置图根据电器元件的外形进行绘制，并要求标出各电器元件之间的间距尺寸。其中，每个电器元件的安装尺寸（即外形大小）及其公差范围应严格按其产品手册标准进行标注，以作为安装底板加工依据，保证各电器元件的顺利安装。

(3) 在电器元件的布置图中，还要根据本部件进出线的数量和采用导线的规格，选择进出线方式及适当的接线端子板或接插件，按一定顺序在电器元件布置图中标出进出线的接线号。为便于施工，在电器元件的布置图中往往还留有10%以上的备用面积及线槽位置。

(二) 电器布置图设计举例

以第二章的图 2-1 CW6132 型普通车床电气原理图为例，设计它的电器布置图。根据各电器的安装位置不同进行划分；根据各电器的实际外形尺寸进行电器布置，如果采用线槽布线，还应画出线槽的位置；选择进出线方式，标出接线端子。

由此，设计出 CW6132 型车床控制盘电器布置图如图 4-5 所示，电气设备安装布置图如图 4-6 所示。

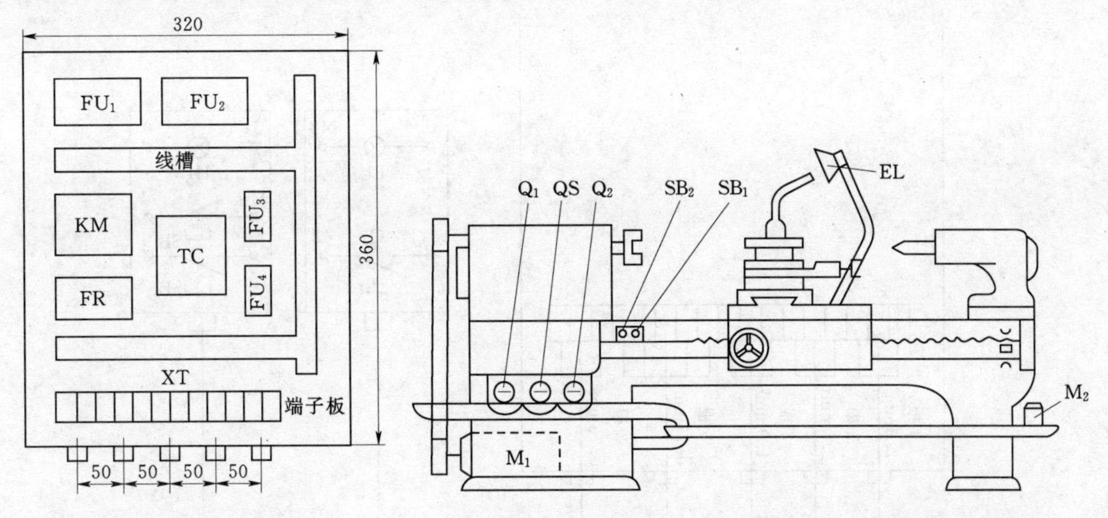

图 4-5　CW6132 型车床控制盘电器布置图

图 4-6　CW6132 型车床电气设备安装布置图

二、电气安装接线图的设计

电气安装接线图是根据电气原理图和电器元件布置图进行绘制的。按照电器元件布置最合理，连接导线最经济等原则来安排。为安装电气设备、电器元件间的配线及电气故障的检修等提供依据。

（一）电气安装接线图的绘制原则

（1）在接线图中，各电器元件的相对位置应与实际安装的相对位置一致。各电器元件按其实际外形尺寸以统一比例绘制。

（2）一个元件的所有部件画在一起，并用点划线框起来。

（3）各电器元件上凡需接线的端子均应予以编号，且与电气原理图中的导线编号必须一致。

（4）在接线图中，所有电器元件的图形符号、各接线端子的编号和文字符号必须与原理图中的一致，且符合国家的有关规定。

（5）电气安装接线图一律采用细实线。成束的接线可用一条实线表示。接线很少时，可直接画出电器元件间的接线方式；接线很多时，接线方式用符号标注在电器元件的接线端，标明接线的线号和走向，可以不画出两个元件间的接线。

（6）在接线图中应当标明配线用的电线型号、规格、标称截面。穿管或成束的接线还应标明穿管的种类、内径、长度等及接线根数、接线编号。

（7）安装底板内外的电器元件之间的连线需通过接线端子板进行。

（8）注明有关接线安装的技术条件。

（二）电气安装接线图举例

同样以图 2-1 CW6132 型普通车床为例，根据电器布置图，绘制电气安装接线图，如图 4-7 所示。

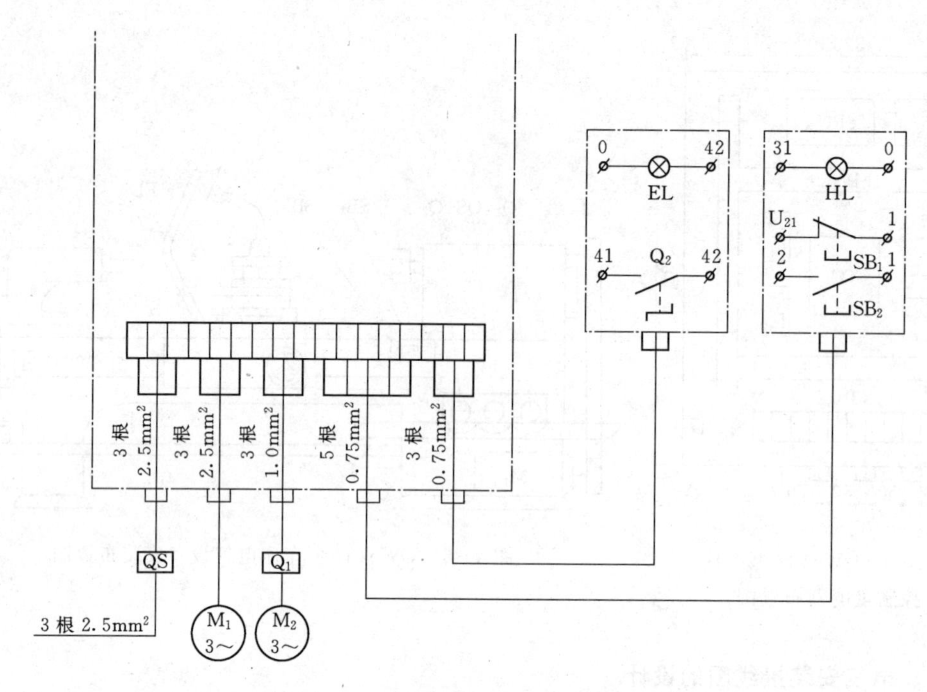

图 4-7　CW6132 型车床电气安装接线图

第四节　电气控制系统的安装与调试

一、安装与调试的基本要求

（一）生产机械设备对电气线路的基本要求

（1）所设计的电气线路必须满足生产机械的生产工艺要求。

（2）电气控制线路的动作应准确，动作顺序和安装位置要合理。对电气控制线路既要求其电器元件的动作准确，又要求当个别电器元件或导线损坏时，不应破坏整个电气线路的工作顺序。安装时，安装位置既要紧凑又要留有余地。

（3）为防止电气控制线路发生故障时对设备和人身造成伤害，电气控制线路各环节之间应具有必要的连锁和各种保护措施。

（4）电气控制线路要简单经济。在保证电气控制线路工作安全、可靠的前提下，应尽量使控制线路简单，选用的电器元件要合理，容量要适当，尽可能减少电气元件的数量和型号，采用标准的电器元件；导线的截面积选择要合理，截面不宜过大等；布线要经济合理。

（5）维护和检修方便。

（二）生产机械电气线路的安装步骤及要求

根据生产机械的结构特点、操作要求和电气线路的复杂程度决定生产机械电气线路的安装方式和方法。对控制线路简单的生产机械，可把生产机械的床身作为电气控制柜（箱或板），对控制线路复杂的生产机械，常将控制线路安装在独立的电气控制柜内。

1. 安装的准备工作

(1) 充分了解生产机械的电气原理图及生产机械的主要结构和运动形式。对电气原理图的了解程度是保证顺利安装接线、检查调试和故障检修的前提。因此，在熟悉电气原理图时必须了解下面几个方面：

1) 生产机械的主要结构和运动形式。

2) 电气原理图由几部分构成，各部分又有哪几个控制环节，各部分之间的相互关系如何。

3) 各种电器元件之间的控制及连接关系。

4) 电气控制线路的动作顺序。

5) 电器元件的种类和数量、规格等。

为安装接线以及维护检修方便，一般对电气原理图要标注线号。标注时，将主电路和控制线路分开，各自从电源端开始，各相线分开，顺次标注到负荷端，做到每段导线均有线号，一线一号，不能重复。

(2) 检查电器元件。在安装前，对使用的所有电气设备和电器元件逐个检查，这一环节是保证安装质量的前提，检查包含以下几个方面：

1) 根据电器元件明细表，检查各电器元件和电气设备是否短缺，规格是否符合设计要求。例如：电动机的功率和转速，电器的电压等级和电流容量，时间继电器的类型，热继电器的额定电流等。若不符合要求，应更换或调整。

2) 检查各电器元件的外观是否损坏，各接线端子及紧固件有无短缺、生锈等。尤其是电器元件中触点的质量，如触点是否光滑，接触面是否良好等。

3) 检查有延时作用的电器元件的功能能否保证。如时间继电器的延时动作、延时范围及整定机构等。

4) 用兆欧表检查电器元件及电气设备的绝缘电阻是否符合要求。用万用表或电桥检查一些电器或电气设备（接触器、继电器、电动机）线圈的通断情况，以及各操作机构和复位机构是否灵活。

(3) 导线的选择。根据电动机的额定功率、控制电路的电流容量、控制回路的子回路数及配线方式选择导线，包含导线的类型，导线的绝缘，导线的截面积和导线的颜色。

(4) 绘制电气安装接线图。根据电气原理图，对电器元件在电气控制柜或配电板或其他安装底板上进行布局。其布局总的原则是：连接导线最短，导线交叉最少。为便于接线和维修，控制柜所有的进出线要经过接线端子板连接，接线端子板安装在柜内的最下面或侧面，接线端子的节数和规格应根据进出线的根数及流过的电流进行选配组装，且根据连接导线的线号进行编号。

(5) 准备好安装工具和检查仪表，如十字旋具、一字旋具、剥线钳、电工刀、万用表等。

2. 电气控制柜（箱或板）的安装

(1) 安装电器元件。按产品说明书和电气接线图进行电器元件的安装，做到安全可靠，排列整齐。电器元件可按下列步骤进行安装：

1) 底板选料。可选择 2.5～5mm 厚的钢板或 5mm 的层压板等。

2）底板剪裁。按电器元件的数量、大小、位置和安装接线圈确定板面的尺寸。

3）电器元件的定位。按电器产品说明书的安装尺寸，在底板上确定元件安装孔的位置并固定钻孔中心。

4）钻孔。选择合适的钻头对准钻孔中心进行冲眼。此过程中，钻孔中心应保持不变。

5）电器元件的固定。用螺栓加以适当的垫圈，将电器元件按各自的位置在底板上进行固定。

（2）电器元件之间的导线连接。接线时应按照电气安装接线图的要求，并结合电气原理图中的导线编号及配线要求进行。

1）接线方法。所有导线的连接必须牢固，不得松动。在任何情况下，连接器件必须与连接的导线截面和材料性质相适应，导线与端子的接线，一般一个端子只连接一根导线。有些端子不适合连接软导线时，可在导线端头上采用针形、叉形等冷压接线头。如果采用专门设计的端子，可以连接两根或多根导线，但导线的连接方式必须是工艺上成熟的各种方式，如夹紧、压接、焊接、绕接等。导线的接头除必须采用焊接方法外，所有的导线应当采用冷压接线头。若电气设备在运行时承受的振动很大，则不许采用焊接的方式。

2）导线的标志：

a. 导线的颜色标志。保护导线采用黄绿双色；动力电路的中性线采用浅蓝色；交、直流动力线路采用黑色；交流控制电路采用红色，直流控制电路采用蓝色等。

b. 导线的线号标志。导线的线号标志必须与电气原理图和电气安装接线图相符合，且在每一根连接导线的接近端子处需套有标明该导线线号的套管。

3）控制柜的内部配线方法。控制柜的内部配线方法有板前配线、板后配线和线槽配线等。板前配线和线槽配线综合的方法较广泛采用，如板前线槽配线等。较少采用板后配线。采用线槽配线时，线槽装线不要超过线槽容积的70%，以便安装和维修。线槽外部的配线，对装在可拆卸门上的电气接线必须采用互连端子板或连接器，它们必须牢固固定在框架、控制箱或门上。从外部控制电路、信号电路进入控制箱内的导线超过10根时，必须接到端子板或连接器件过渡，但动力电路和测量电路的导线可以直接接到电器的端子上。

4）控制箱的外部配线方法。由于控制箱一般处于工业环境中，为防止铁屑、灰尘和液体的进入，除必要的保护电缆外，控制箱所有的外部配线一律装入导线通道内，且导线通道应留有余地，供备用导线和今后增加导线之用。导线采用钢管，壁厚应不小于1mm。如用其他材料，必须有等效于壁厚为1mm钢管的强度。如用金属软管时，必须有适当的保护。当用设备底座作导线通道时，无需再加预防措施，但必须能防止液体、铁屑和灰尘的侵入。移动部件或可调整部件上的导线必须用软线，运动的导线必须支撑牢固，使得在接线上不致产生机械拉力，又不出现急剧的弯曲。不同电路的导线可以穿在同一管内或处于同一电缆之中，如果它们的工作电压不同，则所用导线的绝缘等级必须满足其中最高一级电压的要求。

5）导线连接的步骤：

a. 了解电器元件之间导线连接的走向和路径。

b. 根据导线连接的走向和路径及连接点之间的长度，选择合适的导线长度，并将导

线的转弯处弯成90°角。

c. 用电工工具剥除导线端子处的绝缘层，套上导线的标志套管，将剥除绝缘层的导线弯成羊角圈，按电气安装接线图套入接线端子上的压紧螺钉并拧紧。

d. 所有导线连接完毕之后进行整理。做到横平竖直，导线之间没有交叉、重叠且相互平行。

二、电气控制柜的安装配线

电气控制柜的配线有柜内和柜外两种。柜内配线有明配线和暗配线、线槽配线等。柜外配线有线管配线等。

（一）柜内配线

1. 明配线

又称板前配线。适用于电器元件较少，电气线路比较简单的设备。这种配线方式导线的走向较清晰，对于安全维修及故障的检查较方便。采用这种配线要注意以下几个方面：

（1）连接导线一般选用BV型的单股塑料硬线。

（2）线路应整齐美观、横平竖直，导线之间不交叉、不重叠，转弯处应为直角，成束的导线用线束固定；导线的敷设不影响电器元件的拆卸。

（3）导线和接线端子应保证可靠的电气连接，线端应弯成羊角圈。对不同截面的导线在同一接线端子连接时，大截面在上，且每个接线端子原则上不超过2根导线。

2. 暗配线

又称板后配线。这种配线方式的板面整齐美观，且配线速度快。采用这种配线方式应注意以下几个方面：

（1）电器元件的安装孔、导线的穿线孔其位置应准确，孔的大小应合适。

（2）板前与电器元件的连接线应接触可靠，穿板的导线应与板面垂直。

（3）配电盘固定时，应使安装电器元件的一面朝向控制柜的门，便于检查和维修。板与安装面要留有一定的余地。

3. 线槽配线

这种配线方式综合了明配线和暗配线的优点：适用于电气线路较复杂、电器元件较多的设备，不仅安装、检查维修方便，且整个板面整齐美观，是目前使用较广的一种接线方式。线槽一般由槽底和盖板组成，其两侧留有导线的进出口，槽中容纳导线（多采用多股软导线作连接导线），视线槽的长短用螺钉固定在底板上。

4. 配线的基本要求

（1）配线之前首先要认真阅读电气原理图、电器布置图和电气安装接线图，做到心中有数。

（2）根据负荷的大小、配线方式及回路的不同，选择导线的规格、型号，并考虑导线的走向。

（3）首先对主电路进行配线，然后对控制电路配线。

（4）具体配线时应满足以上三种配线方式的具体要求及注意事项。如横平竖直，减少交叉，转角成直角，成束导线用线束固定，导线端部加有套管，与接线端子相连的导线头弯成羊角圈，整齐美观等。

（5）导线的敷设不应妨碍电器元件的拆卸。

（6）配线完成之后应根据各种图纸再次检查是否正确无误，确认没有错误后，将各种紧压件压紧。

（二）线管配线

线管配线属于柜外配线方式。这种配线方式耐潮，耐腐蚀，不宜遭受机械损伤。适用于有一定的机械压力的地方。

1．铁管配线

（1）根据使用的场合、导线截面积和导线根数选择铁管类型和管径，且管内应留有40%的余地。

（2）尽量取最短距离敷设线管，管路尽量少弯曲，不得不弯曲时，弯曲半径不应太小，弯曲半径一般不小于管径的4～6倍。弯曲后不应有裂缝，如管路引出地面，离地面应有一定的高度，一般不小于0.2 m。

（3）对同一电压等级或同一回路的导线允许穿在同一线管内。管内的导线不准有接头，也不准有绝缘破损之后修补的导线。

（4）线管在穿线时可以采用直径1.2mm的钢丝作引线。敷设时，首先要清除管内的杂物和水分；明面敷设的线管应做到横平竖直，必要时可采用管卡支持。

（5）铁管应可靠地保护接地和接零。

2．金属软管配线

对生产机械本身所属的各种电器或各种设备之间的连接常采用这种连接方式。根据穿管导线的总截面选择软管的规格，软管的两头应有接头以保证连接；在敷设时，中间的部分应用适当数量的管卡加以固定；有损坏或有缺陷的软管不能使用。

三、电气控制柜的调试

这一步骤是生产机械在正式投入使用之前的必经步骤。

（一）调试前的准备工作

（1）调试前必须了解各种电气设备和整个电气系统的功能，掌握调试的方法和步骤。

（2）做好调试前的检查工作。包含：

1）根据电气原理图和电气安装接线图、电器布置图检查各电器元件的位置是否正确，并检查其外观有无损坏；触点接触是否良好；配线导线的选择是否符合要求；柜内和柜外的接线是否正确、可靠及接线的各种具体要求是否达到；电动机有无卡壳现象；各种操作、复位机构是否灵活；保护电器的整定值是否达到要求；各种指示和信号装置是否按要求发出指定信号等。

2）对电动机和连接导线进行绝缘电阻检查。用兆欧表检查，应分别符合各自的绝缘电阻要求，如连接导线的绝缘电阻不小于7 MΩ，电动机的绝缘电阻不小于0.5MΩ等。

3）与操作人员和技术人员一起，检查各电器元件动作是否符合电气原理图的要求及生产工艺要求。

4）检查各开关按钮、行程开关等电器元件应处于原始位置；调速装置的手柄应处于最低速位置。

（二）电气控制柜的调试

在调试前的准备工作完成之后方可进行试车和调整工作。

1. 空操作试车

断开主电路，接通电源开关，使控制电路空操作，检查控制电路的工作情况，如按钮对继电器、接触器的控制作用，自锁、联锁的功能，急停器件的动作，行程开关的控制作用，时间继电器的延时时间等。如有异常，立刻切断电源检查原因。

2. 空载试车

在第一步的基础之上，接通主电路即可进行。首先点动检查各电动机的转向及转速是否符合要求，然后调整好保护电器的整定值，检查指示信号和照明灯的完好性等。

3. 带负荷试车

在第1步和第2步通过之后，即可进行带负荷试车。此时，在正常的工作条件下，验证电气设备所有部分运行的正确性，特别是验证在电源中断和恢复时对人身和设备的伤害、损坏程度。此时进一步观察机械动作和电器元件的动作是否符合原始工艺要求；进一步调整行程开关的位置及挡块的位置，对各种电器元件的整定数值进一步调整。

4. 试车的注意事项

（1）调试人员在调试前必须熟悉生产机械的结构、操作规程和电气系统的工作要求。

（2）通电时，先接通主电源；断电时，顺序相反。

（3）通电后，注意观察各种现象，随时做好停车准备，以防止意外事故发生，如有异常，应立即停车，待查明原因之后再继续进行。未查明原因不得强行送电。

第五节　电气控制系统设计举例

本节以CW6163型卧式车床电气控制系统的设计为例，说明继电接触式电气控制系统的设计过程。

一、CW6163型卧式车床的主要结构及设计要求

（一）主要结构

CW6163型卧式车床属于普通的小型车床，性能优良，应用较广泛。其主轴运动的正、反转由两组机械式摩擦片离合器控制，主轴的制动采用液压制动器，进给运动的纵向左右运动、横向前后运动及快速移动均由一个手柄操作控制。可完成工件最大车削直径为630mm，工件最大长度为1500mm。

（二）对电气控制的要求

（1）根据工件的最大长度要求，为了减少辅助工作时间，要求配备一台主轴运动电动机和一台刀架快速移动电动机，主轴运动的启、停要求两地操作控制。

（2）车削时产生的高温，可由一台普通冷却泵电动机加以控制。

（3）根据整个生产线状况，要求配备一套局部照明装置及必要的工作状态指示灯。

二、电动机的选择

根据前面的设计要求可知，本设计需要配备3台电动机，分别为：

（1）主轴电动机：M_1，型号选定为Y160M—4，性能指标为：11kW、380V、

22.6A、1460r/min。

(2) 冷却泵电动机：M_2，型号选定为JCB—22，性能指标为：0.125kW、0.43A、2790r/min。

(3) 快速移动电动机：M_3，型号选定为Y90S—4，性能指标为：1.1kW、2.7A、1400r/min。

三、电气控制线路图的设计

(一) 主电路设计

1. 主轴电动机 M_1

根据设计要求，主轴电动机的正、反转由机械式摩擦片离合器加以控制，且根据车削工艺的特点，同时考虑到主轴电动机的功率为11kW，最后确定 M_1 采用单向直接启动控制方式，由接触器KM进行控制。对 M_1 设置过载保护（FR_1），并采用电流表PA根据指示的电流监视其车削量。由于向车床供电的电源开关要装熔断器，所以电动机 M_1 没有用熔断器进行短路保护。

2. 冷却泵电动机 M_2 及快速移动电动机 M_3

由前面可知，M_2 和 M_3 的功率及额定电流均较小，因此可用交流中间继电器 KA_1 和 KA_2 来进行控制。在设置保护时，考虑到 M_3 属于短时运行，故不需要设置过载保护。

综合以上的考虑，绘出CW6163型卧式车床的主电路图，如图4-8所示。

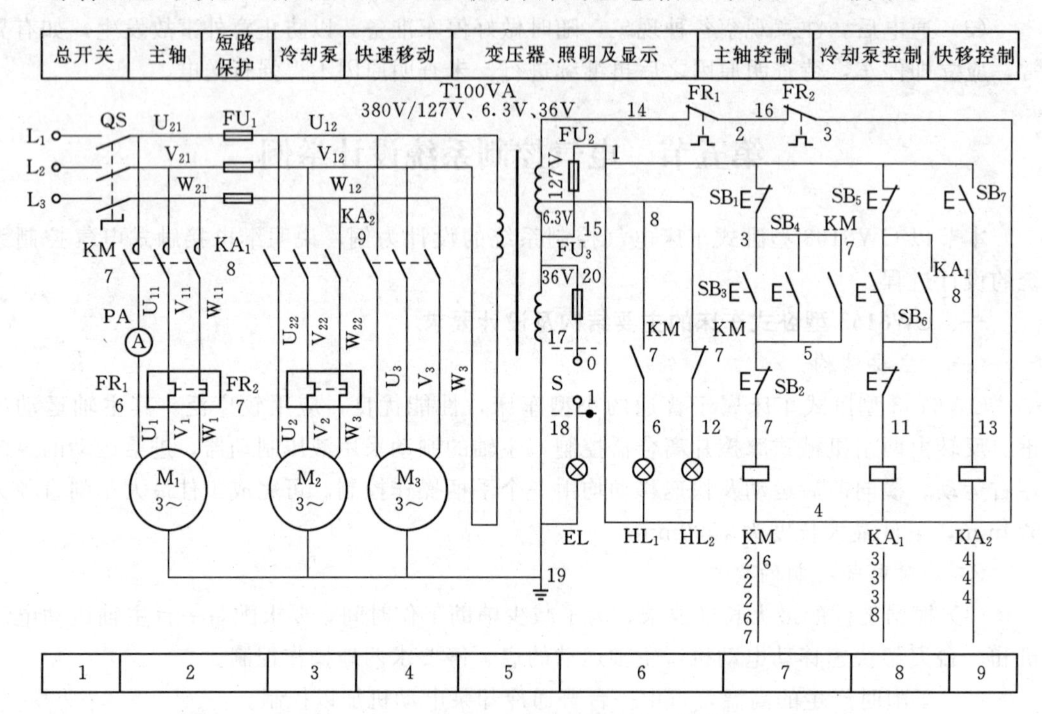

图4-8 CW6163型卧式车床电气原理图

(二) 控制电源的设计

考虑到安全可靠和满足照明及指示灯的要求，采用控制变压器TC供电，其一次侧为交流380V，二次侧为交流127V、36V、6.3V。其中，127V给接触器KM和中间继电器

KA_1 及 KA_2 的线圈进行供电，36V 给局部照明电路进行供电，6.3V 给指示灯进行供电。由此，绘出 CW6163 型卧式车床的电源控制线路图，如图 4－8 所示。

（三）控制电路的设计

1. 主轴电动机 M_1 的控制设计

根据设计要求，主轴电动机要求实现两地控制。因此，可在机床的床头操作板上和刀架托板上分别设置启动按钮 SB_3、SB_4 和停止按钮 SB_1、SB_2 进行控制。

2. 冷却泵电动机 M_2 和快速移动电动机 M_3 的控制设计

根据设计要求和 M_2、M_3 需完成的工作任务，确定 M_2 采用单向启、停控制方式，M_3 采用点动控制方式。

综合以上的考虑，绘出 CW6163 型卧式车床的控制电路图，如图 4－8 所示。

（四）局部照明及信号指示灯电路的设计

局部照明设备用照明灯 EL、灯开关 S 和照明回路熔断器 FU_3 来组合。

信号指示电路由两路构成：一路为三相电源接通指示 HL_2（绿色），在电源开关 QS 接通以后立即发光，表示机床电气线路已处于供电状态；另一路指示灯 HL_1（红色），表示主轴电动机是否运行。两路指示灯 HL_1 和 HL_2 分别由接触器 KM 的动合和动断触电进行切换通电显示。

由此绘出 CW6163 型卧式车床的照明及信号指示电路图，如图 4－8 所示。

四、电器元件的选择

在电气原理图设计完毕之后就可以根据电气原理图进行电器元件的选择工作。本设计中需选择的电器元件如下。

（一）电源开关 QS 的选择

QS 的作用主要用于电源的引入及控制 M1～M3 启、停和正、反转等。因此 QS 的选择主要考虑电动机 M_1～M_3 的额定电流和启动电流。由前面已知 M_1～M_3 的额定电流数值，通过计算可得额定电流之和为 25.73A，同时考虑到，M_2、M_3 虽为满载启动，但功率较小，M_1 虽功率较大，但为轻载启动。所以，QS 最终选择组合开关：HZ10—25/3 型，额定电流为 25A。

（二）热继电器 FR 的选择

根据电动机的额定电流进行热继电器的选择。

由前面 M_1 和 M_2 的额定电流，现选择如下：

FR_1 选用 JR0—40 型热继电器。热元件额定电流 25A，额定电流调节范围为 16～25A，工作时调整在 22.6A。

FR_2 选用 JR0—40 型热继电器。热元件额定电流 0.64A，额定电流调节范围为0.40～0.64A，工作时调整在 0.43A。

（三）接触器的选择

根据负载回路的电压、电流，接触器所控制回路的电压及所需触点的数量等进行接触器的选择。

本设计中，KM 主要对 M_1 进行控制，而 M_1 的额定电流为 22.6A，控制回路电源为 127V，需主触点 3 对，辅助动合触点 2 对，辅助动断触点 1 对。所以，KM 选择 CJ20—

40 型接触器，主触点额定电流为 40A，线圈电压为 127V。

（四）中间继电器的选择

本设计中，由于 M_2 和 M_3 的额定电流都很小，因此，可用交流中间继电器代替接触器进行控制。这里，KA_1 和 KA_2 均选择 JZ7—44 型交流中间继电器，动合、动断触点各 4 个，额定电流为 5A，线圈电压为 127V。

（五）熔断器的选择

根据熔断器的额定电压、额定电流和熔体的额定电流等进行熔断器的选择。

本设计中涉及的熔断器有 3 个：FU_1、FU_2、FU_3。这里主要分析 FU_1 的选择，其余类似。

FU_1 主要对 M_2 和 M_3 进行短路保护，M_2 和 M_3 的额定电流分别为 0.43A、2.7A。因此，熔体的额定电流为

$$I_{FU1} \geqslant (1.5 \sim 2.5) I_{Nmax} + \sum I_N$$

计算可得 $I_{FU1} \geqslant 7.18A$，因此，FU_1 选择 RL1－15 型熔断器，熔体额定电流为 10A。

FU2、FU3 选用 RL1－15 型熔断器，配 2A 的熔体。

（六）按钮的选择

根据需要的触点数目、动作要求、使用场合、颜色等进行按钮的选择。

本设计中 SB_3、SB_4、SB_6 选择 LA—18 型按钮，颜色为黑色；SB_1、SB_2、SB_5 也选择 LA—18 型按钮，颜色为红色；SB_7 的选择型号相同，但颜色为绿色。

（七）照明及指示灯的选择

照明灯 EL 选择 JC2 型，交流 36V、40W，与开关 S 成套配置；指示灯 HL_1 和 HL_2 选择 ZSD—0 型，指标为 6.3V、0.25A，颜色分别为红色和绿色。

（八）控制变压器的选择

变压器的具体计算、选择请参照有关书籍。本设计中，变压器选择 BK－100VA，380V、220V/127V、36V、6.3V。

综合以上的计算，给出 CW6163 型卧式车床的电器元件明细表，见表 4－1 所列。

五、绘制电器元件布置图和电器安装接线图

根据本章第三节，依据电气原理图的布置原则，并结合 CW6163 型卧式车床的电气原理图的控制顺序对电器元件进行合理布局，做到连接导线最短，导线交叉最少。

电器元件布置图完成之后，再依据电器安装接线图的绘制原则及相应的注意事项进行电气安装接线图的绘制。这样，所绘制的电器元件布置图如图 4－9 所示，电气安装接线图如图 4－10 所示，电气接线图中管内敷

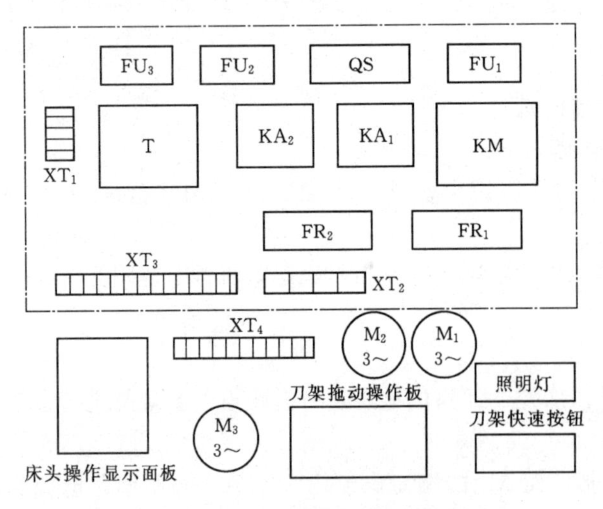

图 4－9　CW6163 型卧式车床电器布置图

线明细表见表 4-2 所列。

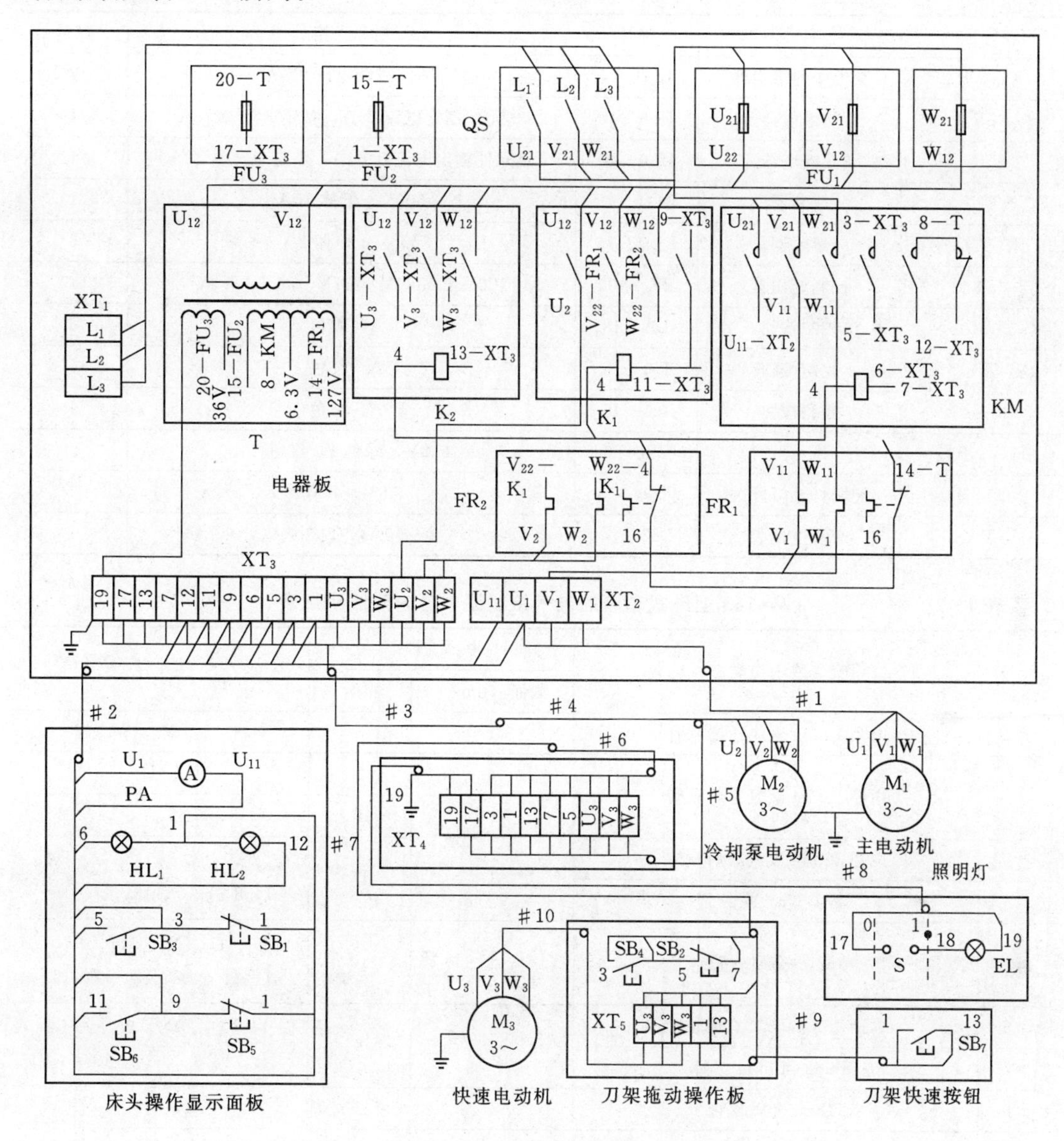

图 4-10　CW6163 型卧式车床电气接线图

表 4-1　　　CW6163 型卧式车床的电器元件明细表

符号	名称	符号	规　格	数量
M_1	三相异步电动机	Y160M—4	11kW、380V、22.6A 1460r/min	1
M_2	冷却泵电动机	JCB—22	0.125kW，0.43A，2790 r/min	1
M_3	三相异步电动机	Y90S—4	1.1 kW，2.7A，1400 r/min	1
QS	组合开关	HZ 10—25/3	三极，500V，25A	1
KM	交流接触器	CJ 20—40	40A，线圈电压 127V	1

续表

符号	名称	符号	规　格	数量
K_{A1}、K_{A2}	交流中间继电器	JZ 7—44	5A，线圈电压 127V	2
FR_1	热继电器	JR 0—40	热元件额定电流 25A，整定电流 22.6A	1
FR_2	热继电器	JR 0—40	热元件额定电流 0.64A，整定电流 0.43A	1
FU_1	熔断器	RL 1—15	500V，熔体 10A	1
FU_2、FU_3	熔断器	RL 1—15	500V，熔体 2A	2
T	控制变压器	BK—100	100VA，380V /127V、36V、6.3V	1
SB_3、SB_4、SB_6	控制按钮	LA—18	5A，黑色	3
SB_1、SB_2、SB_5	控制按钮	LA—18	5A，红色	3
SB_7	控制按钮	LA—18	5A，绿色	1
HL_1、HL_2	指示灯	ZSD—0	6.3V，绿色 1，红色 1	2
EL、S	照明灯及灯开关		36V，40W	2
PA	交流电流表	62 T_2	0～50A，直接接入	1

表 4-2　　CW6163 型卧式车床的电气接线图中管内敷线明细表

代号	穿线用管（或电缆类型）内径	电　线		接线号
		截面（mm^2）	根数	
#1	内径 15mm 聚氯乙烯软管	4	3	U_1、V_1、W_1
#2	内径 15mm 聚氯乙烯软管	4	2	U_1、U_{11}
		1	7	1、3、5、6、9、11、12
#3	内径 15mm 聚氯乙烯软管	1	13	U_2、V_2、W_2、U_3、V_3、W_3 1、3、5、7、13、17、19
#4	G3/4 (in) 螺纹管			
#5	15mm 金属软管	1	10	U_3、V_3、W_3、1、3、5、7、13、17、19
#6	内径 15mm 聚氯乙烯软管	1	8	U_3、V_3、W_3、1、3、5、7、13
#7	18mm×16mm 铝管			
#8	11mm 金属软管	1	2	17、19
#9	内径 8mm 聚氯乙烯软管	1	2	1、13
#10	YHZ 橡套电缆	1	3	U_3、V_3、W_3

习　　题

4-1　选择题

1. 现有两个交流接触器，它们的型号相同，额定电压相同，则在电气控制线路中其线圈应该（　）。

A 串联连接　　　　B 并联连接　　　　C 既可串联也可并联连接

2. 用来表明电动机、电器的实际位置的图是（　　）。

A 电气原理图　　　　B 电器布置图　　　　C 功能图

3. 现有两个交流接触器，它们的型号相同，额定电压相同，则在电气控制线路中如果将其线圈串联连接，则在通电时（　　）。

A 都不能吸合　　　　B 有一个吸合，另一个可能烧毁　　C 都能吸合正常工作

4. 电气控制电路在正常工作或事故情况下，发生意外接通的电路称为（　　）。

A 振荡电路　　　　B 寄生电路　　　　C 自锁电路

5. 电压等级相同的电感较大的电磁阀与电压继电器在电路中（　　）。

A 可以直接并联　　B 不可以直接并联　　C 只能串联

4-2　问答题

1. 电气控制设计中应遵循的原则是什么？设计内容包括哪些方面？

2. 如何根据设计要求选择拖动方案与控制方式？

3. 正确选择电动机容量有什么重要意义？

4. 电气原理图设计方法有几种？常用什么方法？

5. 如何绘制电气设备及电器元件的布置图和安装图？有哪些注意事项？

4-3　设计题

1. 某电动机要求只有在继电器 KA_1、KA_2、KA_3 中任何一个或两个动作时才能运转，而在其他条件下都不运转，试用逻辑设计法设计其控制线路。

2. 某送料小车的示意图如下图所示，小车由交流感应电动机拖动，电动机正转，小车前进；电动机反转，小车后退。对小车的控制要求如下：单循环工作方式：每按一次送料按钮，小车后退至装料处，10s 后装料完成，自动前进至卸料处，15s 后卸料完毕，小车返回至装料处待命。

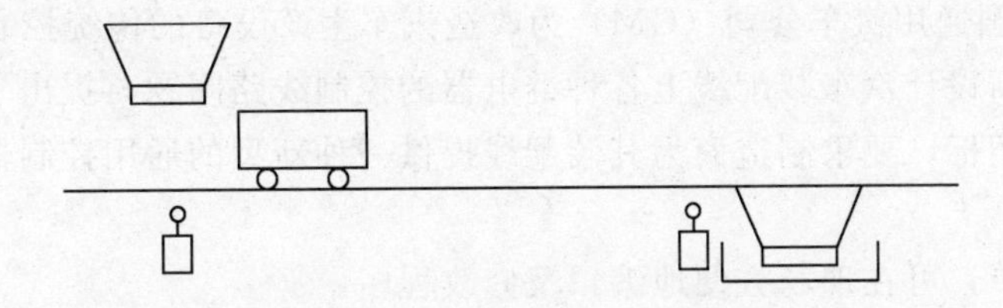

题 4-3 图　送料小车的示意图

第五章　可编程控制器及其工作原理

第一节　可编程控制器定义及特点

一、可编程控制器的产生及发展

一种新型的控制装置和先进的应用技术，总是根据工业生产的实际需要而产生的。在可编程控制器产生以前，以各种继电器为主要元件的电气控制线路，承担着生产过程自动控制的艰巨任务，可能由成百上千只各种继电器构成复杂的控制系统，需要用成千上万根导线连接起来，安装这些继电器需要大量的继电器控制柜，且占据巨大的空间。当这些继电器运行时，又产生大量的噪声，消耗大量的电能。为保证控制系统的正常运行，需安排大量的电气技术人员进行维护，有时某个继电器的损坏，或某个继电器的触点接触不良，都会影响整个系统的正常运行。如果系统出现故障，要进行检查和排除故障是非常困难的，全靠现场电气技术人员长期积累的经验，尤其是在生产工艺发生变化时，可能需要增加很多的继电器或继电器控制柜，重新接线或改线的工作量极大，甚至可能需要重新设计控制系统。尽管如此，这种控制系统的功能也仅仅局限在能实现具有粗略定时、计数功能的顺序逻辑控制。因此，人们迫切需要一种新的工业控制装置来取代传统的继电器控制系统，使电气控制系统工作更可靠，更容易维修，更能适应经常变化的生产工艺要求。

1968 年，美国通用汽车公司（GM）为改造汽车生产设备的传统控制方式，解决因汽车不断改型而重新设计汽车装配线上各种继电器的控制线路问题，提出了著名的十条技术指标，在社会上招标，要求制造商为其装配线提供一种新型的通用控制器，它应具有以下特点：

（1）编程简单，可在现场方便地编辑及修改程序。

（2）价格便宜，其性能价格比要高于继电器控制系统。

（3）体积要明显小于继电器控制柜。

（4）可靠性要明显高于继电器控制系统。

（5）具有数据通信功能。

（6）输入可以是 AC 115V。

（7）输出为 AC 115V、2A 以上。

（8）硬件维护方便，最好是插件式结构。

（9）扩展时对原有系统只需作很小改动。

（10）用户程序存储器容量至少可以扩展到 4kB。

于是可编程控制器应运而生：1969 年，美国数字设备公司（DEC）根据上述要求研制出世界上第一台可编程控制器，型号为 PDP－14，并在 GM 公司的汽车生产线上首次应用成功，取得了显著的经济效益。当时人们把它称为可编程逻辑控制器（Programma-

ble Logic Controller，PLC)。

随着微电子技术的发展，20 世纪 70 年代中期以来，由于大规模集成电路（LSI）和微处理器在可编程控制器中的应用，使 PLC 的功能不断增强，它不仅能执行逻辑控制、顺序控制、计时及计数控制；还增加了算术运算、数据处理、通信等功能，具有处理分支、中断、自诊断的能力，使可编程控制器更多地具有了计算机的功能。

可编程控制器这一新技术的出现，受到国内外工程技术界的极大关注，纷纷投入力量研制。1971 年，日本从美国引进了这项新技术，研制出第一台可编程控制器 DSC－8。1973～1974 年，德国和法国也都相继研制出自己的可编程控制器，德国西门子公司（SIEMENS）于 1973 年研制出欧洲第一台可编程控制器，型号为 SIMATIC S4。我国从 1974 年开始研制，1977 年开始工业应用。

早期可编程控制器产品功能很简单，只有逻辑计算、定时、计数等功能，其硬件是以分立元件为主体，存储器是采用磁芯存储器，存储容量也只有 1～2k 字节。一般情况下一台可编程控制器只能取代 200～300 个继电器组成的系统，其可靠性略高于继电器系统，体积庞大，编程语言采用简化了的计算机编程指令。它是以准计算机形式出现，硬件结构只是简化了的计算机结构，只在接口电路作了工业控制要求的变化。但其显著特点是出现了面向问题，面向用户和接近“自然语言”的编程方式。

随着集成电路微处理器的开发成功，中小规模集成电路开始工业化生产，可编程控制器技术得到较大的发展，其逻辑功能增加了数据运算、数据处理、模拟量控制等。软件上开发出自诊断程序，可靠性得到进一步提高，可编程控制器系统也开始标准化、系统化，结构开始有模块式和整体式的区分，整机功能从专用向通用过渡。微处理器作为可编程控制器的中央处理单元（CPU)，可编程控制器的硬件和软件产生革命性的变化。使得可编程控制器的功能进一步扩展，灵活性得到提高，成本降低，并为建立标准的编程语言奠定了基础。

单片计算机的出现，表征微处理器技术完全成熟。半导体存储器实现工业化生产，大规模集成电路的普遍使用使得个人计算机问世，并使可编程控制器逐步演变成一种专用的工业计算机，功能方面增加了通信、远程输入/输出（I/O）技术等。此时的可编程控制器就功能和结构而言，一方面向大型化、规模化、多功能发展，另一方面向整体结构、小型化、低成本发展。随着面向过程的梯形图语言以及逻辑符号问世，可编程控制器具有了更加广阔的发展空间，在工业发达国家的应用已普及。

计算机网络技术的发展与普及，超大规模集成电路、超大规模门阵列电路、CISC（复杂指令集计算机）的广泛使用，以及计算机工程工作站与大型软件包结合使 CAD/CAM（计算机辅助设计/辅助制造）深入到现代工业各个环节。可编程控制器全计算机化，全面使用 8 位、16 位的微处理器芯片，可编程控制器的功能进一步拓展和加强，高速计算、中断、A/D、D/A、PID（比例积分微分）等功能也逐步引入可编程控制器。联网能力的提高使可编程控制器既可以和上位计算机联网，也可以下挂可编程控制器，组成多级控制系统。在软件方面，可编程控制器的梯形图语言和语句表（逻辑符号）语言基本标准化，顺序流程图语言（SFC 语言）也出现，与此同时国际电工委员会（IEC）发表了可编程控制器草案，使可编程控制器产品向更加规模化、系列化方向发展。

进入 20 世纪 90 年代以来，可编程控制器已经全面使用 16 位和 32 位的微处理器芯片，速度提高了 5～10 倍。系统程序中的逻辑运算等标准化功能使用超大规模门阵列电路固化，从而在扩大功能、提高速度的基础上又能技术保密。可编程控制器的 I/O 点数从 8 个到 32K 个都具有和计算机通信联网的功能，处理速度进一步提高。软件上使用容错纠错技术，高级指令可达两三百条以上，使可编程控制器具有强大的数值运算、函数运算和大批量数据处理能力：智能模块得到进一步开发，人机智能接口和触摸式屏幕得到使用；除手持编程器外，价格昂贵的大型专用编程器已被笔记本电脑和功能强大的编程软件包代替。

可编程控制器从产生到现在尽管只有几十年的时间，由于其编程简单、可靠性高、使用方便、维护容易，价格适中等优点，得到了迅猛的发展，在工业生产部门应用广泛。

随着技术的推广、应用，可编程控制器大致有以下几个发展趋势。

（一）系列化、模板化

每个生产可编程控制器的厂家几乎都有自己的系列化产品，同系列的产品指令向上兼容，可扩展设备容量，以满足新机型的推广和使用。开发各种模板，形成自己的系列化产品，使系统的构成更加灵活、方便，以便与其他可编程控制器生产厂家竞争。一般的可编程控制器有主模板、扩展模板、I/O 模板以及各种智能模板等，每种模板的体积都较小，相互连接方便，使用更简单，通用性更强。

（二）小型机功能强化

随着微电子技术的进一步发展，小型可编程控制器的结构必将更为紧凑，体积更小，而安装和使用更为方便。有些小型机只有手掌大小，很容易将其制成机电一体化产品。有的小型机的 I/O 可以以点为单位由用户配置、更换或维修。很多小型机不仅有开关量 I/O，还有模拟量 I/O、高速计数器、高速直接输出、PWM 输出等。一般都有通信功能，可联网运行。

（三）中、大型机高速度、高功能、大容量

随着自动化水平的不断提高，对中、大型机处理数据的速度要求也越来越高，在三菱公司 AnA 系列的 32 位微处理器 M887788 中，在一块芯片上实现了可编程控制器的全部功能。它将扫描时间缩短为每条基本指令 0.15μs。OMRON 公司的 CV 系列，每条基本指令的扫描时间为 0.125μs。而 SIEMES 公司的 TI555 采用了多微处理器，每条基本指令的扫描时间为 0.068μs。

在存储器的容量上，OMRON 公司的 CV 系列可编程控制器的用户存储器容量为 64K 字，数据存储器容量为 24 K 字，文件存储器容量为 1M 字。

所谓高功能是指具有：函数运算和浮点运算，数据处理和文字处理，队列、矩阵运算，PID 运算及超前、滞后补偿，多段斜坡曲线生成，批处理，菜单组合的报警模板，故障搜索、自诊断等功能。此外还支持高级语言，如美国 AB 公司（Allon-Bradley）的 Controlview 软件，支持 Windows NT，能以彩色图形动态模拟工厂的运行情况，允许用户用 C 语言开发程序。

（四）低成本

随着新型器件的不断涌现，主要部件成本的下降，在大幅度提高可编程控制器功能的

同时，也大幅度降低了可编程控制器的成本。同时，价格的降低，也使可编程控制器真正成为继电器的替代产品。

（五）多功能

可编程控制器的功能进一步加强，以适应各种控制需要。同时，计算、处理功能的进一步完善，使可编程控制器可以代替计算机进行管理、监控。智能I/O组件也将进一步发展，用来完成各种专门的任务，如位置控制、温度控制、中断控制、PID调节、远程通信等。

二、可编程控制器的定义

1980年，美国电气制造商协会（NEMA）将可编程控制器正式命名为Programmable Controller，简称为PC。

同年，NEMA对编程控制器进行定义："可编程控制器是一种带有指令存储器，数字的或模拟的I/O接口，以位运算为主，能完成逻辑、顺序、定时和算术运算等功能，用于控制机器或生产过程的自动控制装置。"

1987年2月，国际电工技术委员会（IEC）在颁布可编程控制器标准草案第三稿时，又对可编程控制器作了明确定义："可编程控制器是一种数字运算操作的电子系统，专为在工业环境下应用而设计。它采用可编程序的存储器，用来在其内部存储执行逻辑运算和顺序控制、定时、计数和算术运算等操作的指令，并通过数字的或模拟的输入和输出接口，控制各种类型的机器设备或生产过程。可编程控制器及其有关外围设备的设计原则是它按易于与工业控制系统连成一个整体和具有扩充功能。"

该定义强调了可编程控制器是"数字运算操作的电子系统"，它是一种计算机，是"专为工业环境下应用而设计"的工业控制计算机。

虽然可编程控制器简称为PC，但它与近年来人们熟知的个人计算机（Personal Computer，也简称为PC）容易混淆。为加以区别，国内外很多杂志以及工业现场的工程技术人员，仍沿用可编程控制器"PLC"这个老名字。所以在本教材后续章节的介绍中，我们仍称可编程控制器为PLC。

1993年国际电工委员会（IEC）正式颁布了可编程控制器的国际标准IEC 1131（以后改称IEC 61131），规范了可编程控制器的基本元素。这一标准为可编程控制器软件技术的发展，乃至整个工业控制软件技术的发展，起了举足轻重的推动作用。它的语言标准部分是全世界控制工业第一次制定的有关数字控制软件技术的编程语言标准。可编程控制器国际标准IEC 61131的各个部分已陆续颁布施行。目前正式颁布的有：

IEC 61131－1 通用信息（1992）；

IEC 61131－2 设备特性（1992）；

IEC 61131－3 编程语言（1993）；

IEC 61131－4 用户导则（1995）；

IEC 61131－5 通信服务规范（2000）。

中国的工业过程测量和控制标准化委员会按与IEC国际标准等效的原则，组织翻译出版工作。于1995年12月以GB/T15969.1，15969.2，15969.3，15969.4颁布了PLC的国家标准。简要介绍如下：

1. IEC 61131 - 1 Programmable controllers Part 1：General information

本标准规定了可编程控制器及其有关外围设备所用术语的定义。

本标准适用于可编程控制器及其有关外围设备，如编程和调试工具（PADT）、试验装置（TE）和人—机接口（HMI）等。

本标准适用于由可编程控制器及其有关外围设备组成的控制系统。

2. IEC 61131 - 2 Programmable controllers Part 2：Equipment characteristics

本标准规定了可编程控制器及其有关外围设备的工作条件、结构特性、一般安全性及试验的一般要求。

本标准适用于可编程控制器及其有关外围设备在装置要求及测试验证方面的定义。

规定了可编程控制器及有关外围设备适应受控机械或过程所必须进行的试验方法和步骤。

规定了可编程控制器及有关外围设备制造厂商需要提供的资料。

本标准适用于可编程控制器及其有关外围设备［如编程和调试工具（PADT）、试验装置（TE）和人—机接口（HMI）等］。适用于可编程控制器及其有关外围设备组成的控制系统。

本标准覆盖的装置适用于过电压类型 2，在额定电网供电电压不超过 AC1000V（50/60Hz）或 DC1500V 的用于机械或工业过程控制和普通的低电压设施中。

3. IEC 61131 - 3 Programmable controllers Part 3：Programming languages

本标准规定了可编程控制器编程语言的语法和语义。

本标准规定的可编程控制器编程语言有文本语言［指令表语言（IL/Instruction List）和结构文本语言（ST/Structured Text）］，图形语言［梯形图语言（LD/Ladder Diagram）、顺序功能图（SFC/Sequential Function Chart）和功能块图语言（FBD/Function Block Diagram）］。

本标准还描述了可编程控制器与自动化系统其他部件之间便于通信的特征。

本标准适用于可编程控制器所用编程语言的打印表示和显示表示，表示所用字符为 ASCII 标准字符。

本标准定义的编程语言元素可以用在交互式的编程环境中，这种环境的详细说明超出了本标准的范围；但是这种环境应该能够以本标准规定的格式产生文字或图形程序文件。

程序输入、测试、监视、操作系统等功能在 IEC 61131 - 1 中规定。

4. IEC 61131 - 4 Programmable controllers Part 4：User guidelines

本标准规定了可编程控制器厂家及用户在使用可编程控制器及其外围设备时所应遵循的准则。

本标准适用于可编程控制器及其有关外围设备，如编程和调试工具（PADT）、试验装置（TE）和人—机接口（HMI）等。

本标准适用于过电压类型 2，额定电网供电电压不超过 AC1000V（50/60Hz）或 DC1500V 的低压设施中，用于控制机械和工业过程的装置。

可编程控制器及其有关外围设备可视为控制系统的部件，可以封闭式装置或开放式装置的形式提供。因此本导则只涉及自控系统的界面而不涉及自控系统本身。

三、可编程控制器的特点

可编程控制器的种类虽然千差万别，但为了在工业环境中使用，它们都有许多共同的特点：

（一）抗干扰能力强，可靠性极高

工业生产对电气控制设备的可靠性要求是非常高的，它应具有很强的抗干扰能力，能在很恶劣的环境下（如温度高，湿度大，金属粉尘多，距离高压设备近，有较强的高频电磁干扰等）长期连续可靠地工作，平均无故障时间（Mean Time Between Failures，缩写为 MTBF）长，故障修复时间短。而可编程控制器是专为工业控制设计的，能适应工业现场的恶劣环境。可以说，没有任何一种工业控制设备能够达到可编程控制器的可靠性。在可编程控制器的设计和制造过程中，采取了精选元器件及多层次抗干扰等措施，使可编程控制器的平均无故障时间 MTBF 通常在 5 万 h 以上，有些可编程控制器的平均无故障时间可以达到几十万小时以上，如三菱公司的 FI、FZ 系列 PLC 的 MTBF 可达到 30 万 h，有些高档机的 MTBF 还要高得多，这是其他电气设备根本做不到的。

绝大多数的用户都将可靠性作为选取控制装置的首要条件，因此可编程控制器在硬件和软件方面均采取了一系列的抗干扰措施。

在硬件方面，首先是选用优质器件，采用合理的系统结构，加固简化安装，使它能抗振动冲击。对印刷电路板的设计、加工及焊接都采取了极为严格的工艺措施。对于工业生产过程中最常见的瞬间强干扰，主要采用隔离和滤波技术。可编程控制器的输入和输出电路一般都用光电耦合器传递信号，做到电浮空，使 CPU 与外部电路完全切断了电的联系，有效地抑制了外部干扰对可编程控制器的影响。可编程控制器的内部电源系统一般有三类：第一类是供 PLC 中的 TTL 芯片和集成运算放大器使用的基本电源＋5V 和±15V 直流电源；第二类是供输出接口使用的高压大电流的功率电源；第三类是锂电池及其充电电源。由于可编程控制器主要用于工业现场的控制，直接处于工业干扰的影响之中，所以，为了保证可编程控制器内主机可靠工作，电源部件对供电电源采用了较多的滤波环节，还用集成电压调整器进行调整以适应电网电压波动和过电压、欠电压的影响。在可编程控制器的 I/O 接口中，还设置多种滤波电路，如模拟滤波器（如 RC 滤波和 π 型滤波）和数字滤波，以消除和抑制高频干扰，同时也削弱了各种模板之间的相互干扰。在可编程控制器内部还采用了电磁屏蔽措施，对电源变压器、CPU、存储器、编程器等主要部件采用导电、导磁良好的材料进行屏蔽，以防外界干扰。

在软件方面，可编程控制器也采取了很多特殊措施，设置了监视内部定时器 WDT（Watching Dog Timer，又称为看门狗电路），系统运行时对 WDT 定时刷新，一旦程序出现死循环，使之能及时跳出，重新启动并发出报警信号。而且还设置了故障检测及诊断程序，用以检测系统硬件是否正常，用户程序是否正确。便于自动地做出相应的处理，如报警、封锁输出、保护数据等。当可编程控制器检测到故障时，立即将现场信息存入存储器，由系统软件配合对存储器进行封闭，禁止对存储器的任何操作，以防存储信息被破坏。这样，一旦检测到外界环境正常后，便可恢复到故障发生前的状态，继续原来的程序工作。

这些措施，有效地保证了可编程控制器的高可靠性。

（二）编程方便

可编程控制器的设计是面向工业企业中一般电气工程技术人员的，它采用易于理解和掌握的梯形图语言，以及面向工业控制的简单指令。这种梯形图语言既继承借用了传统继电器控制电路的表达形式（如线圈、触点、动合、动断），又考虑到工业企业中的电气技术人员的读图习惯和微机应用水平。因此，梯形图语言对于企业中熟悉继电器控制线路图的电气工程技术人员是非常亲切的，它形象、直观、简单、易学，尤其是对于小型可编程控制器而言，几乎不需要专门的计算机知识，只要进行短暂的培训，就能基本掌握编程方法。因此。无论是在生产线的设计中。还是在传统设备的改造中，电气工程技术人员都特别欢迎和愿意使用可编程控制器。

（三）使用方便

可编程控制器种类繁多，由于其产品的系列化和模板化，并且配有品种齐全的各种软件，可灵活组合成各种规模和要求不同的控制系统，用户在硬件设计方面，只是确定可编程控制器的硬件配置和 I/O 通道的外部接线。在可编程控制器构成的控制系统中，只需在可编程控制器的端子上接入相应的输入、输出信号即可，不需要诸如继电器之类的固体电子器件和大量繁杂的硬件接线电路。在生产工艺流程改变，生产线设备更新，系统控制要求改变，需要变更控制系统的功能时，一般不必改变或很少改变 I/O 通道的外部接线，只要改变存储器中的控制程序即可，这在传统的继电器控制时是很难想象的。可编程控制器的输入、输出端子可直接与交流 220V、直流 24 V 等电源相连，并有较强的带负载能力。

在可编程控制器运行过程中，在可编程控制器的面板上（或显示器上）可以显示生产过程中用户所关心的各种状态和数据，使操作人员做到心中有数，即使在出现故障甚至发生事故时，也能及时处理。

（四）维护方便

可编程控制器的控制程序可通过编程器输入到可编程控制器的用户程序存储器中。编程器不仅能对可编程控制器控制程序进行写入、读出、检测、修改，还能对可编程控制器的工作进行监控，使得可编程控制器的操作及维护都很方便。可编程控制器还具有很强的自诊断能力，能随时检查出自身的故障，并显示给操作人员，如 I/O 通道的状态，RAM 的后备电池状态，数据通信异常，可编程控制器内部电路异常等信息。正是通过可编程控制器的这种完善的诊断和显示能力，当可编程控制器或外部的输入装置及执行机构发生故障时，使操作人员能迅速检查、判断故障原因，确定故障位置，以便采取迅速有效的措施。如果是可编程控制器本身故障，在维修时只需要更换插入式模板或其他已损器件即可，既方便又减少了影响生产的时间。

曾经有人预言，将来自动化工厂的电气人员，将一手拿着螺丝刀，一手拿着编程器。这也是可编程控制器得以迅速发展和广泛应用的重要因素之一。

（五）设计、施工、调试周期短

应用可编程控制器完成一项控制工程时，由于其硬、软件齐全，设计和施工可同时进行。由于用软件编程取代了继电器硬接线实现控制功能，使得控制柜的设计及安装接线工作量大为减少，缩短了施工周期。同时，由于用户程序大都可以在实验室模拟调试，模拟

调试好后再将可编程控制器控制系统在生产现场进行联机统调，使得调试方便、快速、安全，因此大大缩短了设计和投运周期。

（六）易于实现机电一体化

因为可编程控制器的结构紧凑，体积小，重量轻，可靠性高，抗振防潮和耐热能力强，使之易于安装在机器设备内部，制造出机电一体化产品。随着集成电路制造水平的不断提高，可编程控制器的体积将进一步缩小，而功能却进一步增强，与机械设备有机地结合起来，在CNC及机器人的应用中必将更加普遍，以可编程控制器为控制器的CNC设备和机器人装置将成为典型的机电一体化产品。

目前，可编程控制器控制技术已步入成熟阶段，它代表了当今电气控制技术的世界先进水平。可编程控制器是高精技术普及化的典范，使计算机进入各个行业，使机械设备和生产线控制更新换代。可编程控制器已成为工业控制的主要手段和重要的基础控制设备，它与CAD/CAM（计算机辅助设计/计算机辅助制造）、工业机器人并列为工业自动化的三大支柱。

四、可编程控制器的分类

目前，可编程控制器（PLC）的生产厂家众多，产品型号、规格不可胜数，一般可按生产厂家、容量和结构形式进行分类。

（一）按主要生产厂家来分类

可分为欧、美、日及国产四大块。欧洲的厂家主要是西门子（SIEMENS）公司和施耐德（SCHNEIDER）公司；美国的主要厂家是AB（Allon－Bradley）与GE（通用电气）公司；日本的主要厂家是三菱（Mitsubishi）和立石（Omron）公司。国产的PLC近年来比较成功的有汇川（深圳）和信捷（无锡）。

（二）按容量分类

PLC的容量主要是指其I/O点数（模拟量点数可折算成开关量点数，一般1路模拟量相当于8～16点开关量）。一般而言，I/O点数越多，控制关系也越复杂，用户要求的程序存储器容量也越大，要求的功能也越多（这关系不是绝对的）。按I/O点数可将PLC分为微型机（I/O点数在100点以下）、小型机（I/O点数在256点以下）、中型机（I/O点数在256～2048点之间）和大型机（I/O点数在2048点以上）。此种划分方法并无严格的界限，各厂家也存在不同的看法，PLC的I/O点数可按需要灵活配置，不同类型PLC的指令及功能还在不断增加，故选用时应针对不同厂家的产品具体分析。

（三）按结构形式分类

PLC根据硬件外形和安装结构分为整体式和模块式。

1. 整体式（又称为箱体式）

将PLC的基本部件（CPU模块、I/O模块、电源板等）很紧凑地安装在一个标准机壳内，构成一个整体，组成PLC的一个基本单元或扩展单元。基本单元上设有扩展端子，通过扩展槽或扩展电缆与扩展单元相连接以构成PLC的不同配置。整体式结构的PLC体积小、成本低、安装方便，微型PLC多采用整体式结构。

2. 模块式（又称为组合式）

此结构的PLC是由若干标准模块单元构成，这些标准模块（CPU模块、电源模块、输入模块、输出模块）插在框架上或基板上即可组装而成。各模块功能是独立的，外形尺寸是统一的，插入的模块可按需要灵活配置。目前大、中型 PLC 多采用这种结构形式。

五、可编程控制器控制与继电器控制的比较

在可编程控制器出现以前，继电器硬接线电路是逻辑控制、顺序控制的唯一执行者，它结构简单、价格低廉，一直被广泛应用，但与可编程控制器控制相比有许多缺点（表 5－1）。

表 5－1 可编程控制器与继电器逻辑控制电路特点对比

比较项目	继电器逻辑控制电路	可编程控制器
控制逻辑	接线逻辑（继电器配线），体积大，接线复杂，修改困难	存储逻辑（程序、软件），体积小，连线少，控制灵活，易于扩展
调节速度	通过触点的开闭实现控制作用。动作速度为几十毫秒，易出现触点抖动	由半导体电路实现控制作用，每条指令执行时间在微秒级，不会出现触点抖动
时间控制	由时间继电器实现，精度差，易受环境、温度影响	用半导体集成电路实现，精度高，时间设置方便，不受环境、温度影响
触点数目	4～8 对，易磨损	任意多个，永不磨损
工作方式	并行工作	串行循环扫描
设计与施工	设计、施工、调试必须顺序进行，周期长，修改困难	在系统设计后，现场施工与程序设计可同时进行，周期短，调试修改方便
可靠性与可维护性	寿命短，可靠性与可维护性差	寿命长，可靠性高，有自诊断功能，易于维护
价格	使用机械开关、继电器及接触器等，价格便宜	使用大规模集成电路，初期投资较高

六、可编程控制器与微型计算机的比较

自从微型计算机诞生后，工程技术人员就一直努力将微型计算机技术应用到工业控制领域。这样，在工业控制领域就产生了几种有代表性的工业控制器：可编程控制器（PLC）、PID 控制器（PID 调节器）、集散控制系统（DCS）、微型计算机（PC）。由于 PID 控制器一般只适用于过程控制中的模拟量控制，并且目前的 PLC 或 DCS 中均具有 PID 的功能。所以，我们只对可编程控制器与通用的微型计算机、集散控制系统分别作一下比较。

（一）可编程控制器与通用的微型计算机的比较

采用微电子技术制作的作为工业控制的可编程控制器。它也是由 CPU、RAM、ROM、I/O 接口等构成的，与微机有相似的构造，但又不同于一般的微机，特别是它采用了特殊的抗干扰技术，有着很强的接口能力，使它更能适用于工业控制。

可编程控制器与微机各自的特点见表 5－2。

（二）可编程控制器与集散控制系统的比较

可编程控制器与集散控制系统都是用于工业现场的自动控制设备，都是以微型计算机为基础的，都可以完成工业生产中大量的控制任务。但是，它们之间又有一些差别：

表 5-2　　可编程控制器与微型计算机特点对比

比较项目	可编程控制器	微型计算机
应用范围	工业控制	科学计算、数据处理、通信等
使用环境	工业现场	具有一定温度、湿度的机房、办公室
I/O	主令开关、传感器、通信接口等强、弱电信号输入，接触器、电磁阀、电动机等强电信号输出；有光电隔离，有大量的 I/O 口	键盘、鼠标、光笔等弱电信号输入，CRT、打印机等特定机器弱电信号输出；无光电隔离
程序设计	梯形图，易学习和掌握	程序语言丰富，语句复杂
系统功能	自诊断、监控等	配有较强的操作系统
工作方式	循环扫描及中断方式	中断方式
可靠性	可靠性极高，抗干扰能力强，能长期运行	抗干扰能力差，不能长期运行
结构	结构紧凑，体积小；外壳坚固，密封	结构松散，体积大，密封性差；键盘大，显示器大

1. 发展基础不同

可编程控制器是由继电器逻辑控制系统发展而来，所以它在开关量处理，顺序控制方面具有自己的绝对优势，发展初期主要侧重于顺序逻辑控制方面。集散控制系统是由仪表过程控制系统发展而来，所以它在模拟量处理、回路调节方面具有一定的优势。发展初期主要侧重于回路调节功能。

2. 扩展方向不同。

随着微型计算机的发展，可编程控制器在初期逻辑运算功能的基础上；增加了数值运算及闭环调节功能。运算速度不断提高，控制规模越来越大，并开始与网络或上位机相连，构成了以可编程控制器为核心部件的分布式控制系统。集散控制系统自 20 世纪 70 年代问世后，也逐渐地把顺序控制装置、数据采集装置、回路控制仪表、过程监控装置有机地结合在一起，构成了能满足各种不同控制要求的集散控制系统。

可编程控制器与 DCS 在发展过程中互相渗透，互为补偿，两者的功能越来越接近。目前，很多工业生产过程既可用可编程控制器实现控制，也可用 DCS 实现控制。但是，由于可编程控制器是专为工业环境下应用而设计的，其可靠性要比一般的微型计算机高得多。所以，以可编程控制器为控制器的 DCS 必将逐步占领以微型计算机为控制器的中小型 DCS 市场。

任何一种控制设备都有自己最适合的应用领域。了解、熟悉它们的异同，将有助于我们根据控制任务和应用环境来恰当地选用最合适的控制系统，更好地发挥其效用。

第二节　可编程控制器的结构及工作原理

一、PLC 的结构

一般来讲，PLC 分为整体式和模块式两种。但它们的组成是相同的，对整体式 PLC，有 CPU 板、I/O 板、显示面板、内存块、电源等，（其中按 CPU 性能分成若干型号，并按 I/O 点数又有若干规格）。对模块式 PLC，有 CPU 模块、I/O 模块、内存、电源模块、

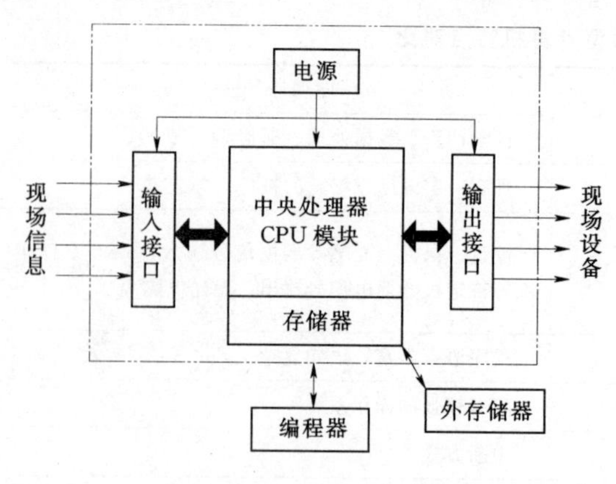

图 5-1　PLC 基本结构图

底板或机架。无论哪种结构类型的 PLC，都属于总线式开放型结构，其 I/O 能力可按用户需要进行扩展与组合。PLC 的基本结构框图如图 5-1 所示。

（一）中央处理单元的构成

PLC 中的 CPU 板是 PLC 的核心，起神经中枢的作用，每台 PLC 至少有一个 CPU，它按 PLC 的系统程序赋予的功能接收并存储用户程序和数据，用扫描的方式采集由现场输入装置送来的状态或数据，并存入规定的寄存器中，同时诊断电源和 PLC 内部电路的工作状态和编程过程中的语法错误等。进入运行后，从用户程序存储器中逐条读取指令，经分析后再按指令规定的任务产生相应的控制信号，去指挥有关的控制电路。

与通用计算机一样，主要由运算器、控制器、寄存器及实现它们之间联系的数据、控制及状态总线构成，还有外围芯片、总线接口及有关电路。它确定了进行控制的规模、工作速度、内存容量等。内存主要用于存储程序及数据，是 PLC 不可缺少的组成单元。

CPU 的控制器控制 CPU 工作，由它读取指令、解释指令及执行指令。但工作节奏由振荡信号控制。

CPU 的运算器用于进行数字或逻辑运算，在控制器指挥下工作。

CPU 的寄存器参与运算，并存储运算的中间结果，它也是在控制器指挥下工作。

CPU 虽然划分为以上几个部分，但 PLC 中的 CPU 芯片实际上就是微处理器，由于电路的高度集成，对 CPU 内部的详细分析已无必要，我们只要弄清它在 PLC 中的功能与性能，能正确地使用它就够了。

CPU 模块的外部表现就是它的工作状态的各种显示、各种接口及设定或控制开关。一般讲，CPU 模块总要有相应的状态指示灯，如电源显示、运行显示、故障显示等。整体式 PLC 的主箱体也有这些显示。它的总线接口，用于接 I/O 模板或底板，有内存接口，用于安装内存，有外设口，用于接外部设备，有的还有通信口，用于进行通信。CPU 模块上还有许多设定开关，用以对 PLC 作设定，如设定起始工作方式、内存区等。

（二）I/O 模块

PLC 的对外功能，主要是通过各种 I/O 接口模块与外界联系的，按 I/O 点数确定模块规格及数量，I/O 模块可多可少，但其最大数量受 CPU 所能管理的基本配置的能力，即受最大的底板或机架槽数限制。I/O 模块集成了 PLC 的 I/O 电路，其输入暂存器反映输入信号状态，输出点反映输出锁存器状态。

输入模块用来接收或采集输入信号，输入信号有两类：一类是由按钮、选择开关、行程开关、继电器触点、光电开关、数字拨码开关等提供的开关量输入信号；另一类是从电位器、测速发电机和各种传感器（变送器）提供的连续变化的模拟量信号。输出模块用来接收中央处理器处理过的数字信号，并把它转换成现场的执行部件能接受的信号，现场执

行部件主要有：接触器、电磁阀、指示灯、数字显示器、调节阀（模拟量）、调速装置（或伺服机构，模拟量）和报警装置等。

输入输出接口一般都有光电隔离和滤波，以提高 PLC 的抗干扰能力。

开关量输入模块常用电源：AC220V、AC110V、DC24V。

开关量输出模块输出器件：继电器、晶体管、双向晶闸管。

（三）电源模块

有些 PLC 中的电源，是与 CPU 模块合二为一的，有些是分开的，其主要用途是为 PLC 各模块的集成电路提供工作电源。同时，有的还为输入电路提供 24V 的工作电源。电源以其输入类型有：交流电源，220VAC 或 110VAC；直流电源，24VDC。

（四）底板或机架

大多数模块式 PLC 使用底板或机架，其作用是：电气上，实现各模块间的联系，使 CPU 能访问底板上的所有模块；机械上，实现各模块间的连接，使各模块构成一个整体。

（五）PLC 的外部设备

外部设备是 PLC 系统不可分割的一部分，它有四大类。

1. 编程设备

有简易编程器和智能图形编程器，用于编程，对系统作一些设定，监控 PLC 及 PLC 所控制的系统的工作状况。编程器是 PLC 开发应用、监测运行、检查维护不可缺少的器件，但它不直接参与现场控制运行。

2. 监控设备

有数据监视器和图形监视器。直接监视数据或通过画面监视数据。

3. 存储设备

有存储卡、存储磁带、软磁盘或只读存储器，用于永久性地存储用户数据，使用户程序不丢失，如 EPROM、EEPROM 写入器等。

4. 输入输出设备

用于接收信号或输出信号，一般有条码读入器，输入模拟量的电位器，打印机等。

（六）PLC 的通信联网

PLC 具有通信联网的功能，它使 PLC 与 PLC 之间，PLC 与上位计算机以及其他智能设备之间能够交换信息，形成一个统一的整体，实现分散集中控制。现在几乎所有的 PLC 新产品都有通信联网功能，它和计算机一样具有 RS－232 接口，通过双绞线、同轴电缆或光缆，可以在几公里甚至几十公里的范围内交换信息。

当然，PLC 之间的通信网络是各厂家专用的，PLC 与计算机之间的通信，一些生产厂家采用工业标准总线，并向标准通信协议靠拢，这将使不同机型的 PLC 之间，PLC 与计算机之间可以方便地进行通信与联网。

二、性能指标

性能指标是用户评价和选购机型的基本依据。目前，市场上各种机型种类繁多，各个厂家在说明其性能指标时，主要技术项目也不完全相同。用户在进行可编程控制器的选型时可参照生产厂商提供的技术指标，从以下几个方面来考虑：

（一）处理器技术指标

处理器技术指标是可编程控制器各项性能指标中最重要的性能指标，在这部分技术指标中，应反映出CPU的类型、编程方法、用户程序存储器容量，可连接的I/O总点数（开关量多少点，模拟量多少路）、指令长度、指令条数、扫描速度（ms/K字）。有的还给出了其内部的各个通道配置，如内部的辅助继电器、特殊辅助继电器、暂存器、保持继电器、数据存储区、定时器/计数器、高速计数器的配置情况以及存储器的后备电池寿命，自诊断功能等。

（二）I/O模板技术指标

对于开关量输入模板，要反映出输入点数/块、电源类型、工作电压以及COM端、输入电路等情况。有的可编程控制器还给出了其他有关参数，如输入模板供应的电源情况、输入电阻，以及动作延时情况。

对于开关量输出模板，要反映出输出点数/块、电源类型、工作电压等级，以及COM端输出电路情况。一般可编程控制器的输出形式有三种：即继电器输出，晶体管输出，双向晶闸管输出，要根据不同的负载性质选择PLC输出电路的形式。有的可编程控制器还给出了其他有关参数，如工作电流、带负载能力、动作延迟时间等。

对于模拟量I/O模板，要反映出它的I/O路数、信号范围、分辨率、精度、转换时间、外部输入或输出阻抗、输出码、通道数、端子连接、绝缘方式、内部电源等情况。

（三）编程器及编程软件

反映这部分性能指标有编程器的形式（简易编程器、图形编程器或通用计算机）、运行环境（DOS或WINDOWS）、编程软件，以及是否支持高级语言等。

如果只是一般性地了解可编程控制器的性能，可简单地用以下5个指标来评价：CPU芯片、编程语言、用户程序存储量、I/O总数、扫描速度。显然，CPU档次高，编程语言完善，用户程序存储量大，I/O点数多，扫描速度快，这台可编程控制器的性能就好，功能也强，价格当然也高。

三、可编程控制器的工作过程

可编程控制器采用循环扫描工作方式，如图5-2所示。可编程控制器运行时，用户程序中有众多的操作需要执行，其CPU以分时操作方式来处理各项任务，即从第一条指令开始执行程序，直到遇到结束符号后又返回执行第一条指令，如此周而复始不断循环。内部电器的动作在时间上是有差别的（串行的），由于运算处理速度极高，使得从外部宏观来看似乎是同时完成的。每一次扫描所用的时间称为扫描周期或工作周期。

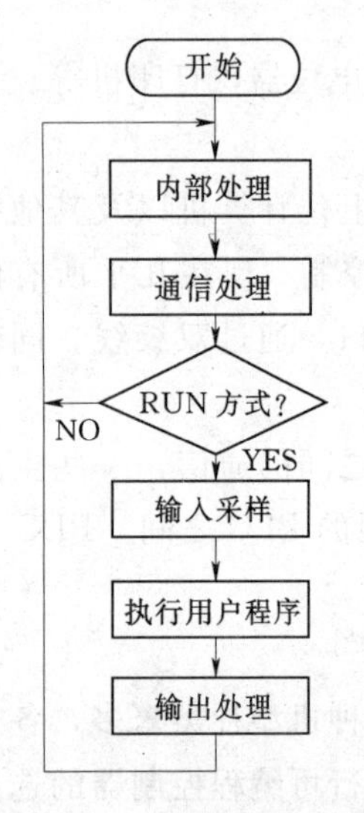

图5-2　循环扫描示意图

可编程控制器作为继电器控制盘的替代物，它与继电器控制逻辑工作原理有很大的差别。继电器控制装置采用硬逻辑并行运行的方式，即如果一个继电器的线圈通电或断电，该继电器的所有触点不论在继电器电路的哪个位置上都会立即同时动作。然而可编程控制器的CPU采用循环扫描的方式，如果一个输出线圈或逻辑线圈被接通或断开，该线圈的所有触点不会立

即动作，必须等扫描到该触点时才会动作。为了消除两者之间由于运行方式不同而造成的差异，要求可编程控制器扫描用户程序的时间均小于100ms，而继电器控制装置中的各类触点动作时间一般在100ms以上。这样，可编程控制器与继电器控制装置在I/O处理结果上没有什么差别。

可编程控制器实现一次扫描的工作过程可分为5个阶段：内部处理（自诊断）阶段、通信处理阶段、输入采样阶段、程序执行阶段和输出处理阶段。

1. 内部处理阶段

每次扫描用户程序之前都要先执行内部处理，即故障自诊断程序。自诊断内容为：CPU、I/O存储器等是否正常，将监控定时器复位及其他一些别的内部处理工作。发现异常则停机显示出错信息，如无异常继续向下阶段扫描。

2. 通信处理阶段

可编程控制器检查是否有与编程器或计算机等带微处理器的智能装置的通信请求，若有则进行相应处理，如响应编程器送来的程序、命令和数据，更新编程器的显示内容，完成与计算机的程序数据的接收和发送任务。

3. 输入采样阶段

CPU将全部现场输入信号如按钮、限位开关、速度继电器等的状态（通/断）经PLC的输入端子，读入映像寄存器，这一过程称为输入采样或扫描阶段。进入下一阶段即程序执行阶段时，输入信号若发生变化，输入映像寄存器也不予理睬，只有等到下一扫描周期输入采样阶段时才被更新。这种输入工作方式称为集中输入方式。

4. 程序执行阶段

CPU从0000地址的第一条指令开始，依次逐条执行各指令，直到执行到最后一条指令。PLC执行指令程序时，要读入输入映像寄存器的状态（ON或OFF，即1或0）和其他编程元件的状态，除输入继电器外，一些编程元件的状态随着指令的执行不断更新。CPU按程序给定的要求进行逻辑运算和算术运算，运算结果存入相应的元件映像寄存器，把将要向外输出的信号存入输出映像寄存器，并由输出锁存器保存。程序执行阶段的特点是依次顺序执行指令。

5. 输出处理阶段

CPU将输出映像寄存器的状态经输出锁存器和PLC的输出端子，传送到外部去驱动接触器、电磁阀和指示灯等负载。这时输出锁存器的内容要等到下一个扫描周期的输出阶段到来才会被刷新。这种输出工作方式称为集中输出方式。

说明：当可编程控制器处于待机（停止/STOP）状态时，只执行1、2阶段的操作，当可编程控制器处于运行状态（运行/RUN）状态时，完成5个阶段的完整扫描周期。

第三节 编 程 语 言

一、基本指令系统特点

PLC的编程语言与一般计算机语言相比，具有明显的特点，它既不同于高级语言，也不同于一般的汇编语言，它既要满足易于编写，又要满足易于调试的要求。目前，还没有一种对各厂家产品都能兼容的编程语言。如三菱公司的产品有它自己的编程语言，OMRON 公司的产品也有它自己的语言。但不管什么型号的 PLC，其编程语言都具有以下特点：

（一）图形式指令结构

程序由图形方式表达，指令由不同的图形符号组成，易于理解和记忆。系统的软件开发者已把工业控制中所需的独立运算功能编制成象征性图形，用户根据自己的需要把这些图形进行组合，并填入适当的参数。在逻辑运算部分，几乎所有的厂家都采用类似于继电器控制电路的梯形图，很容易接受。如西门子公司还采用控制系统流程图来表示，它沿用二进制逻辑元件图形符号来表达控制关系，很直观易懂。较复杂的算术运算、定时计数等，一般也参照梯形图或逻辑元件图给予表示，虽然象征性不如逻辑运算部分，也受用户欢迎

（二）明确的变量常数

图形符相当于操作码，规定了运算功能，操作数由用户填入，如：K400，T120 等。PLC 中的变量和常数以及其取值范围有明确规定，由产品型号决定，可查阅产品目录手册。

（三）简化的程序结构

PLC 的程序结构通常很简单，典型的为块式结构，不同块完成不同的功能，使程序的调试者对整个程序的控制功能和控制顺序有清晰的概念。

（四）简化应用软件生成过程

使用汇编语言和高级语言编写程序，要完成编辑、编译和连接三个过程，而使用编程语言，只需要编辑一个过程，其余由系统软件自动完成，整个编辑过程都在人机对话下进行，不要求用户有高深的软件设计能力。

（五）强化调试手段

无论是汇编程序，还是高级语言程序调试，都是令编程人员头疼的事，而 PLC 的程序调试提供了完备的条件，使用编程器，利用 PLC 和编程器上的按键、显示和内部编辑、调试、监控等，并在软件支持下，诊断和调试操作都很简单。

总之，PLC 的编程语言是面向用户的，使用者不要求具备高深的知识、不需要长时间的专门训练。

二、编程语言

（一）PLC 的编程语言

所谓 PLC 软件设计，实质上是运用 PLC 特殊的编程语言，将对象的控制条件与动作要求，转化为 PLC 可以识别的指令的过程，这些指令被称为“PLC 用户程序”，也称 PLC 程序。PLC 程序经 PLC 的内部运算与处理后，即可获得所需要的执行元件动作。

PLC“用户程序”设计的关键是要保证它能实现控制目的与要求，且程序简洁、明了，便于检查与阅读，这样的程序就是好程序。因此，不管采用何种设计方法，使用何种编程语言，都需要设计者具备熟练掌握 PLC 编程语言，灵活运用编程指令的能力。

PLC 的常用编程语言主要有指令表、梯形图、功能块图、结构文本、顺序功能图等，部分 PLC 还可以使用 BASIC、Pascal、C 语言等其他编程方法。

指令表（Instruction List 或 Statement List，IL）是一种使用了助记符的编程语言，它是 PLC 各种编程语言中应用最早、最基本的编程语言，可以使用简易型编程器进行 I/O 与编辑。特别是对于部分梯形图以及其他编程语言中无法表示、转换的 PLC 程序，可以通过指令表进行修改与编辑。

梯形图（Ladder Diagram，LD 或 LAD）是一种沿用了继电器的触点、线圈、连线等图形与符号的图形编程语言，其程序形式与继电器控制系统十分相似，其特点是程序直观、形象，在编程中使用最广。

利用指令表、梯形图编制的程序，可以通过手工“翻译”或通过 PLC 图形编程器（或安装 PLC 编程软件的通用计算机）自动进行相互间转换。因此，为了使得 PLC 程序直观、形象，适合大多数技术人员的需要，人们习惯上都利用梯形图进行编程。特别是随着可以替代传统图形编程器的便携式计算机的日益普及，梯形图编程已经成为 PLC 最常用的编程语言。

顺序功能图（Sequential Function Chart，SFC）是一种新颖的，按照工艺流程图进行编程，IEC 标准推荐的首选编程语言。其优点是设计者只需要熟悉对象的动作要求与动作条件，即可以完成程序的设计，而无须像梯形图编程那样去过多地考虑种种“互锁”要求与条件，因此，程序设计简单，对设计人员的要求低，近年来已经开始普及与推广。

功能块图（Function Block Diagram，FBD）是一种类似数字逻辑电路的编程语言，基本沿用了数字逻辑电路的逻辑框图表示，一般一个框图表示一种功能，框图内符号表达了其功能，功能块图中每个框图有输入和输出端，输出与输入变量的关系使用与、或、非等逻辑表示，框图之间的连接方式与电路的连接方式基本相同。信号是从左向右流动的。

结构文本（Structured Text，ST）是以语句和表达式为其基本术语的一种语言形式，它是为 IEC61131－3 标准创建的一种专用的高级编程语言。与梯形图及功能块图相比，结构文本有两大优点：能实现复杂的编程，结构非常简洁和紧凑。

BASIC、Pascal、C 等编程语言主要用于 PLC 完成复杂控制功能的场合，其编程方法与计算机类似，在不同型号的 PLC 中，其功能与使用范围有一定的要求，在一般顺序控制的场合使用较少。

设计 PLC“用户程序”采用何种设计方法，使用哪一种编程语言，这些其实并不重要。PLC 用户程序的设计无固定的方法，有的人习惯于根据经验进行设计，有的人习惯于根据逻辑表达式进行设计，有的场合还可以根据已有的继电器控制电路或类似的控制程序，通过转换、更改进行设计，等等。而且，对于同样的控制要求与动作，可以实现的程序是千变万化、形式多样的。

（二）常用编程语言简介

最常采用的编程语言，一是梯形图，二是指令表。采用梯形图编程，是由于它直观易懂，但需要一台个人计算机及相应的编程软件；采用指令表便于试验，只需增加一个对应的简易编程器（因为它便携、经济）就行了。

编程指令：指令是 PLC 被告知要做什么，以及怎样去做的代码或符号。从本质上讲，指令只是一些二进制代码，这点 PLC 与普通的计算机是完全相同的。同时 PLC 也有编译系统，它可以把一些文字符号或图形符号编译成机器码，所以用户看到的 PLC 指令一般不是机器码而是文字代码或图形符号。常用的助记符语句用英文文字（可用多国文字）的缩写及数字代表各相应指令。常用的图形符号即梯形图，它类似于电气原理图符号，易为电气工作人员所接受。

指令系统：一个 PLC 所具有的指令的全体称为该 PLC 的指令系统。它包含着指令的多少，各指令都能干什么事，代表着 PLC 的功能和性能。一般讲，功能强、性能好的 PLC，其指令系统必然丰富，所能干的事也就多。我们在编程之前必须弄清 PLC 的指令系统。

程序：PLC 指令的有序集合，PLC 运行它，可进行相应的工作，当然，这里的程序是指 PLC 的用户程序。用户程序一般由用户设计，PLC 的厂家或代销商不提供。用指令表表达的程序不大直观，可读性差，特别是较复杂的程序，更难读，所以多数程序用梯形图表达。

梯形图：梯形图是通过连线把 PLC 指令的梯形图符号连接在一起的连通图，用以表达所使用的 PLC 指令及其前后顺序，它与电气原理图很相似。它的连线有两种：一为母线，另一为内部横竖线。内部横竖线把一个个梯形图符号指令连成一个指令组，这个指令组一般总是从装载（LD）指令开始，必要时再续以若干个输入指令（含 LD 指令），以建立逻辑条件。最后为输出类指令，实现输出控制，或为数据控制、流程控制、通信处理、监控工作等指令，以进行相应的工作。母线是用来连接指令组的。图 5－3 是施耐德公司的 Neza 系列产品的一个简单的梯形图例：

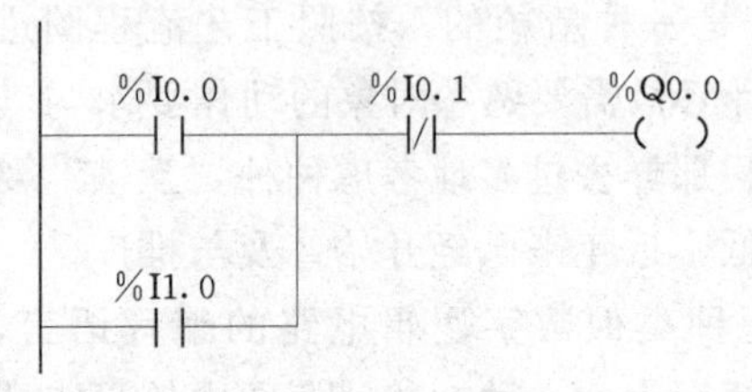

图 5－3　简单控制例图

说明：左边的粗的竖线是母线，元件之间有横线及竖线相连接表示其逻辑关系（相当于电路连接）。在输出元件的右侧还有右侧母线（由于右母线是默认存在的，在手工编程中往往将其省略，本例即是如此）。

梯形图与助记符的对应关系：助记符指令与梯形图指令有严格的对应关系，而梯形图的连线又可把指令的顺序予以体现。一般讲，其顺序为：先输入，后输出（含其他处理）；先上，后下；先左，后右。有了梯形图就可将其翻译成助记符程序。上图的助记符程序为：

地址	指令	变量
000	LD	%I0.0
001	OR	%I1.0
002	ANDN	%I0.1
003	ST	%Q0.0

反之根据助记符，也可画出与其对应的梯形图。

梯形图与电气原理图的关系：如果仅考虑逻辑控制，梯形图与电气原理图也可建立起一定的对应关系。如梯形图的输出（ST）指令，对应于继电器的线圈，而输入指令（如 LD、AND、OR）对应于触点，等等。这样，原有的继电控制逻辑，经转换即可变成梯形图，再进一步转换，即可变成语句表程序。

有了这个对应关系，用PLC程序代替继电逻辑是很容易的。这也是PLC技术对传统继电控制技术的继承。

虽然一些高档的PLC还具有与计算机兼容的C语言、BASIC语言、专用的高级语言（如西门子公司的GRAPH5、三菱公司的MELSAP），还有用布尔逻辑语言、通用计算机兼容的汇编语言等，但几乎所有的PLC都支持梯形图与指令表这两种编程语言。

（三）编程元件

各种PLC内部的编程元件，也就是支持该机型编程语言的软元件，按通俗叫法分别称为继电器、定时器、计数器等，但它们与真实元件有很大的差别，一般称它们为“软继电器”。这些编程用的继电器，它的工作线圈没有工作电压等级、功耗大小和电磁惯性等问题；触点没有数量限制，没有机械磨损和电蚀等问题。它在不同的指令操作下，其工作状态可以无记忆，也可以有记忆，还可以作脉冲数字元件使用。一般情况下，I代表输入继电器，Q代表输出继电器，M代表辅助继电器，TM代表定时器，C代表计数器等。下面我们以输入继电器、输出继电器和辅助继电器为例作简要介绍。

1. 输入继电器（%I）

PLC的输入端子是从外部开关接受信号的窗口，PLC内部与输入端子连接的输入继电器I是用光电隔离的电子继电器，它们的编号与接线端子编号一致，线圈的吸合或释放只取决于PLC外部触点的状态。内部有常开/常闭两种触点供编程时随时使用，且使用次数不限。输入电路的时间常数一般小于10ms。

2. 输出继电器（%Q）

PLC的输出端子是向外部负载输出信号的窗口。输出继电器的线圈由程序控制，输出继电器的外部输出主触点接到PLC的输出端子上供外部负载使用，其余常开/常闭触点供内部程序使用。输出继电器的电子常开/常闭触点使用次数不限。输出电路的时间常数是固定的。

3. 辅助继电器（%M）

PLC内有很多的辅助继电器，其线圈与输出继电器一样，由PLC内各软元件的触点驱动。辅助继电器也称中间继电器，它没有向外的任何联系，只供内部编程使用。它的电子常开/常闭触点使用次数不受限制。但是，这些触点不能直接驱动外部负载，外部负载的驱动必须通过输出继电器来实现。如图5-4中的%M0，它起到一个自锁的功能。

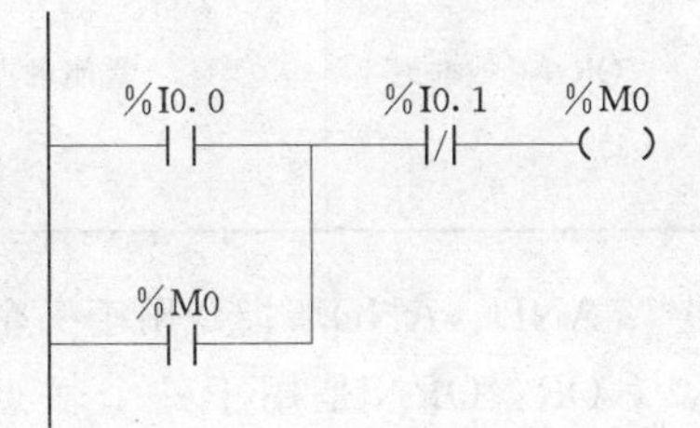

图5-4 辅助继电器例图

（四）基本逻辑指令

基本逻辑指令是PLC中最基本的编程语言，掌握了它也就初步掌握了PLC的使用方法，各种型号的PLC的基本逻辑指令都大同小异。

1. 输入、输出指令（LD、LDN、ST）

LD、LDN、ST三条指令的功能、梯形图表示形式见表5-3。

ST指令是线圈的驱动指令，可用于输出继电器、辅助继电器等，但不能用于输入继电器。输出指令用于并行输出，能连续使用多次。

表 5-3　　**输入、输出指令表**

符号	功　能	梯形图表示
LD	常开触点与母线相连	—| |—
LDN	常闭触点与母线相连	—|/|—
ST	线圈驱动	—( )—

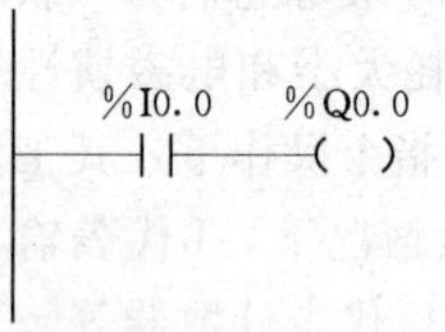

%I0.0　%Q0.0

—| |——( )

图 5-5　简单输出实例

以下是图 5-5 对应的指令表：

地址	指令	数据
000	LD	%I0.0
001	ST	%Q0.0

2. 触点串联指令（AND、ANDN）、并联指令（OR、ORN）

触点串联、并联指令的功能、梯形图表示形式见表 5-4。

表 5-4　　**触点串联、并联指令表**

符号（名称）	功　能	梯形图表示
AND（与）	常开触点串联连接	—| |——| |—
ANDN（与非）	常闭触点串联连接	—| |——|/|—
OR（或）	常开触点并联连接	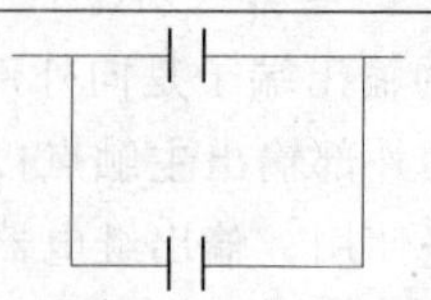 | | 与 | | 并联
ORN（或非）	常闭触点并联连接	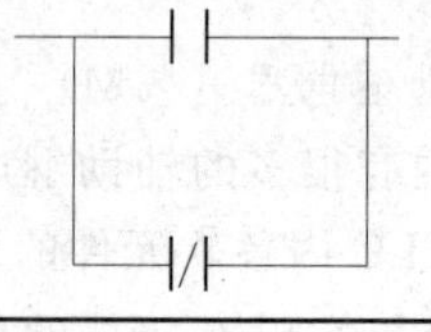 | | 与 |/| 并联

AND、ANDN 指令用于一个触点的串联，这两个指令可连续使用。

OR、ORN 是用于一个触点的并联连接指令（图 5-6）。

地址	指令	数据
000	LD	%I0.1
001	ANDN	%I0.2
002	OR	%I0.3

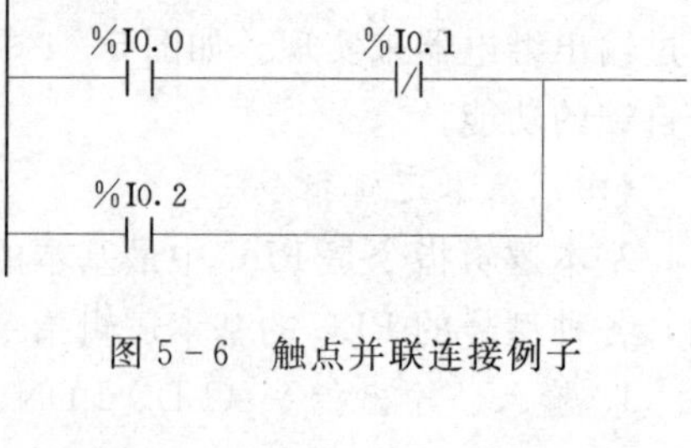

%I0.0　%I0.1

%I0.2

图 5-6　触点并联连接例子

（五）梯形图的编程规则

梯形图是各种 PLC 通用的编程语言，尽管各厂家的 PLC 所使用的指令符号等不太一致，但梯形图的规则大体相同。

梯形图的编程规则：

（1）梯形图由多个梯级组成，每个梯级至少包含一个输出元件，输出元件用圆、椭圆或括号表示。

（2）每个梯级可由多个支路组成，通常每个支路包含若干个编程元件，其中输出元件放在最右边。

（3）在用梯形图编程时，遵循从上至下绘制原则，只有在一个梯级完成后，才能继续对后边的编程，其两侧的竖线称为公共母线（Bus ban）。

（4）每一行从左向右，左侧母线总是连接输入点。

（5）梯形图的常开（动合）触点、常闭（动断）触点不涉及其物理属性。

（6）梯形图中的每一个编程元件的表示符号要按规则标注。

1）每个继电器的线圈和它的触点均用同一编号，每个元件的触点使用时没有数量限制。

2）梯形图每一行都是从左边开始，线圈接在最右边（线圈右边不允许再有接触点）。

3）线圈不能直接接在左边母线上。

4）在一个程序中，同一编号的线圈如果使用两次，称为双线圈输出，它很容易引起误操作，应尽量避免。

5）在梯形图中没有真实的电流流动，为了便于分析PLC的周期扫描原理和逻辑上的因果关系，假定在梯形图中有“电流”流动，这个“电流”只能在梯形图中单方向流动：即从左向右流动，层次的改变只能从上向下。

习　题

5-1　简述可编程控制器的分类方法。

5-2　可编程控制器有哪些主要技术指标？

5-3　简述软继电器与继电器的区别。

5-4　简述可编程控制器的扫描工作过程。

5-5　利用公开资源，整理出常见的可编程控制器产品，并进行相关指标的比较。

第六章　Neza 可编程控制器及其指令系统

第一节　Neza 可编程控制器概述

一、Neza PLC 的特点

Neza PLC 是性能可靠、容易使用的小型 PLC，其 I/O 点数从 14 点可扩展至 80 点，具备高速计数、脉冲输出、实时时钟、网络通信，以及客户定制等功能。

技术说明：

工作环境条件：

温度：使用温度 0～60℃，保存温度－25～＋70℃。

湿度：5％～95％，无凝露。

海拔：0～2000m。

供电电源要求：根据型号的不同，有 2 种电源，分别是 AC 220V 和 DC 24V（表 6－1）。

表 6－1　　　　**Neza PLC 电源特性**

电源类型	AC 220V	DC 24V
额定电压	220V AC	24V DC
极限电压	85～264V AC	19.2～30V DC
额定频率	50Hz	—
极限频率	47～63Hz	—
功率要求	30VA	14W
浪涌电流	典型值为在 1ms 内 20A，最大值 40A	
短路保护	有	—
瞬时断电	10ms	1ms
备注	符合 IEC61131－2 标准	

开关量输入特性：使用 24V DC 供电，正逻辑（表 6－2）。

表 6－2　　　　**Neza PLC 开关量输入特性**

额定输入值	电压	24V DC
	电流	7mA
	输入电压范围	19.2～30V
输入阈值	状态 1 电压	≥11V
	状态 1 电流	≥2.5mA（11V 时）
	状态 0 电压	≤5V
	状态 0 电流	＜1.0mA
滤波	默认值	12ms
	可编程值	100μs/3ms/12ms

输出特性（继电器/晶体管）见表6-3所列。

表6-3　　Neza PLC输出特性

继电器		晶体管（MOSFET，正逻辑）	
交流负载	≤2A/每个触点	额定值	1A，24V DC
直流负载	≤2A/每个触点（24V DC）	极限值	1.2A（30V DC）
响应时间	打开　≤5ms 闭合　≤10ms	响应时间	≤1ms
短路保护	无，需用户自行安装	短路保护	有
过压保护	无，需用户自行安装RC电路或续流二极管	过压保护	有（并有反向保护）
隔离	有	隔离	有
机械寿命	1000万次	漏电流	≤1mA，关断时
电气寿命	20万次，额定阻性负载	导通压降	≤0.5V

其典型面板布置如图6-1所示。

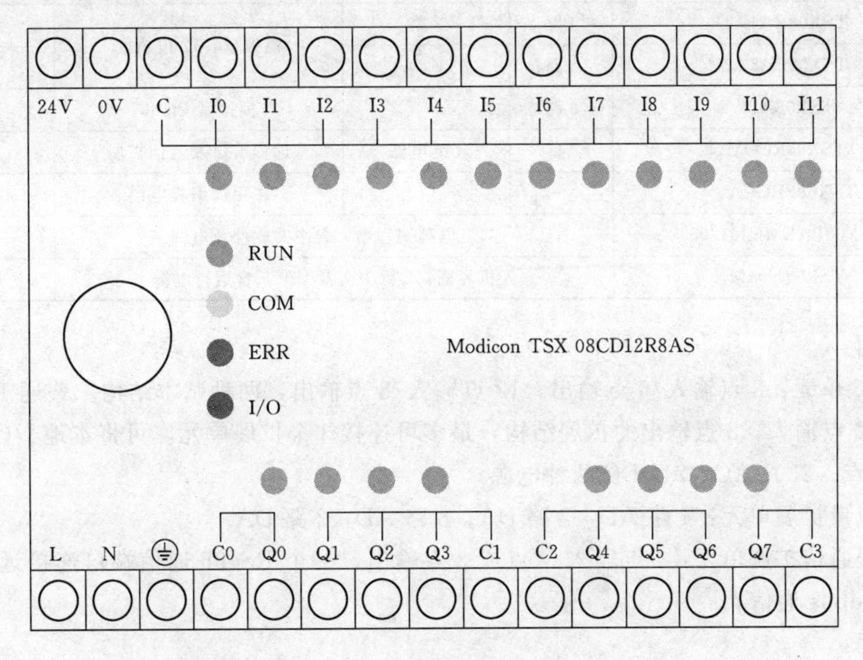

图6-1　Neza可编程控制器面板图

二、Neza系列本体及扩展设备

Neza的单元类型主要有本体单元、开关量扩展单元、模拟量扩展单元、通信扩展单元及相关的编程器编程电缆。主要的单元见表6-4、表6-5所列。

表6-4　　Neza PLC本体单元一览

型号（本体）	输入	输出	电源	实时时钟
TSX08CD12R8A	12	8继电器	220V AC	有
TSX08CD12R8AS	12	8继电器	220V AC	无
TSX08CD12F8A	12	8晶体管	220V AC	有
TSX08CD12M8A	12	4继电器+4晶体管	220V AC	有

续表

型号（本体）	输入	输　出	电源	实时时钟
TSX08CD12R8D	12	8 继电器	24V DC	有
TSX08CD08R6AS	8	6 继电器	220V AC	无
TSX08CD08R6AC	8	6 继电器+2 路通信口	220V AC	有
TSX08CD08F6AC	8	6 晶体管+2 路通信口	220V AC	有

表 6-5　　Neza PLC 扩展单元及相关设备一览

型号（扩展配件）	输入	输出	功　能	备注
TSX08ED12R8	12	8 继电器	扩展模块	开关量
TSX08ED12F8	12	8 晶体管		
TSX08ER16	—	16 继电器		
TSX08EA4A2	4 路	2 路	模拟量，12 位精度	
TSX08EA8A2	8 路	2 路		
TSX08AP8	8 路	—	模拟量 Pt100	温度
TSX08RCOM	4	4 继电器	远程 I/O 及通信扩展	
TSX08PRGCAB	—	—	多用途编程电缆	3m
TSX08PALMHJ01/05	掌上电脑编程器，含中文软件及电缆			
TSX08H04M	人机界面，2 行中文及图形，含运行电缆			3m

说明：

CPU 单元：8 点输入/6 点输出，12 点输入/8 点输出，两种基本结构。普通 I/O 扩展单元：12 点输入，8 点输出的扩展结构，最多可连接 3 个扩展单元，可将本地 I/O 点数扩展至 80 点。220VAC，24VDC 两种电源。

模拟量扩展单元：4 路 AD，2 路 DA；8 路 AD，2 路 DA。

远程通信扩展单元：4 点输入/4 点或 8 点输出，一个 RS485 通信端口连接远程 I/O，支持 Modbus 通信。

编程：

PLC 所执行的控制命令由用户编写的控制程序来决定。编写 TSX Neza PLC 的控制程序需要使用 Neza PLC 所支持的编程软件 PL707WIN。PL707WIN 编程软件中文化界面，Windows 平台，支持梯形图和指令表编程语言。梯形图语言是一种基于梯级的图表布尔语言。PL707WIN 还允许在指令列表语言和梯形图之间进行转换。也可使用掌上电脑编程器（PPC）TSX08PALM HJ01/05 对 Neza PLC 编程。

三、指令列表简介

一个用 PL707WIN 语言所写的程序包括一系列的不同类型的指令。每个语句都有一个自动生成的编号，一个指令代码和一个位类型或字类型的操作数。

格式：005　LD %I0.1

其中 005 是编号，LD 是指令代码，%I0.1 是操作数。

四、梯形图简介

（一）梯形图

梯形图类似于用来描述继电器控制电路的逻辑图，主要的不同是：在梯形图编程中所有的输入都由触点符号“－｜｜－”表示，所有的输出都由线圈符号“－（）－”表示；并且在梯形图指令集中包括数字运算。

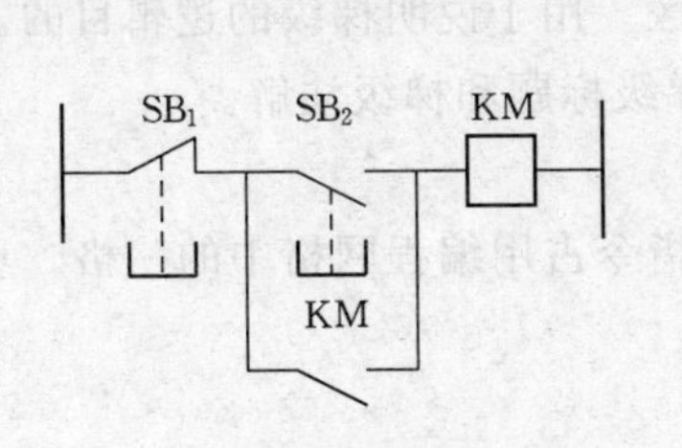

图 6－2 典型控制电路

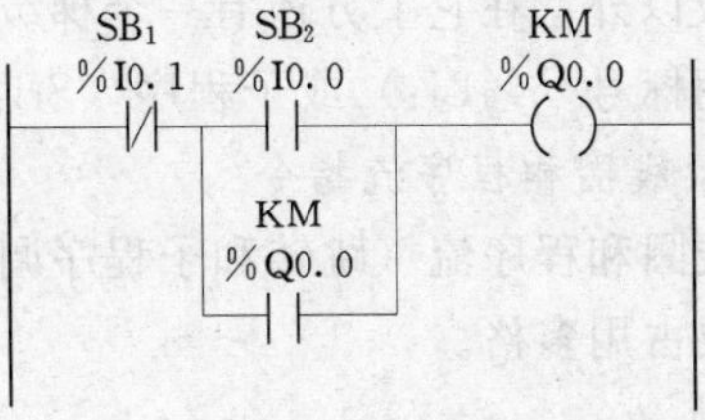

SB₁ %I0.1 SB₂ %I0.0 KM %Q0.0 KM %Q0.0

图 6－3 与图 6－2 对应的梯形图

图 6－2、图 6－3 是一个继电器逻辑电路的简化电路图和它的等效梯形图。梯形图中的每个输入与继电器逻辑图中的开关设备相关以触点形式表示。继电器逻辑图中的 KM_1 输出线圈在梯形图中用输出线圈符号表示。梯形图中每个触点/线圈符号上的地址标号对应于 PLC 相连的外部 I/O 的位置。

用梯形图编写的程序由梯级构成，梯级是指画在象征电势的两条垂直栏里的特定图形指令集，并由 PLC 按顺序执行。图形指令集用于表示：

（1）PLC 的 I/O（按钮、传感器、继电器、指示灯……）。

（2）PLC 的功能（定时器、计数器……）。

（3）算术和逻辑运算（加法、除法、与、或……）。

（4）比较运算和其他数字运算（A<B、A＝B、移位、循环……）。

（5）PLC 的内部变量（位、字……）。

竖直和水平连接这些图形指令从而实现一个或多个输出的与/或动作。

一个梯级只能支持一组相关指令。

（二）编程原则

每个梯形图的梯级由 7 行 11 列组成，划分为测试区与动作区两个区域，如图 6－4 所示。

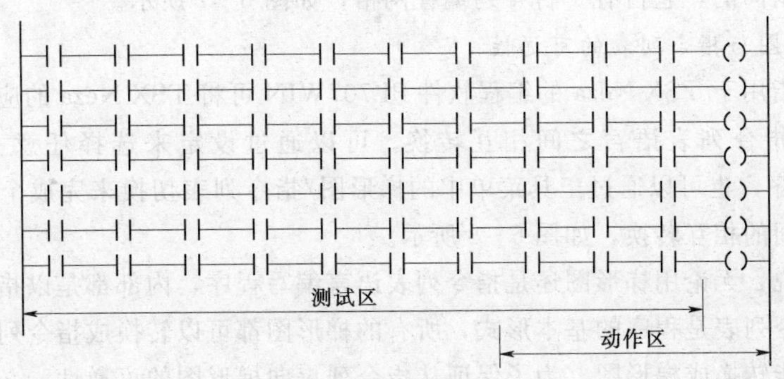

图 6－4 梯级范围示意图

（1）测试区：包括动作发生所必须具备的条件。

（2）动作区：包括由相关测试引起的输出或动作。

梯级形象化为7行11列的编程网格，并从最左上方的一个网格开始。在测试区编写测试指令、比较程序和功能指令，其中测试指令应该左对齐。梯级自上而下自左而右地执行（进行测试和计算输出）。

除了梯级以外，在它上方还有一个梯级注释区。用于说明梯级的逻辑目的。它包括梯级编号，所用标号（%Li:）或子程序（Sri:），梯级标题和梯级注解。

1. 触点、线圈和程序流指令

触点、线圈和程序流（跳转和子程序调用）指令占用编程网格中的一格。功能块、比较块和操作块占用多格。

2. 功能块

功能块位于编程网格的测试区。它必须写在第一行；在它的上面不可以有梯形图指令或连接线。梯形图测试指令导入功能块的输入边，并且测试指令中的与/或动作指令由功能块的输出边导出。功能块是垂直指向的，它占有4行2列编程网格，如图6-5所示。

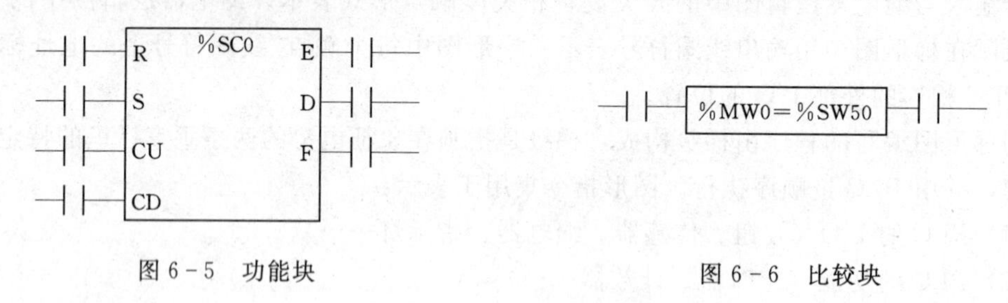

图6-5　功能块

图6-6　比较块

3. 比较块

比较块位于编程网格中的测试区。它可以写在测试区的任意行列，只要指令未超出测试区。比较块是水平走向的，它占有1行2列编程网格，如图6-6所示。

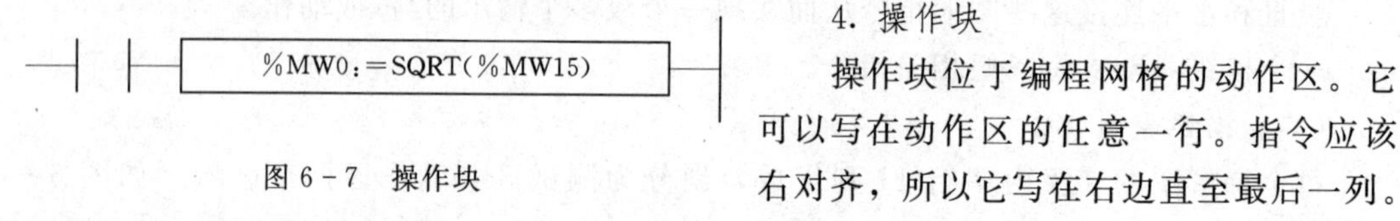

图6-7　操作块

4. 操作块

操作块位于编程网格的动作区。它可以写在动作区的任意一行。指令应该右对齐，所以它写在右边直至最后一列。操作块是水平指向的，它占有1行4列编程网格，如图6-7所示。

（三）梯形图与指令列表的可逆性

可逆性是指用于TSX Neza的编程软件PL707WIN可将TSX Neza的应用程序在梯形图编程语言和指令列表语言之间相互转换。可以通过设定来选择任意一种语言编写PL707WIN程序，也可以通过工具菜单中的梯形图/指令列表切换来完成个别梯形图梯级与指令列表之间的相互转换，如图6-8所示。

从本质上说，无论用梯形图还是指令列表语言编写程序，内部都是以指令列表形式存储的。其中指令列表是程序的基本形式，所有的梯形图都可以转换成指令列表，但有些指令列表程序不能转换成梯形图。为了保证从指令列表向梯形图的可逆性，必须参照指令列表编程约定。

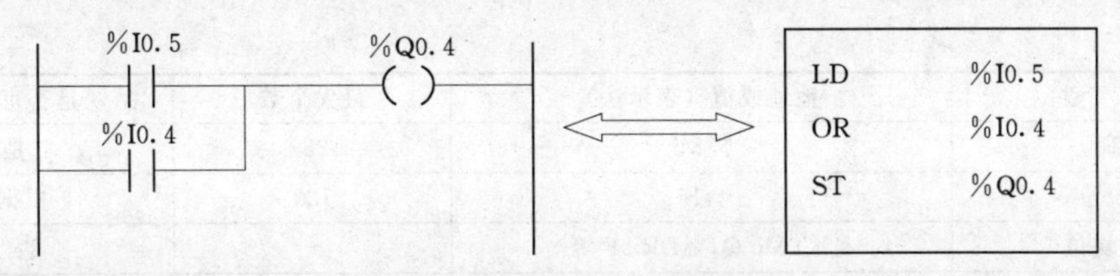

图 6-8 梯形图与指令表的转换

(四) 程序注释

指令列表编辑器允许使用指令列表注释行来注释程序。注释可与编程指令同行，也可以另外起行。梯形图编辑器允许直接使用梯级上方的梯级注释区进行注释。

```
----(*THIS IS THE TITLE OF THE HEADER FOR RUNG001*)
----(*THIS IS THE FIRST HEADER COMMENT FOR RUNG001*)
000  LD    %I0.1
001  OR    %I0.0 (* THIS IS THE START BUTTON *)
002  ST    %M101
```

注释可用中文输入，但两侧的括号和*号即“(*”“*)”必须为英文输入状态。

第二节 指 令 集

一、布尔指令

(一) 主要位对象定义

1. I/O 位

该类位的地址系统是 I/O 电状态的“逻辑映像”，被存在数据存储器中，每次程序扫描时进行更新。

2. 内部位

内部位是用户用来保存内部软继电器状态信息的存储区域。

3. 系统位

系统位%S0～%S127 用于监控 PLC 及应用程序的正常运行。

4. 功能块位

标准功能块或专用功能块的相关 I/O 位，测试位等。

5. 字抽取位

PLC 可以从某些字的 16 位中取出其中 1 位，作为操作的对象，其作用相当于软继电器。格式详见数字指令的说明。

位对象见表 6-6 所列。

表 6-6 **Neza PLC 位对象**

类 型	地址或值（表示法）	最大个数	是否可写[1]
立即值	0 或 1		—
输入位 输出位	%Ii. j[2] %Qi. j[2]	48 32	否 是

续表

类　型	地址或值（表示法）	最大个数	是否可写①
内部位	%Mi	128③	是
系统位	%Si	128	根据 i
功能块位	%TMi. Q，%DRi. F 等	—	否④
可逆功能块位	E，D，F，Q，TH0，TH1		否
字抽取位	可变	可变	可变

① 在程序中写或者由终端在数据编辑器中写。

② i=0 时为本体 PLC，i=1～3 为 1～3 号扩展 I/O 模块，j 为模块上的 I/O 点。

③ 如果发生电源断电则保存前 64 位。

④ 除了%SBRi. j 和%SCi. j，这些位都是可读写的。

（二）布尔指令说明

布尔指令可与梯形图语言相比较。

测试指令：LD（装入）指令等效于连接常开触点。

例如：LD　%I0.0　若控制位%I0.0 为状态 1，则闭合常开触点。

动作指令：ST（存储）指令等效于输出到一个线圈。

例如：ST　%Q0.0　把之前的逻辑信息输出到输出线圈%Q0.0。

采用布尔指令的示例程序如下：

程序（布尔指令）		注　释
LD	%I0.0	装入指令，一组指令的开始
AND	%I0.1	串联另一个触点
ST	%Q0.0	输出到线圈

上升沿和下降沿：

测试指令可用于检测 PLC 输入的上升沿或下降沿。当第 n 次扫描所得输入与第 n－1 次不同，且在该扫描中保持不变，就表明检测到一个沿。

LDR 指令等效于上升沿触点（R：上升沿），LDF 指令等效于下降沿触点（F：下降沿），如图 6－9 所示。

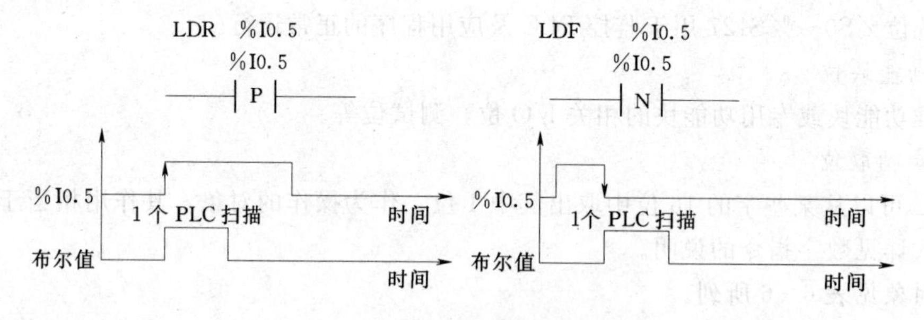

图 6－9　上升沿与下降沿示意图

上升沿和下降沿指令不仅可以应用于输入%I，还可应用于内部位（前 32 个，%M0～%M31）来检测其他位（或布尔值）的边沿。

指令格式：梯形图、布尔等式、时序图。

（三）指令简介

1. 装入指令：LD、LDN、LDR、LDF

分别对应常开、常闭、上升沿和下降沿触点（基中 LDR 和 LDF 只用于 PLC 的输入和前 32 个内部位%M0～%M31)，见表 6-7。

表 6-7　装 入 指 令

指令	操 作 数
LD	0/1,%I,%Q,%M,%S,%BLK.x,%＊：Xk，[
LDN	%I,%Q,%M,%S,%BLK.x,%＊：Xk，[
LDR	%I,%M
LDF	%I,%M

注　1. %＊：Xk 指字抽取位，如%MW20.X5 指字%MW20 的位 5。
2. [指比较表达式，与] 成对使用，用于比较表达式，对应梯形图中的比较块。如 [%MW11＞%MW12]，当其条件成立时，布尔值为 1（ON，触点接通），否则为 0（OFF，触点断开）。

2. 赋值指令：ST、STN、S、R

分别对应直接、取反、置位和复位的线圈，见表 6-8。

表 6-8　赋 值 指 令

指令	操 作 数
ST	%Q,%M,%S,%BLK.x,%＊：Xk
STN	%Q,%M,%S,%BLK.x,%＊：Xk
S	%Q,%M,%S,%BLK.x,%＊：Xk
R	%Q,%M,%S,%BLK.x,%＊：Xk

3. 逻辑与指令：AND、ANDN、ANDR、ANDF

在操作数和前面指令所产生的布尔结果之间进行逻辑与操作，见表 6-9。

表 6-9　逻 辑 与 指 令

指令	操 作 数
AND	0/1,%I,%Q,%M,%S,%BLK.x,%＊：Xk，[
ANDN	%I,%Q,%M,%S,%BLK.x,%＊：Xk，[
ANDR	%I,%M
ANDF	%I,%M

4. 逻辑或指令：OR、ORN、ORR、ORF

在操作数和前面指令所产生的布尔结果之间进行逻辑或操作，见表 6-10。

表 6-10　逻 辑 或 指 令

指令	操 作 数
OR	0/1,%I,%Q,%M,%S,%BLK.x,%＊：Xk，[
ORN	%I,%Q,%M,%S,%BLK.x,%＊：Xk，[
ORR	%I,%M
ORF	%I,%M

5. 异或指令：XOR、XORN、XORR、XORF

在操作数和前面指令所产生的布尔结果之间进行逻辑异或操作，见表6-11。

表6-11　　异 或 指 令

指令	操　作　数
XOR	%I，%Q，%M，%S，%BLK. x，%*：Xk
XORN	%I，%Q，%M，%S，%BLK. x，%*：Xk
XORR	%I，%M
XORF	%I，%M

6. 取非指令：N

将前面指令的执行结果取反。

7. 指令：MPS、MRD、MPP

这三条指令用于处理与线圈的连路，如图6-10所示。它们使用一个临时存储区作为存放最多8个布尔表达式的堆栈。指令MPS将累加器值推入堆栈顶部，并使堆栈中的其他值向堆栈底部移动一格。指令MRD将堆栈顶部值读入累加器。指令MPP将堆栈顶部值读入累加器并将堆栈内其他值向顶部移动一格。

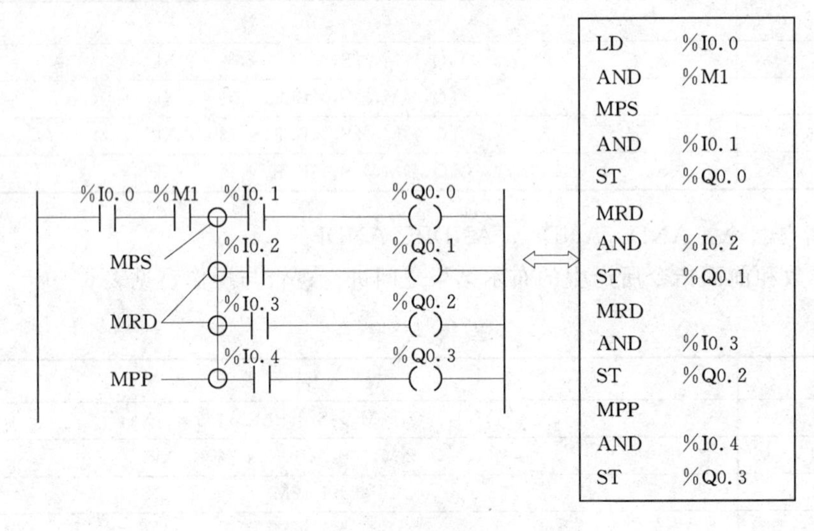

图6-10　分支梯形图/指令表

8. 特殊梯形图指令：OPEN和SHORT

为了便于梯形图的编程，在调试和排除故障时可使用这两条指令，如图6-11所示。OPEN和SHORT指令可以通过“断路”和“短路”来改变梯级的逻辑值。“断路”是指不管梯级的逻辑值如何，断开它与后面梯级的连路；“短路”是指不管梯级的逻辑值如何，连通它与后面梯级的连路。

9. 圆括号的使用

使用圆括号可以改变逻辑解算的顺序，括号内的逻辑运算能优先执行，并且整个括号得到的逻辑值相当于一个触点的接通（1，ON）或断开（0，OFF）以完成指定的功能，

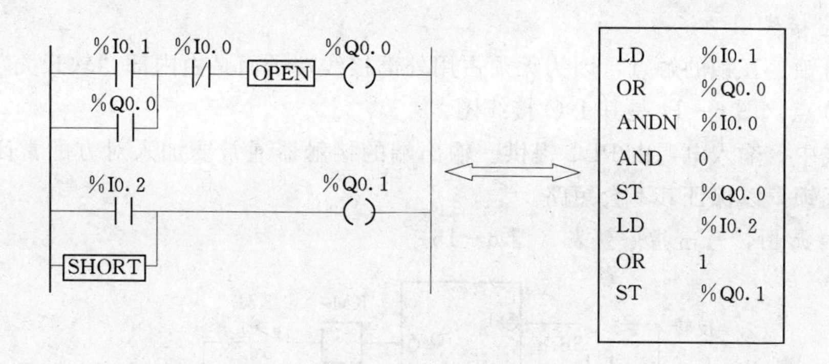

图 6-11 特殊指令

如图 6-12 所示。

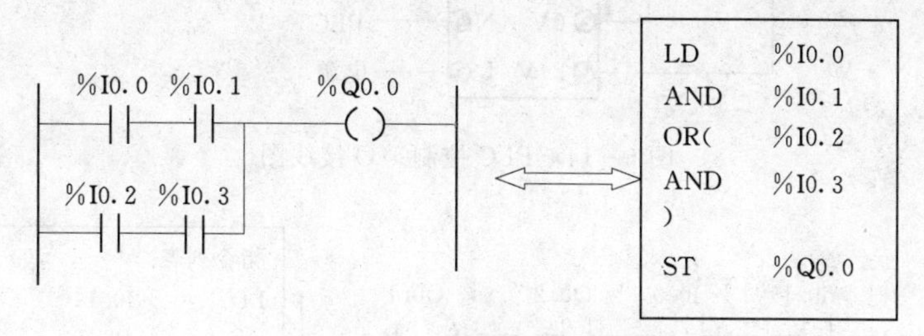

图 6-12 圆括号的使用

（四）应用举例

电动机正反转是一种在控制方面的简单应用。我们通过继电器控制与可编程控制器控制的比较，加深对 PLC 的了解。

图 6-13 是继电器控制电路图。由 KM_1、KM_2 的辅助触点实现自锁和互锁。下面将继电器控制电路转换为梯形图。

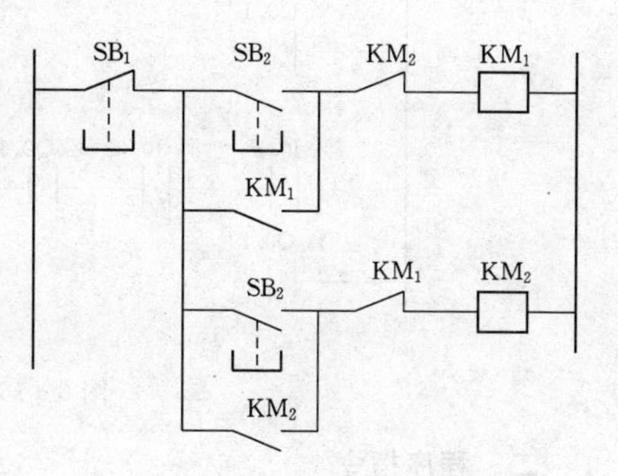

图 6-13 继电控制接线图

1. 确定 I/O 点数

SB1、SB2、SB3 是三个外部按钮，是 PLC 的输入变量，须接在三个输入端子上，可分配输入点：%I0.0、%I0.1、%I0.2；输出只有两个接触器（线圈）KM_1、KM_2，它们是 PLC 的输出端必须控制的设备，要占用两个输出端子，可分配为：%Q0.1、%Q0.2。故整个系统需要用 5 个 I/O 点：3 个输入点，2 个输出点。分配如下：

输入：SB1：　　%I0.0

　　　SB2：　　%I0.1

　　　SB3：　　%I0.2

输出：KM1：　　%Q0.1

　　　KM2：　　%Q0.2

2. 画出接线图

用于自锁、互锁的触点，因为无须占用外部接线端子而是由内部“软开关”代替，故不占用I/O点。图6-14是其I/O接线图。

在接线中，输入电源由PLC提供。输出端的接触器通常要加入对方的常闭辅助触点进行电气互锁，以保证其不会短路。

3. 画梯形图，写出指令列表（图6-15）

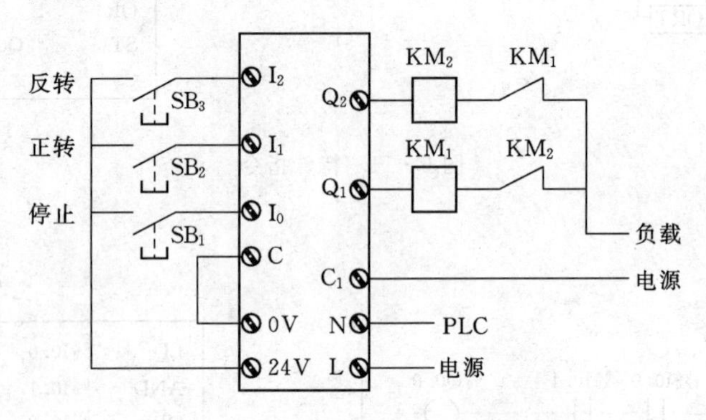

图6-14 PLC控制I/O接线图

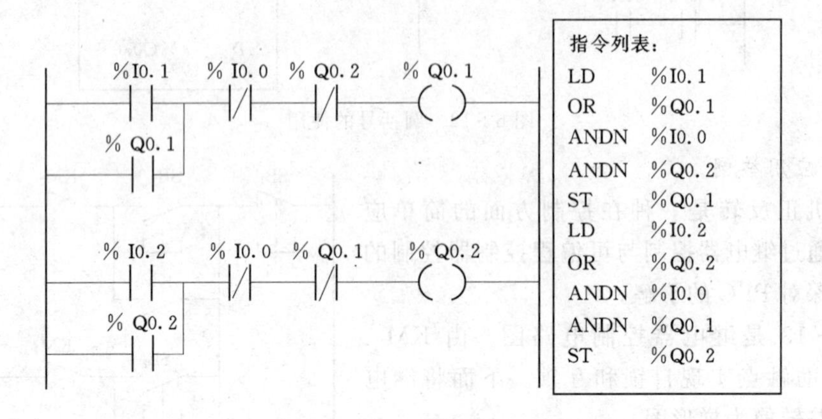

图6-15 电机正反转程序

二、程序指令

程序指令在PLC运行时主要是控制程序的执行，实现分支、循环和子程序调用等功能，便于实现较为复杂的控制。

（一）程序结束指令：END、ENDC、ENDCN

END：无条件程序结束。

ENDC：如果前一个测试指令的布尔值为1，则程序结束。

ENDCN：如果前一个测试指令的布尔值为0，则程序结束。

例如某个程序分支要求在接收到%I0.0的ON信号时结束程序，则其结束的梯形图与指令表程序如图6-16所示。

在常规扫描模式下，当执行结束指令时，输出刷新，并开始下一个扫描。

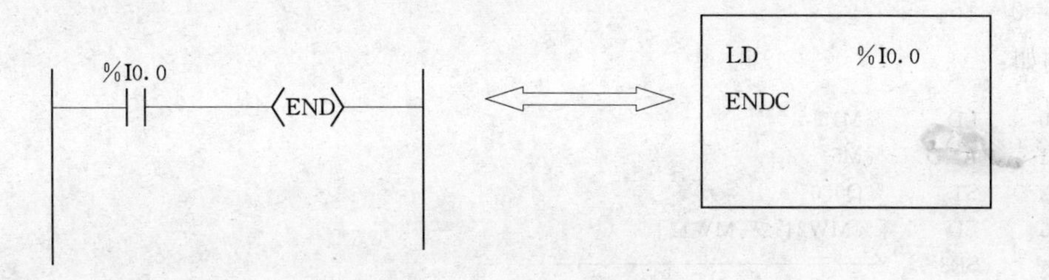

图 6-16 程序结束指令

如果扫描是周期性的，一个周期结束时输出被刷新，并开始下一个周期。

（二）NOP 指令

NOP 指令不进行任何操作。它用来在程序中“保留”行，以便用户以后插入指令时无需修改行号。

（三）跳转指令

JMP、JMPC、JMPCN，跳至标号为%Li：的程序行（i=1～15）

JMP：无条件程序跳转。

JMPC：如果前一个指令的布尔值为 1，则程序跳转。

JMPCN：如果前一个指令的布尔值为 0，则程序跳转。

例如：

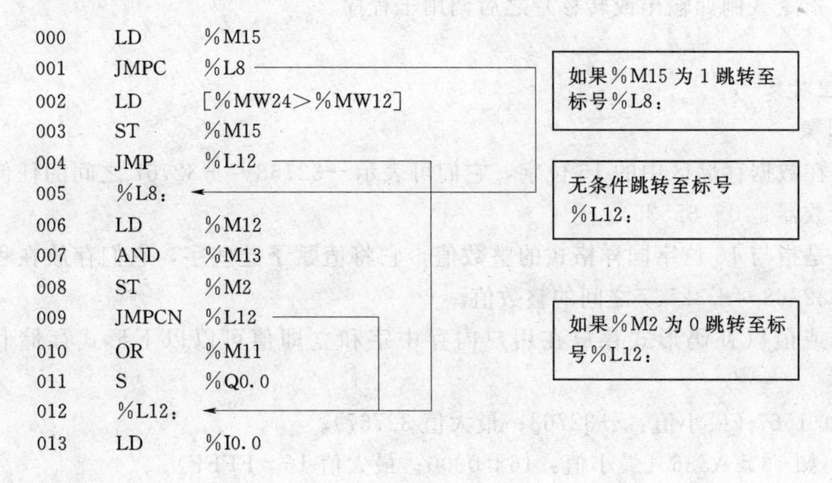

说明：

（1）这类指令不可用于括号内。

（2）标号只能放在指令 LD、LDN、LDR、LDF 或 BLK 之前。

（3）标号%Li 在程序中只能定义一次。

（4）程序跳转可以向上也可以向下。当向上跳转时，应请注意程序的扫描时间。延长扫描时间可能导致警戒时钟超时而停止 PLC 运行。

（四）子程序指令：SRn、SRn、RET

SRn 指令调用标号为 SRn：的子程序，如果前一个布尔指令结果为 1。

RET 指令放在子程序的最后，用于返回主程序。

n＝0～15。

例如：

```
000   LD     %M15
001   AND    %M5
002   ST     %Q0.0
003   LD     [%MW24<%MW12]
004   SR8
005   LD     %I0.4
006   —
007   —
008   END

009   SR8:
010   LD     1
011   ST     %M10
012   RET
```

说明：

(1) 一个子程序不可以调用另一个子程序。

(2) 这类指令不可用于括号内。

(3) 标号只能放在指令LD或BLK之前，用于标志一个布尔等式或梯级的开始。

(4) 可在赋值指令（例如输出或转移）之后调用子程序。

三、数字指令

（一）数字处理对象

1. 独立的字对象

字对象是存放在数据存储区中的16位字，它们可表示－32768～＋32767之间的任何整数（除了高速计数器是0～65535）。

(1) 立即数：是指与16位字同样格式的整数值，它将值赋予这些字，它们存放在程序内存中，表示－32768～＋32767之间的整数值。

立即数的内容或值以补码形式存放在用户内存中字和立即值可以以下形式存储和读取：

1) 十进制：如1567（最小值：－32768；最大值32767）。

2) 十六进制：如16＃A536（最小值：16＃0000；最大值16＃FFFF）。

(2) 内部字：内部字用于存储程序运行时产生的值，总共有512个内部字，它们被存储在数据区中。内部字％MW0～％MW511可由程序直接读取或写入。

(3) 常量字：常量字指常数或者字母和数字报文。它们只能由终端（在配置编辑器中）进行写入或修改。程序对常量字％KW0～％KW63只有读访问权。

(4) I/O字：I/O字指输入字％IWi.j和输出字％QWi.j。它们用于对等PLC之间的数据交换或用来存储模拟单元的AD、DA数据。

(5) 系统字：这类16位字有多种功能。读字％SWi可以访问直接来自PLC的数据，用于在应用程序中实现具体操作（例如调节调度模块）。

(6) 字的位对象：可以从某些字的16位中取出一位，这一位可用冒号隔开，并被加

入到字地址中。

语法结构：%字对象：Xk，其中 k 表示对象字 0 到 15 位中的一位。

例如%MW5：X6 表示内部字%MW5 中的第 6 位。

字操作数列表见表 6-12。

表 6-12　　字 对 象 列 表

类型		地址或值（表示法）	最大个数	是否可写
立即数 十进制 十六进制		如 2205 如　16#3A7F	—	否
内部字		%MWi	512	是
常量字		%KWi	64	否
系统字		%SWi	128	根据 i
功能块字		%TMi. P，%Ci. P 等	—	—
I/O 字	输入字	%IW i. j	20	否
	输出字	%QW i. j	10	是
字抽取位	内部	%MWi：Xk	512×16	是
	系统	%SWi：Xk	128×16	根据 i
	常量	%KWi：Xk	64×16	否
	输入	%IWi. j：Xk	20×16	否
	输出	%QWi. j：Xk	10×16	是

2. 结构化字对象

（1）位串：位串是指一系列类型相同的相邻对象位，并被定义为长度：L（L 为具体的数值）

例如%M8：6 指由 6 个位（%M～%M8）组成的位串，它可以作为一个字来使用。

位串可被用于赋值指令（：=）。位串的用法见表 6-13 所列。

表 6-13　　位 串 举 例

类型	地　址	最大范围	是否可写
开关量输入位	%I0：L 或%I1：L	1<L<17	否
开关量输出位	%Q0：L 或%Q1：L	512	是
系统位	%Si：L i 为 8 的倍数	1<L<17 且 i+L<=128	根据 i
内部位	%Mi：L i 为 8 的倍数	1<L<17 且 i+L<=128	是

（2）字表：字表是指一系列类型相同且相邻的字，被定义为长度：L

例如%KW10：7，其定义的字表如图 6-17 所示。

字表可用于赋值指令（：=）。

字表的用法见表6－14所列。

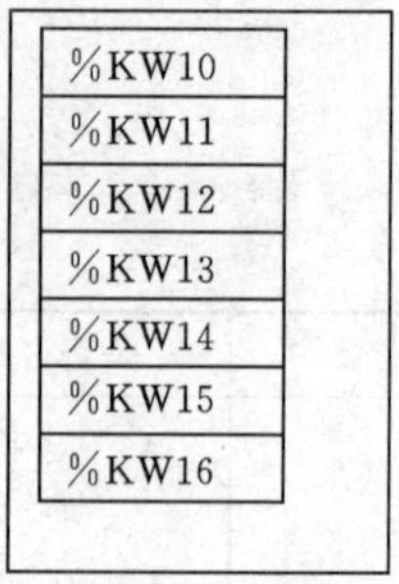

%KW10
%KW11
%KW12
%KW13
%KW14
%KW15
%KW16

图6－17　字表结构示意图

表6－14　　字 表 列 表

类型	地址	最大范围	是否可写
常量字	%KWi：L	0＜L＜512且 i＋L＜＝512	否
系统字	%SWi：L	0＜L且 i＋L＜＝64	根据i
内部字	%Mi：L i为8的倍数	0＜L且 i＋L＜＝128	是

索引字：

1）直接寻址。

如果一个对象的地址是在编写程序时定义的并且固定不变，那么该对象的地址被称为直接地址。如%M26表示地址为26的内部位。

2）间接寻址。

间接寻址时，在一个对象的直接地址中加入索引：把索引值加入对象地址。索引由内部字%MMi定义。索引字的数量不限。

索引字可用于赋值指令，也可用于比较指令。这种寻址方式允许在程序中调整索引字的值，从而能够连续扫描相同类型的一系列对象（内部字、常量字等）。

3）索引溢出，系统位%S20

如果一个索引对象的地址超出了同类型对象内存区的范围，就称为索引溢出。以下情况会发生索引溢出：

- 对象地址＋索引值　小于0
- 对象地址＋索引值　大于512（对字%MWi而言）或者63（对字%KWi而言）

如果发生索引溢出，系统将系统位%S20置为1，对象将索引值置为0。

注意：用户应该监视索引溢出，在处理过程中用户程序应读取位%S20，以保证它被复位为0，%S20初始状态为0。发生索引溢出，由系统置为1；确认索引溢出，在修改了索引之后，由用户置为0。

（3）数字指令说明。

数字指令一般用于16位字，并写在方括号内。若前一个逻辑运算值为真（ON），则执行数字指令；若前一个逻辑运算值为假（OFF），则不执行数字指令且操作数保持不变。

（二）数字指令介绍

1. 赋值指令

用于把操作数Op2装入操作数Op1。

语法：[Op1：＝Op2]

可对下列对象执行赋值操作：位串、字、字表。

（1）位串赋值，指令格式见表6－15所列。

1）位串→位串。

举例：LD　　1

[%Q0：8：=%M64：12]

2）位串→字。

举例：LD　　%I0.1

[%MW100：=%I0：16]

3）字→位串。

举例：LDR　　%I0.2

[%M104：16：=%KW0]

4）立即值→位串。

表 6-15　　**位串赋值指令语法**

操作符号	语法	操作数 1（Op1）	操作数 2（Op2）
：=	[Op1：=Op2] 把操作数 2 的值赋给操作数 1	%MWi，%Qwi，%Swi，%Mwi [Mwi]，%Mi：L，%Qi：L，%Si：L	立即值，%Mwi，% Kwi，% IW，% QW，% Swi，% BLK. x，% Mwi [Mwi]，KW [MW]，% Mi：L，% Qi：L，%Si：L，%Ii：L

具体示例梯形图及指令表程序如图 6-18 所示。

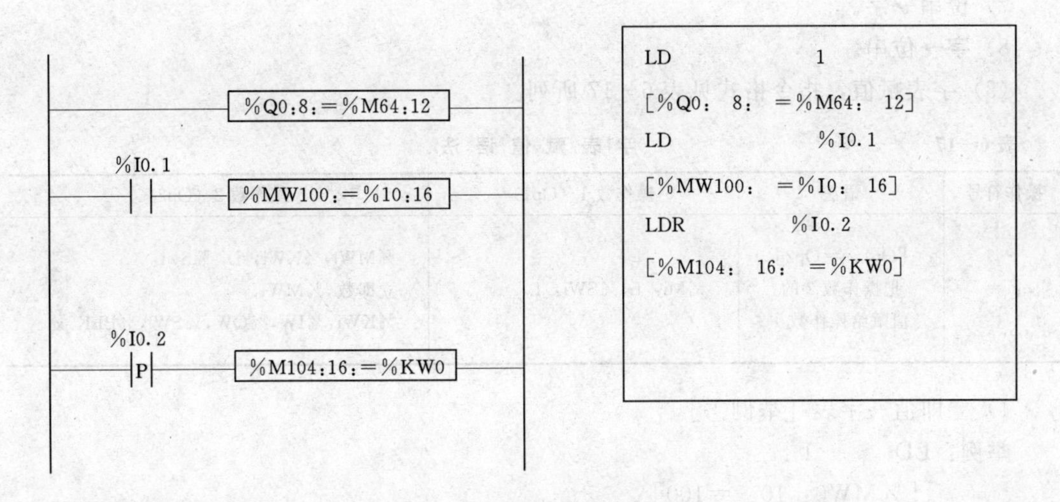

图 6-18　赋值指令程序示例

使用规则：

对于“位串→字”：位串中的位从右开始传送到字（位串的 0 位送到字的 0 位），并把字中没有被传送的位都置为 0（长度小于 16）。

对于“字→位串”赋值：字中的位从右起开始传送（字的 0 位关联位串的 0 位）。

(2) 字赋值，指令格式见表 6-16 所列。

表 6-16　　字赋值语法

操作符号	语法	操作数 1（Op1）	操作数 2（Op2）
：＝	[Op1：＝Op2] 把操作数 2 的值赋给操作数 1	%MWi，%QWi，%SWi，%MWi [MWi]，%Mi：L，%Qi：L，%Si：L	立即数，%MWi，%KWi，%IW，%QW，%SWi，%BLK. x，%MWi [MWi]，KW [MWi]，%Mi：L，%Qi：L，%Si：L，%Ii：L

1）字→字。

举例：LD　　1

[%SW112：＝%MW100]

2）字→索引字。

3）索引字→字。

4）索引字→索引字。

举例：LD　　%I0.2

[%MW0 [%MW10]：＝%KW0 [%MW20]]

5）立即值→字。

举例：LD　　%I0.3

[%M104：16：＝%KW0]

6）立即值→索引字。

7）位串→字。

8）字→位串。

(3) 字表赋值，指令格式见表 6-17 所列。

表 6-17　　字表赋值语法

操作符号	语法	操作数 1（Op1）	操作数 2（Op2）
：＝	[Op1：＝Op2] 把操作数 2 的值赋给操作数 1	%Mi：L，%SWi：L	%MWi，%KWi：L，%Swi：L，立即数，%MWi，%KWi，%IW，%QW，%SWi，%BLK. x

1）立即值→字表 [举例①]。

举例：LD　　1

[%MW0：10：＝100]

2）字→字表 [举例②]。

举例：LD　　%I0.2

[%MW0：10：＝%MW11]

3）字表→字表 [举例③]。

举例：LD　　%I0.3

[%M10：20：＝%KW30：20]

2. 比较指令

比较指令用于比较两个操作数，其用法见表 6－18 所列。

＞　　　测试操作数 1 是否大于操作数 2

＞＝　　测试操作数 1 是否大于或等于操作数 2

＜　　　测试操作数 1 是否小于操作数 2

＜＝　　测试操作数 1 是否小于或等于操作数 2

＝　　　测试操作数 1 是否等于操作数 2

＜＞　　测试操作数 1 是否不等于操作数 2

表 6－18　　比较指令语法

操作符号	语　法	操作数 1（Op1）	操作数 2（Op2）
＞，＞＝，＜，＜＝，＝，＜＞	LD［Op1 运算符 Op2］ OR［Op1 运算符 Op2］ AND［Op1 运算符 Op2］	%Mi：L，%KWi，%IW，%QWi，%SWi，%BLK. x	立即数，%MWi，%KWi，%IW，%QW，%SWi，%BLK. x，%MWi［%MWi］，%KWi［%MWi］L

结构：

比较指令在梯形图中即为比较块，在指令表中为一对方括号中的比较表达式，跟在指令 LD、AND、OR 等之后。当比较结果为真时，值为 1（ON）。梯形图及指令表程序示例如图 6－19 所示。

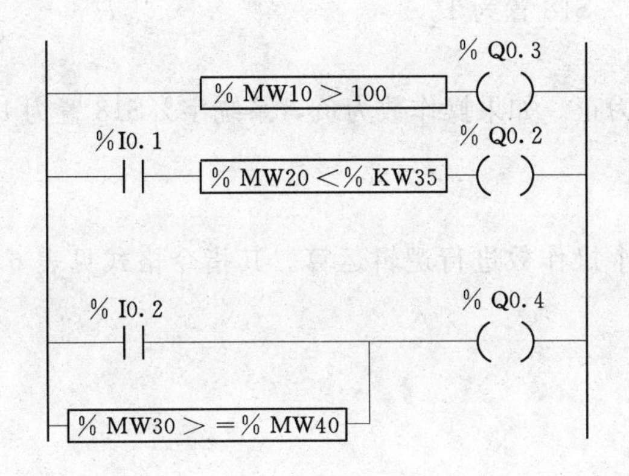


```
LD     [%MW10>100]
ST     %Q0.3
LD     %I0.1
AND    [%MW20<%KW35]
ST     %Q0.2
LD     %I0.2
OR     [%MW30>=%MW40]
ST     %Q0.4
```

图 6－19　比较指令程序示例

3. 算术指令

这类指令用于两个操作数之间或一个操作数的算术运算，其格式见表 6－19 所列。

＋	两个操作数相加	REM	两个操作数相除的余数
－	两个操作数相减	SQRT	一个操作数的平方根
*	两个操作数相乘	INC	一个操作数递增
/	两个操作数相除	DEC	一个操作数递减

表 6-19　　算术运算语法

操作符号	语法	操作数 1（Op1）	操作数 2（Op2）
+，-，*，/，REM	[Op1：= Op1 运算符 Op2]	%MWi，%QWi，%SWi	立即数[①]，%MWi，% KWi，% IW，% QW，% SWi，%BLK. x
SQRT	[Op1：=SQRT（Op2）]		
INC，DEC	[运算符 Op1]		

①　在 SQRT 中，操作数不能是立即数。

注意事项：

（1）加法：

1）运算时溢出。如果结果超出-32768 或 32767，位%S18（溢出位）置为 1，且所得结果不正确。可由用户控制%S18。

2）结果绝对溢出。在某些运算中可能会用到无符号操作数。无符号操作数的最大值为 65535。若两个绝对值相加的和超过 65535，那么结果溢出。该情况由位%S17 作为标记。当结果大于等于 65536 时，%S17 置 1。

（2）减法：

负值。如果减法的结果小于 0，系统位%S17 置为 1。

（3）乘法：

运算时溢出。如果超出字的表示范围，位%S18 置为 1，且结果无意义。

（4）除法：

1）被 0 除。如果除数为 0，则不能运算，而且系统位%S18 置为 1，结果出错。

2）运算时溢出。如果商超出字范围，位%S18 置为 1。

（5）开方：

只有正数才能进行开方，所以通常结果为正。如果操作数为负，系统字%S18 置为 1，结果出错。

4. 逻辑指令

逻辑指令用于两个操作数之间或对于一个操作数进行逻辑运算。其指令格式见表 6-20 所列。

AND　　逻辑与
OR　　逻辑或
XOR　　异或
NOT　　逻辑反（用于一个操作数）

表 6-20　　逻辑指令语法

操作符号	语法	操作数 1（Op1）	操作数 2（Op2）
AND，OR，XOR	[Op1：= Op1 运算符 Op2]	%MWi，%QWi，%SWi	立即数[①]，%MWi，%KWi，%IW，%QW，%SWi，%BLK. x
NOT	[NOT（Op2）]		

①　在 NOT 指令中，Op2 不可以是立即数。

5. 移位指令

移位指令可以把操作数的位向左或向右移动若干位。有两类操作指令，其操作数的说

明见表 6-21 所列。

(1) 逻辑移位，指令格式如下，执行时移位关系如图 6-20 所示。

SHL (Op2，i)　向左逻辑移动 i 位 (i 为具体数值)

SHR (Op2，i)　向右逻辑移动 i 位 (i 为具体数值)

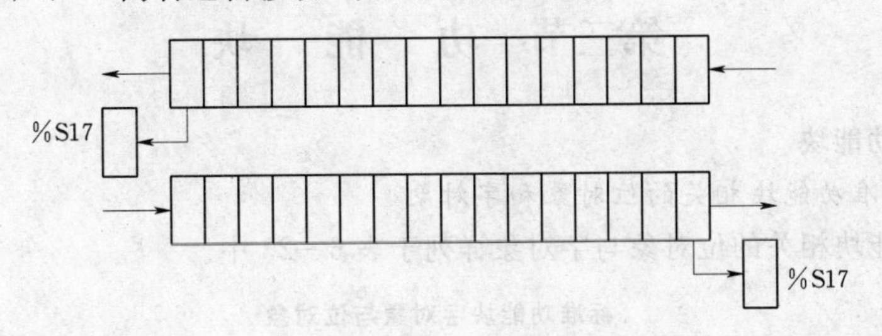

图 6-20　逻辑移位示意图

(2) 循环移位，指令格式如下，其执行时的移位关系如图 6-21 所示。

ROL (Op2，i)　向左循环移动 i 位 (i 为具体数值)

ROR (Op2，i)　向右循环移动 i 位 (i 为具体数值)

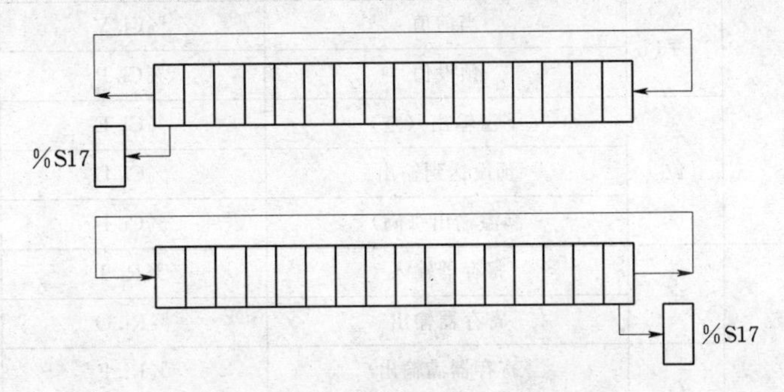

图 6-21　循环移位示意图

表 6-21　　移 位 指 令 语 法

操作符号	语法	操作数 1 (Op1)	操作数 2 (Op2)
SHL，SHR，ROL，ROR	[Op1：=运算符 (Op2，i)]	%MWi，%QWi，%SWi	%MWi，%KWi，%IW，%QW，%SWi，%BLK. x

6. 转换指令

转换指令实现 BCD 码与二进制的转换，操作数的范围见表 6-22 所列。

BTI　BCD→二进制　转换

ITB　二进制→BCD　转换

表 6-22　　转 换 指 令 语 法

操作符号	语法	操作数 1 (Op1)	操作数 2 (Op2)
BIT，ITB	[Op1：=运算符 (Op2)]	%MWi，%QWi，%SWi	%MWi，%KWi，%IW，%QW，%SWi，%BLK. x

应用：

BTI指令用来处理旋转编码器的BCD码在PLC输入设定值。ITB用BCD码的数字值。

第三节　功　能　块

一、标准功能块

（一）与标准功能块相关的位对象和字对象

与标准功能块相关的位对象与字对象详列于表6-23中。

表6-23　　标准功能块字对象与位对象

标准功能块	对应字和位		地址	是否可写
定时器 %TMi（i=0～31）	字	当前值	%TMi.V	否
	位	预设值	%TMi.P	是
		定时器输出	%TMi.Q	否
加/减计数器 %Ci（i=0～15）	字	当前值	%Ci.V	否
		预设值	%Ci.P	是
	位	下溢输出（空）	%Ci.E	否
		预设达到输出	%Ci.D	否
		满溢输出（满）	%Ci.F	否
LIFO/FIFO 寄存器 %Ri（i=0～3）	字	寄存器输入	%Ri.I	是
		寄存器输出	%Ri.O	是
	位	寄存器满输出	%Ri.F	否
		寄存器空输出	%Ri.E	否
鼓形控制器 %DRi（i=0～3）	字	当前步号	%DRi.S	是
	位	当前步为最后一步	%DRi.F	否

1. 位对象

位对象对应于功能块的输出，可由布尔测试指令进行访问。有多种寻址方式。

（1）直接寻址（如LD E），条件是它们在可逆编程中与块相连。

（2）指定功能块类型（如LD %Ci.E），输入可以指令方式访问。

2. 字对象

它们对应于：

（1）功能块配置参数，有的能被程序访问（如预设置参数），有的不能（如时基）。

（2）当前值（如%Ci.V当前计数值）。

（二）编程方法

使用标准功能块指令BLK、OUT_BLK和END_BLK。

BLK表示功能块的开始。

OUT_BLK表示功能块的输出。

END _ BLK 表示功能块的结束。

标准功能块应用举例：

(1) 带有输出的可逆编程，如图 6 - 22 所示。

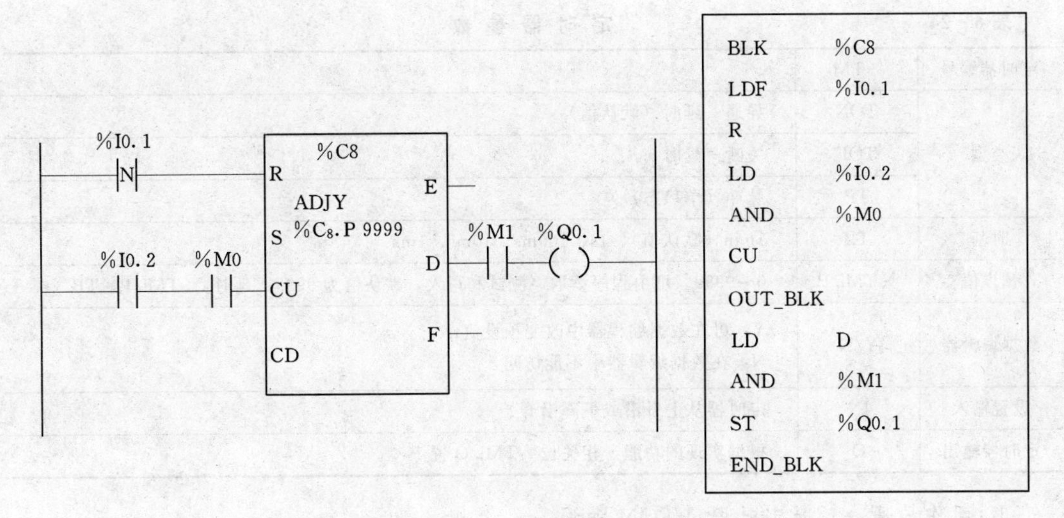

图 6 - 22 标准功能块程序示例 1

(2) 没有输出的可逆编程，如图 6 - 23 所示。

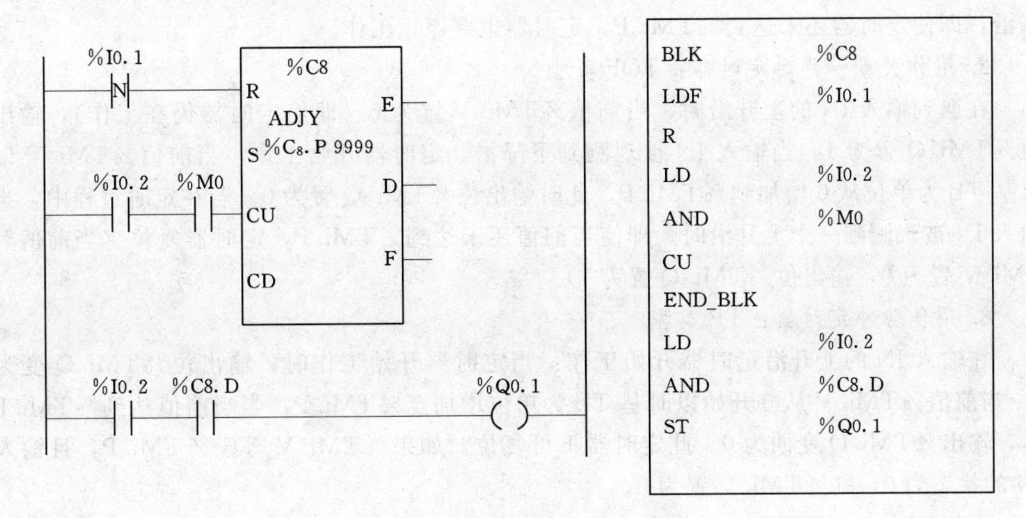

图 6 - 23 标准功能块程序示例 2

说明：

只有相应功能块中的测试和输入指令可以放在指令 BLK 和 OUT _ BLK 之间（如果程序中没有 OUT _ BLK 就放在 BLK 和 END _ BLK 之间）。

(三) 定时器功能块 %TMi

其类型有 3 种：

TON：用于控制导通—延时动作，其延时是可编程的并可由编程终端进行修改。

TOF：用于控制关断—延时动作，其延时是可编程的并可由编程终端进行修改。

TP：用于产生精确宽度的脉冲。其脉冲宽度是可编程的并可由编程终端进行修改。

定时器参数见表6-24所列。

表6-24　定时器参数

定时器编号	%TMi	0～31
类型	TON	导通—延时（默认值）
	TOF	关断—延时
	TP	脉冲（单稳态）
时基	TB	1min（默认值）、1s、100ms、10ms、1ms
预设值	%TMi.P	0～9999。可由程序读取、测试和写入，默认值为9999。延时：%TMi.P×TB
数据编辑器	Y/N	Y：可在数据编程器中改变预设值； N：在数据编辑器中不能访问
设置输入	IN	定时器从上升沿或下降沿开始
定时器输出	Q	根据实现的功能，相关位%TMi.Q置1

1. 用作导通—延时定时器：TON类型

定时器在输入IN的上升沿开始工作：当前值%TMi.V以时基TB为单位从0增加到%TMi.P。当当前值达到%TMi.P时，输出位%TMi.Q变为1。当输入IN被观测到下降沿，即使定时器还未达到%TMi.P，定时器也要停止工作。

2. 用作关断—延时定时器：TOF类型

在遇到输入IN的上升沿时，当前值%TMi.V置为0（即使定时器仍在工作），输出位%TMi.Q置为1。当输入IN被观测到下降沿，定时器开始工作，当前值%TMi.V以时基TB为单位从0增加到%TMi.P，此时输出位%TMi.Q置为0。若在定时过程中，当输入IN被观测到一个上升沿时，即使当前值还未达到%TMi.P，定时器复位（当前值%TMi.V置为0，输出位%TMi.Q置为1）。

3. 用作脉冲定时器：TP类型

在输入IN的上升沿定时器开始工作：当定时器开始工作时，输出位%TMi.Q变为1，当前值%TMi.V从0开始以时基TB为单位增加至%TMi.P，当当前值达到%TMi.P时，输出%TMi.Q变回为0。此定时器不可复位。如果%TMi.V等于%TMi.P，且输入IN的状态为0，则%TMi.V置为0。

在配置时，必须设置以下参数。

（1）类型：TON、TOF、TP。

（2）TB：1min、1s、100ms、10ms、1ms。

（3）%TMi.P：0～9999。

（4）调节：Y到N。

编程：

无论定时器的功能块用途如何，它们的编程方法相同。示例如图6-24所示。

不同类型定时器的波形图如图6-25所示。

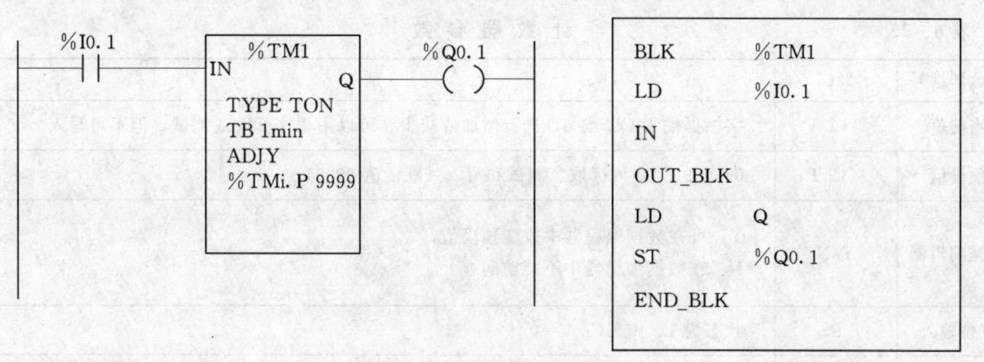

图 6-24 定时器应用程序

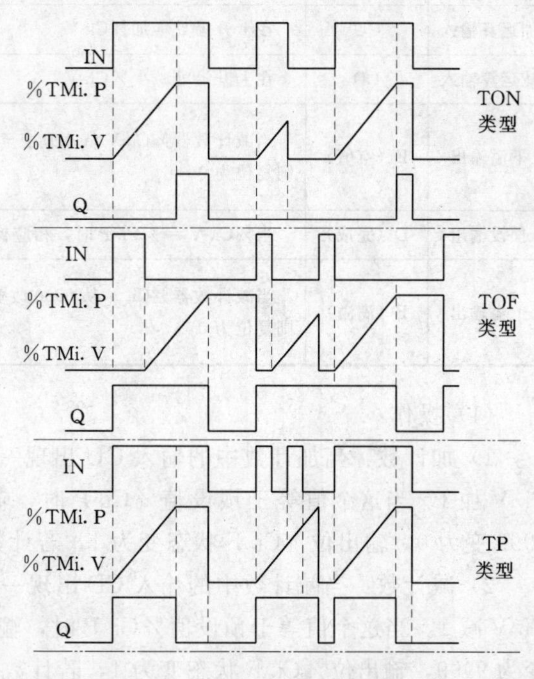

图 6-25 不同类型定时器波形图

特殊情况：

(1) 冷启动的影响：(%S0=1)。

1) 强置当前值为 0。

2) 置输出%TMi.Q 为 0。

3) 预设值被重设为配置过程中定义的值。

(2) 热启动的影响：(%S1=1) 对定时器的当前值和预设值都没有影响。当电源损耗时当前值不变。

(3) PLC 停止工作的影响：停止 PLC 不会停止定时器，其当前值会继续增加。

(4) 程序跳转的影响：跳过一个定时器块并不停止定时器，定时器会持续增加直到达到预设值。此时，定时器块输出位 Q 的状态改变；然而，与块输出直接相连的输出侧没有被激活，不能被 PLC 扫描到。

(5) 位%TMi.Q（完成位）测试：程序中最好只进行一次位%TMi.Q 测试。

(6) 修改预设值%TMi.P 的影响：只有当定时器重新被激活时，根据指令改变或调整预设值才会起作用。

(7) 时基为 1ms 的定时器：只适用于定时器%TM0 和 TM1。

4. 计数器功能块 %Ci

计数器功能块用于加/减记录事件数它在梯形图中的呈现如图 6-26 所示。这两种运算可以同时进行。

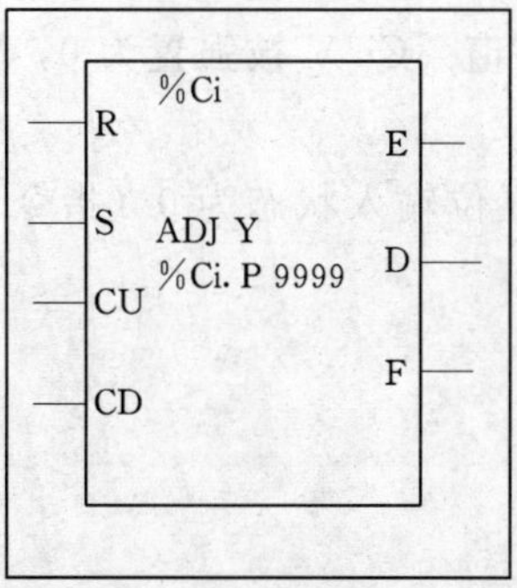

%Ci
R
S
CU
CD
ADJ Y
%Ci.P 9999
E
D
F

图 6-26 计数器功能块示意图

配置：

%Ci.P 预设值

ADJ Y

计数器的参数见表 6-25 所列。

表 6－25　　计数器参数

计数器编号	%Ci	0到15
当前值	%Ci. V	字根据输入CU或CD进行增加或减少。可以用程序读取或测试，但不可写入
预设值	%Ci. P	0～9999。字可读取、测试和写入（默认值9999）
数据编辑器	Y/N	Y：可在数据编程器中改变预设值； N：在数据编辑器中不能访问
复位输入	R	状态为1，则%Ci. V＝0
设置输入	S	状态为1，则%Ci. V＝ %Ci. P
加运算输入	CU	在上升沿处增加%Ci. V
减运算输入	CD	在上升沿处减少%Ci. V
下溢输出	E（空值）	当减计数器%Ci. V从0改变至9999时，相应位%Ci. E置位为1；若计数器继续减少则复位为0
预设输出	D（完成）	当%Ci. V＝%Ci. P时，相应梯形%Ci. D＝1
上溢输出	F（满溢）	当减计数器%Ci. V从9999改变至0时，相应位%Ci. F置位为1；若计数器继续增加则复位为0

（1）操作：

1）加计数：当加计数中的输入CU出现一个上升沿（或指令CU被激活），当前值%Ci. V加1。当这个值等于预设值%Ci. P时，输出D—即位%Ci. D变为1。当%Ci. V从9999变为0，输出位%Ci. F状态变为1，若计数器继续增加则复位为0。

2）减计数：当减计数中的输入CD出现一个上升沿（或指令CD被激活），当前值%Ci. V减1。当这个值等于预设值%Ci. P时，输出D—即位%Ci. D变为1。当%Ci. V从0变为9999，输出位%Ci. F状态变为1，若计数器继续减少则复位为0。

3）加/减计数：要同时使用加计数和减计数功能（或激活指令CU和CD），则必须对这2个相应的输入加以控制。连续扫描这两个输入，如果它们都为1，当前值保留不变。

4）复位：当输入R的状态为1（或指令R被激活），当前值%Ci. V被强置为0，输出%Ci. E；%Ci. D和%Ci. F则置为0，并且复位输入优先。

5）置值：当输入S的状态为1（或指令S被激活）而且复位输入状态为0（指令R未被激活），当前值%Ci. V被置为%Ci. P，输出%Ci. D置为1。

（2）特殊情况：

1）冷启动的影响：（%S0＝1）。

a. 强置当前值%Ci. V为0。

b. 置输出%Ci. E，%Ci. D和%Ci. F为0。

c. 预设值被重设为配置过程中定义的值。

2）PLC停止工作后，热启动的影响：（%S1=1）对计数器的当前值没有影响。

3）修改预设值%%Ci.P的影响：当计数器在应用时（有输出被激活），根据指令进行的预设值改变或调整会产生影响。

5. 寄存器功能块 %Ri

寄存器是一个存储16个16位字的内存块它在梯形图中的呈现如图6-27所示。寄存器有两种存储方式：

（1）队列式 FIFO。

（2）堆栈式 LIFO。

相关参数见表6-26所列。

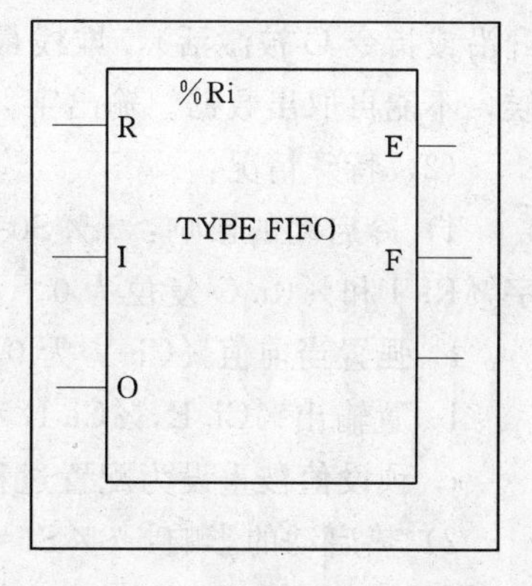

图6-27 寄存器功能块示意图

表6-26 寄存器功能块参数

寄存器编号	%Ri	0到3
类型	FIFO LIFO	队列式（默认） 堆栈式
输入字	%Ri.I	寄存器输入字，可读取、测试和写入
输出字	%Ri.O	寄存器输出字，可读取、测试和写入
复位输入	R	%Ri.R=0状态为1时，初始化寄存器
存储输入	I	在上升沿处，将字%Ri.I的值存入寄存器
取出输入	O	在上升沿处，将一个数据装入字%Ri.O内
空输出	E（EMPTY）	对应位%Ri.E；表示寄存器为空，可测试
满输出	F（FULL）	对应位%Ci.F；表示寄存器为满，可测试

（1）操作：

1）FIFO（先进先出）：

最先进入的数据项最先被取出。

当接到一个存储请求（输入I处的上升沿或指令I被激活），输入字%Ri.I的值被存到队列的顶端。

当队列已满时（F=1），不可以再存入数据。当接到一个取出请求时（输入O处的上升沿或指令O被激活），队列最底部的数据字被装入输出字%Ri.O，并且寄存器队列中的数据都往底部移一格。

当寄存器是空的时候，不能再取出数据。输出字%Ri.O不变。可以在任何时候复位寄存器。

2）LIFO（后进先出）：

最后进入的数据项最先被取出。

当接到一个存储请求（输入I处的上升沿或指令I被激活），输入字%Ri.I的值被存到堆栈的顶端。

当堆栈已满时（F=1），不可以再存入数据。当接到一个取出请求时（输入O处的上

升沿或指令O被激活)，堆栈最顶部的数据字被装入输出字%Ri.O。当寄存器是空的时候，不能再取出数据。输出字%Ri.O不变。可以在任何时候复位寄存器。

(2) 特殊情况：

1) 冷启动的影响：(%S0=1)，初始化寄存器输出位%Ri.E，设输出E为1，并把字%Ri.I和%Ri.O复位为0。

a. 强置当前值%Ci.V为0。

b. 置输出%Ci.E,%Ci.D和%Ci.F为0。

c. 预设值被重设为配置过程中定义的值。

2) 热启动的影响：(%S1=1) 对寄存器的值和输出位的状态没有影响。

举例：

```
BLK          %R2
LD           %M1
I
LD           %I0.3
O
END_BLK
LD           %I0.3
ANDN         %R2.E
[%MW20:  =%R2.O]
LD           %I0.2
ANDN          %R2.F
[%R2.I:    =%MW34]
ST           %M1
```

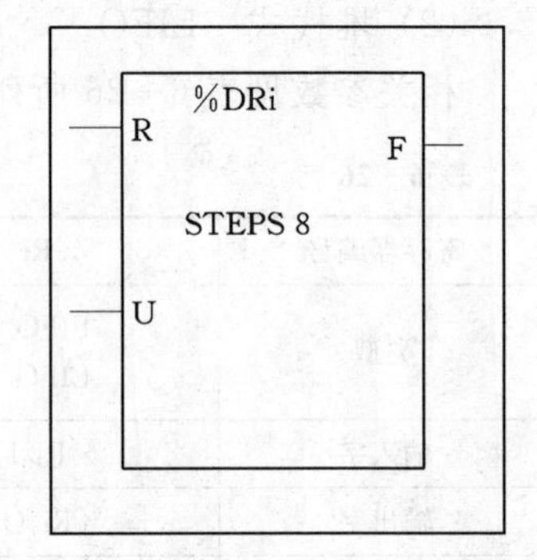

图6-28　鼓形控制器功能块示意图

6. 鼓形控制器功能块 %DRi

鼓形控制器功能块的工作原理与机电类电子凸轮器相似，也是根据外部环境改变步序。机电类电子凸轮器的控制器中凸轮的高点给出的命令由该控制器执行。相应的，在鼓形控制器功能块中，用状态为1来代表第一步的高点，并赋值给输出位%Qi.j或内部位%Mi作为控制位。它在梯形图中的呈现如图6-28所示。相关参数见表6-27所列。

表6-27　　鼓形控制器参数

编号	%DRi	0～3
当前步号	%DRi.S	0～7，可被读取和测试 只能以十进制数的格式在程序中写
步数		1～8
回到0步输入	R (RESET)	状态为1时，将控制块置步0
前进输入	U (UP)	在上升沿处，使控制块向前时一步并更新控制位
输出	F (FULL)	表示当前站等于最后一步。可测试对应位%DRi.F
控制位		与步（16位控制位）对应的输出或内部位，在配置编辑器内加以定义

（1）操作：

鼓形控制器包括：

由 8 步（0～7）16 个数据位（第 i 步的状态）组成的常数（凸轮）矩阵，其中数据位被排放在 0 到 F 个竖列中。

控制位表（每列一个），相应的可以是输出%Qi.j，也可以是内部位%Mi。在当前步中，控制位以二进制表示该步的状态。

控制位表举例见表 6-28。

表 6-28　　鼓形控制器配置表

	0	1	2	…	D	E	F
控制位	%Q0.1	%Q0.3	%Q0.5		%Q0.2	%Q0.4	%Q0.6
步 0	0	0	1		1	1	0
步 1	1	0	0		0	1	1
……							
步 6	1	0	1		0	0	1
步 7	0	1	1		0	1	0

（2）特殊情况：

1）冷启动的影响：（%S0=1），将鼓形控制器功能块复位为步 0，并刷新控制位。

2）热启动的影响：（%S1=1），过了当前步后刷新控制位。

3）程序跳转的影响：如果没有扫描到鼓形控制器，控制位不会复位为 0。

4）更新控制位：只发生在步变化或冷热启动时。

（3）配置：

1）步数。

2）鼓形控制器每步的输出状态（控制位）。

3）控制位的分配。

编程举例如图 6-29 所示。

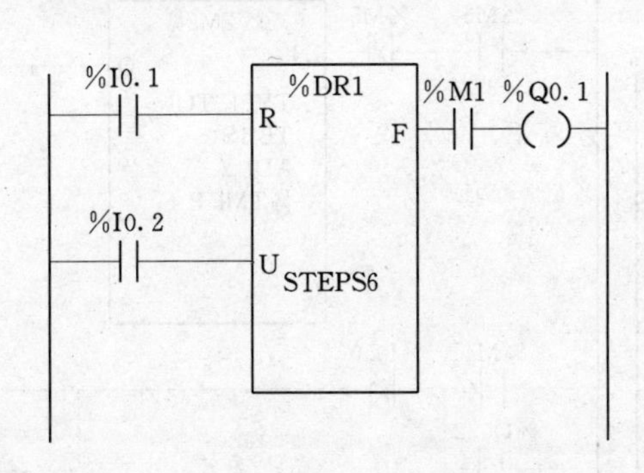


```
BLK       %DR1
LD        %I0.1
R
LD        %I0.2
U
OUT_BLK
LD        F
AND       %M1
ST        %Q0.1
END_BLK
```

图 6-29　鼓形控制器应用程序示例

7. 标准功能块应用举例

三台电动机 M_1、M_2、M_3，按下启动按钮后，M_1 启动，延时 3s 后，M_2 启动，再延时 4s 后 M_3 启动。继控制电路如图 6-30 所示。

将该图转换成梯形图：

(1) I/O 分配：

输入：SB1　　%I0.0

　　　SB2　　%I0.1

KT1 和 KT2 分别用内部定时器%TM1 和%TM2 代替，其时间预设值分别设定为 3s 和 4s。

输出：KM1　　%Q0.0

　　　KM2　　%Q0.1

　　　KM3　　%Q0.2

(2) 画梯形图，如图 6-31 所示。

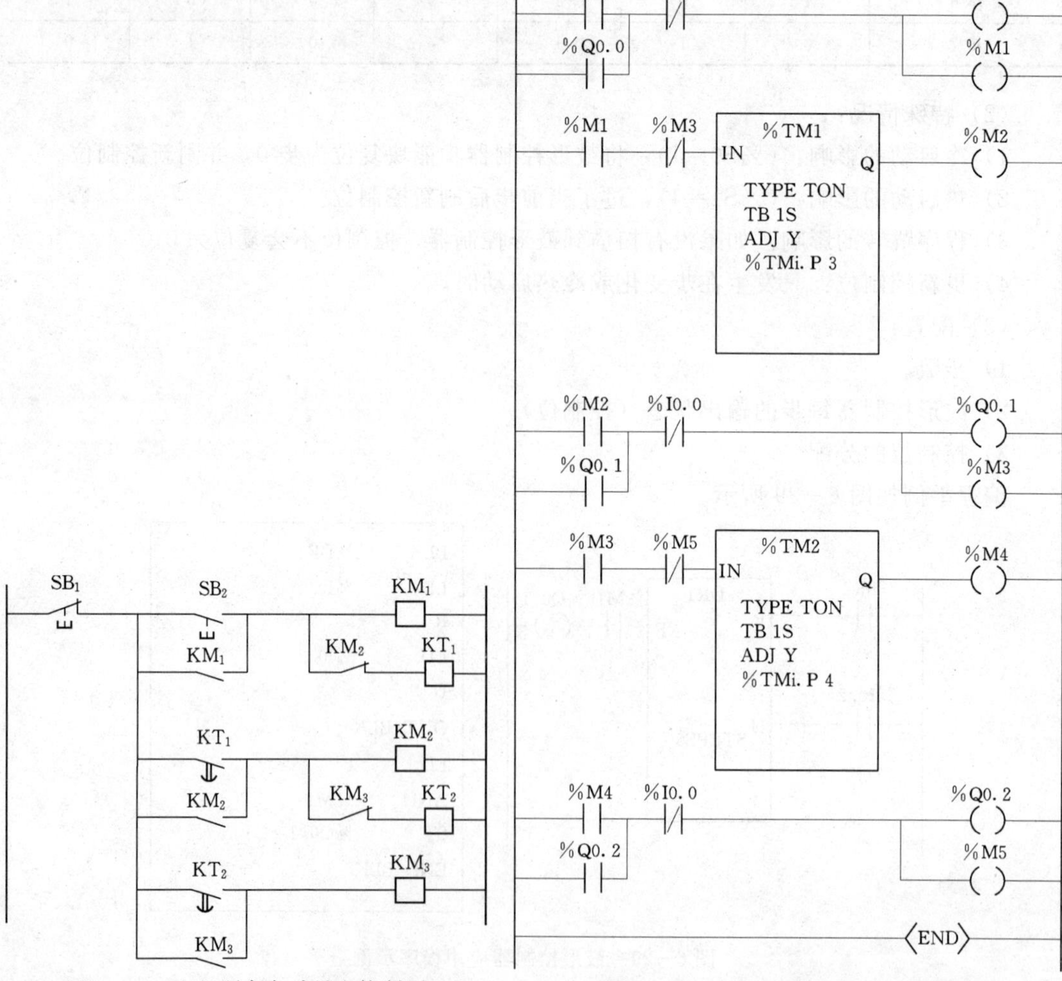

图 6-30　电机顺序启动继电控制图　　　图 6-31　标准功能块应用举例程序

二、专用功能块

专用功能块和标准功能块类型相同的专用字和位对象。TSX Neza PLC 的专用功能块有：脉冲宽度调制输出%PWM，脉冲发生器%PLS，高速计数器%FC，发送报文%MSG，移位寄存器%SBRi，步进计数器%SCi。对于这些专用功能块，可以参阅相关的手册。

第四节 故障定位与分析

一、使用 PLC 面板上的 LED 状态分析故障

本体 Neza PLC 模块将连续执行自检的结果通过面板上的 4 个指示灯显示，这 4 个灯为：RUN、COM、ERR 和 I/O（表 6-29）。

表 6-29 Neza PLC 面板状态指示灯功能表

LED	灭	闪烁	亮
RUN（绿）	没有电源或硬件故障	PLC 停止	PLC 运行
COM（黄）	没有通信	Modbus，Uni-Telway，ASCII 通信	远程 I/O
ERR（红）	运行 OK	用户应用程序错误	硬件故障
I/O（红）	运行 OK	扩展 OK	扩展 I/O 模块故障

扩展 Neza PLC 模块将状态通过面板上的 2 个指示灯显示：POWER，ACTIVE（表 6-30）。

表 6-30 扩展单元状态指示灯功能表

LED	灭	亮
POWER（绿）	没有连接或硬件故障	已与本体连接
ACTIVE（绿）	本体没有运行或本体故障	本体运行，I/O 扩展 OK

二、使用系统位和系统字分析故障

如果检测到一个故障，PLC 将对相应的系统位或系统字置位。可以在应用程序中使用这一信息。编程终端或 PL707WIN 数据编辑器可以显示系统位和系统字。相关的系统位及系统字见表 6-31、表 6-32 所列。

表 6-31 部分系统位功能表

系统位	功能	描述
%S10	I/O 故障	正常值为 1，当检测到主 PLC 或同级 PLC 上的 I/O 故障时，将其置为 0。位%S118 和位%S119 显示故障在哪一个 PLC 上。当故障排除时，%S10 恢复为状态 1
%S11	警戒时钟超时	正常值为 0，当程序的执行时间超过最大扫描时间时，系统将其置为 1。警戒时钟超时将导致 PLC 停止
%S19	扫描周期超时	正常值为 0，当扫描周期超时，系统将其置为 1。此位必须由用户复位为 0
%S71	通过扩展连接交换	初始值为 0。当检测到扩展连接交换时置为 1，当扩展连接没有交换时置为 0。主 PLC 的字%SW71 显示有效扩展的清单和状态

续表

系统位	功能	描述
%S118	主 PLC 上的 I/O 故障	正常值为 0，当检测到主 PLC 上的 I/O 故障时置 1。%SW118 字给出了错误的详细内容。当故障排除时，%S118 恢复为 0
%S119	对等 PLC 上的 I/O 故障	正常值为 0，当检测到主 PLC 上的 I/O 故障时置 1。%SW119 字给出了错误的详细内容。当故障排除时，%S119 恢复为 0

表 6-32　　部分系统字功能表

系统字	功能	描述
%SW71	PLC 通信连接上的设备	显示每一个同级 PLC 和 I/O 扩展与主 PLC 通信的状态： 第 1 位：I/O 扩展； 第 2 位：第 2 个同级 PLC； 第 3 位：第 3 个同级 PLC； 第 4 位：第 4 个同级 PLC。 如果没有同级 PLC 或 I/O 扩展，没有接通电源，没有进行电缆连接或出现故障时对应位为 0； 当有同级 PLC 与主 PLC 通信时，对应位为 1
%SW118	主 PLC 状态	显示检测到的主 PLC 上的故障： 第 1 位为 0：其中一个输出端故障； 第 3 位为 0：传感器电源故障； 第 8 位为 0：TSX 07 内部故障； 第 9 位为 0：外部或通信故障； 第 11 位为 0：PLC 执行自检； 第 13 位为 0：配置错误。 这个字的其他所有位都为 1，且保留未用。因此，对于一个无任何故障的 PLC，这个字的值为 16#FFFF
%SW119	同级 PLC 状态	显示检测到的同级 PLC 上的故障（这个字仅由主 PLC 使用）。这个字各个位的分配和字%SW118 几乎完全一样，除了： 第 13 位：无意义； 第 14 位：初始化时存在的同级 PLC 丢失

第五节　梯形图编程

一、编程的一般原则

1. 正确性

正确是对用户程序的基本要求。首先要准确理解可编程控制器的各条指令，特别是含义和使用条件；其次是正确、规范地使用各种指令；第三是正确合理地使用各编程元件。

2. 条理性

可编程控制器的程序应做到层次清晰、结构合理，并按模块化、功能化和标准化设计；编程元件的使用与分配上要有规律性；有适当的注释以便于理解和修改调试程序。

3. 合理性

一个好的程序应尽量少占用存储空间；尽量缩短扫描时间，提高系统的响应速度；优化程序结构，注意指令前后次序的安排。

4. 可靠性

可靠性是对程序的基本要求之一，要求能对非正常工作情况予以识别，并能使其与正常状态衔接；能对各种非法操作予以拒绝，只接受合法操作。

二、梯形图的程序执行顺序

梯形图的逻辑运算是按照从上到下，从左至右的顺序进行的，运算的结果可以马上被后面的逻辑运算所用。梯形图的逻辑运算如图 6－32 所示。

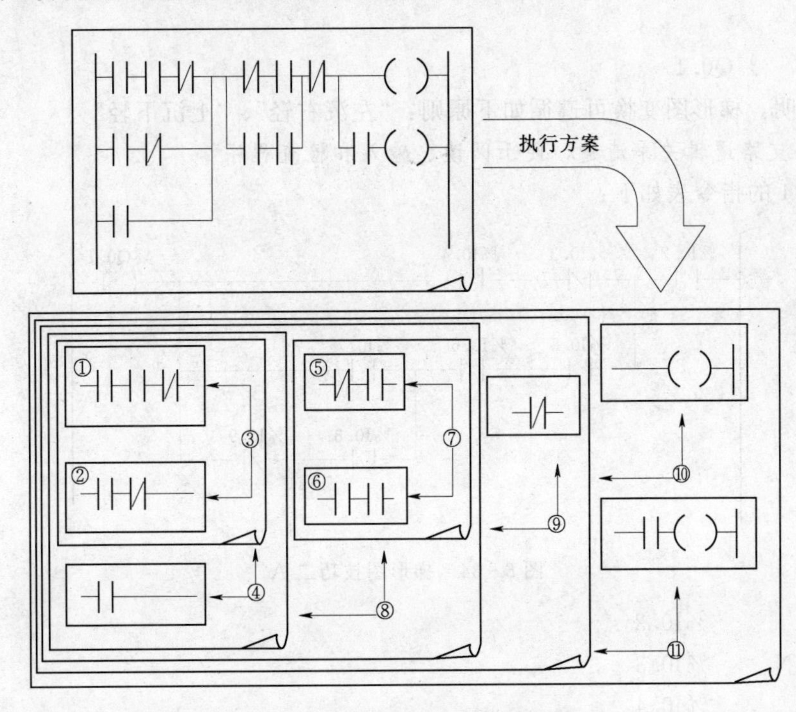

图 6－32 梯形图逻辑运算顺序图

三、梯形图程序设计技巧

设计梯形图时，一方面要掌握梯形图程序设计的基本规则；另一方面，为了减少指令数量，节省内存和提高运行速度，还应该熟悉一些常用的技巧。

1. 变换梯形图化简程序

图 6－33（a）和（b）逻辑关系完全相同，但后者的程序明显简化。

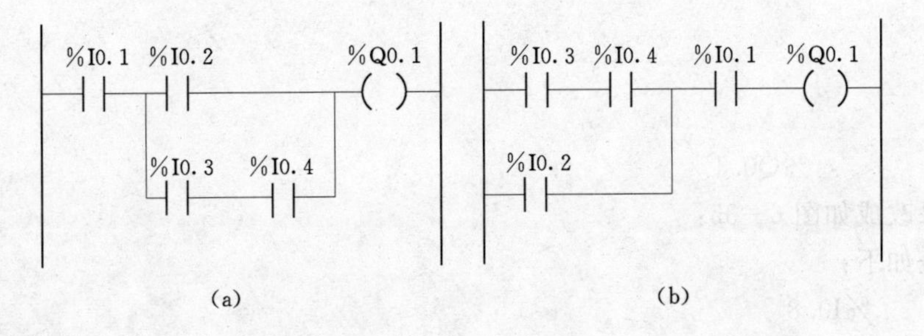

图 6－33 梯形图技巧一

图 6－33 的指令表程序如下：

指令表 a		指令表 b	
LD	%I0.1	LD	%I0.3
AND（	%I0.2	AND	%I0.4
OR（	%I0.3	OR	%I0.2
AND	%I0.4	AND	%I0.1
）		ST	%Q0.1
）			
ST	%Q0.1		

经验证明，梯形图变换可遵循如下原则："左沉右轻"、"上沉下轻"。

2. 每条支路逻辑关系清楚，便于阅读、输入和检查程序

图 6－34 的指令表如下：

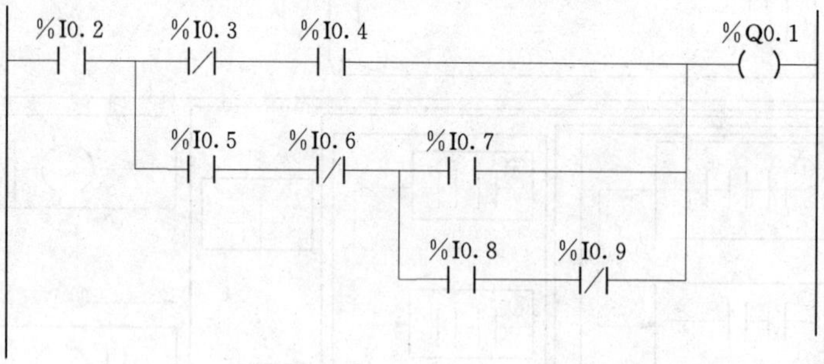

%I0.2　%I0.3　%I0.4　%Q0.1
%I0.5　%I0.6　%I0.7
%I0.8　%I0.9

图 6－34　梯形图技巧二 A

LD　　　%I0.2
AND（N　%I0.3
AND　　%I0.4
OR（　　%I0.5
ANDN　%I0.6
AND（　%I0.7
OR（　　%I0.8
ANDN　%I0.9
）
）
）
）
ST　　　%Q0.1

而如果改成如图 6－35：

指令表如下：

LD　　%I0.8
ANDN　%I0.9

图 6-35 梯形图技巧二 B

```
OR      %I0.7
ANDN    %I0.6
AND     %I0.5
OR(     %I0.4
ANDN    %I0.3
)
AND     %I0.2
ST      %Q0.1
```

改变成图 6-35，逻辑关系不变，但逻辑关系清楚，指令条数减少，也便于阅读和编程。

3. 避免无法编程的梯形图

图 6-36 所示的为桥式电路，无法编程，应改成如图 6-37 形式。

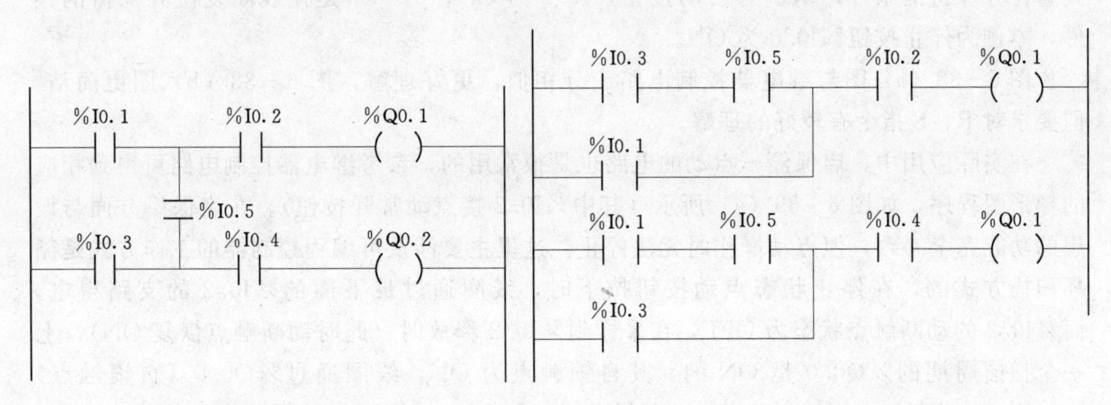

图 6-36 梯形图技巧三 A　　　　图 6-37 梯形图技巧三 B

四、常用编程实例

为顺利掌握可编程控制器程序设计的方法，尽快提升编程技能，以下介绍一些常用基本电路的程序设计，希望对今后的编程技能的提升会有助益。

1. 启保停程序

启保停电路即启动、保持、停止电路，是梯形图中最典型的基本电路，它包含了如下几个因素：

（1）驱动线圈。本例输出线圈为%Q0.0，在输出端子中对应接电动机的接触器线圈。

（2）操作按钮。启动及停止按钮均为动合按钮，启动按钮接%I0.1，停止按钮接%I0.0。

（3）线圈得电的条件。梯形图中的触点组合即为线圈的得电条件，也就是使线圈为 ON 的条件，本例为启动按钮%I0.1 为 ON。

（4）线圈保持驱动的条件。触点组合中使线圈得以保持有电的条件，本例为与%I0.1 并联的%Q0.0 的自锁触点闭合。

（5）线圈失电的条件。触点组合中使线圈由 ON 变为 OFF 的条件，本例为%I0.0 的动断触点断开。

根据控制要求（或参考继电器控制电路），可得图 6－38（a），正好符合要求。启动按钮%I0.1 与自锁触点%Q0.0 并联，然后与停止按钮%I0.0 串联，之后输出至线圈%Q0.0。

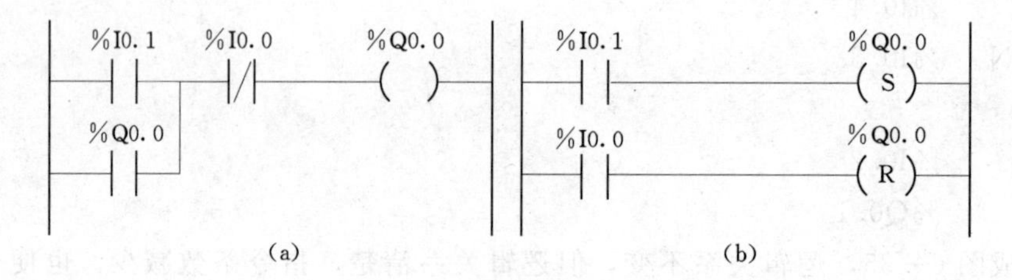

图 6－38　启保停电路梯形图

若用 R、S 指令编程，如图 6－38（b）所示，梯形图中包含了两个要素：一个是使线圈置位并保持的条件，本例为启动按钮%I0.1 为 ON；另一个是使线圈复位并保持的条件，本例为停止按钮%I0.0 为 ON。

图 6－38（a）图与继电器控制电路十分相似，更好理解，图 6－38（b）图更简洁，但要求对 R、S 指令有较好的理解。

在实际应用中，启保停＋点动的电路也是很常用的，参考继电器控制电路可得到相应的梯形图程序，如图 6－39（a）所示（其中%I0.2 接点动常开按钮）。在启保停方面与设想的功能完全一致，但点动操作时无法停止。这里主要涉及可编程控制器的工作方式是循环扫描方式的，在停止状态点动按钮按下时，线圈通过最下面的%I0.2 的支路得电，而%I0.2 的动断触点状态为 OFF，在采样到%I0.2 释放时（此时动断触点恢复 ON），上一个扫描周期的%Q0.0 是 ON 的，其自锁触点为 ON，线圈通过%Q0.0（自锁触点）→%I0.0（动断触点）→%I0.2（动断触点）→%Q0.0（线圈）的通路而保持 ON 状态，因而无法因%I0.2 的释放而断电。

把梯形图调整为图 6－39（b），当点动结束释放%I0.2 按钮时，上一个梯级的%M2 信息是上一个扫描周期的状态 OFF，因而线圈%Q0.0 失电，扫描到下一个梯级时，%M2 状态变成 ON，为电路的启保停功能作准备。

2. 单键启停控制

单键启停控制要求只要一个按钮就能控制电动机的启动与停止，这就需要对按钮的操

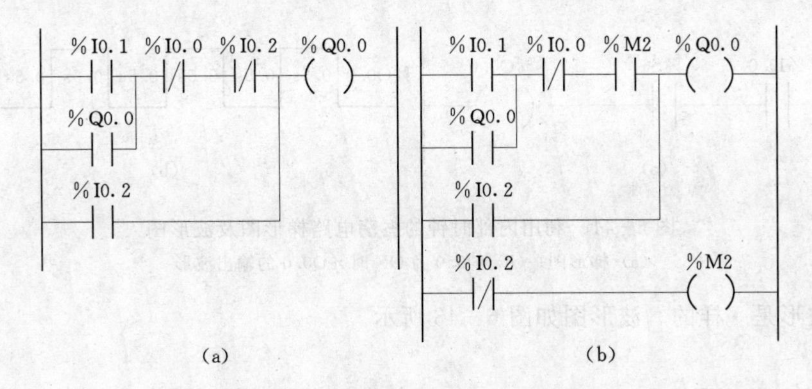

图 6-39 启保停+点动电路梯形图

作功能进行识别（本例按钮接%I0.1，不妨设其操作奇数次为启动，偶数次为停止）。第一次操作按钮使%I0.1 由 OFF 变为 ON 时，此时%Q0.0 为 OFF，梯形图中的第三行支路接通，执行置位指令，使%Q0.0 接通（外部接的电动机启动），下一个扫描周期，%Q0.0 就会使%M2 变成 ON，以后再次接收到%M1 的上升沿信号时，正好执行复位指令，之后%Q0.0 使%M2 复位，之后只能接收置位的操作。如此奇偶次不断交替，完成单键启停操作，如图 6-40 所示。

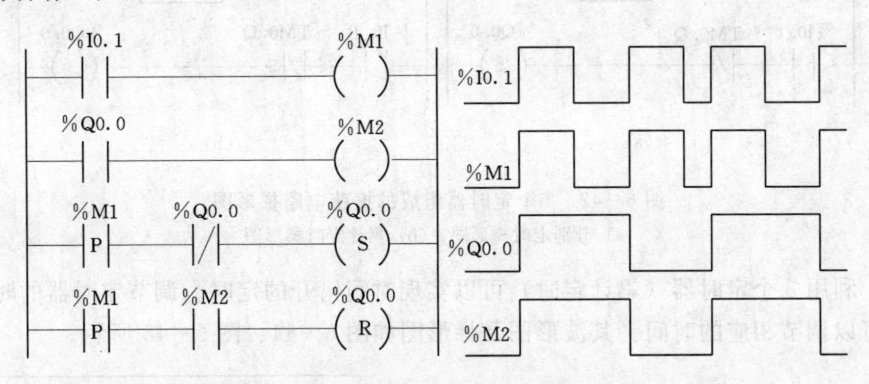

图 6-40 单键启停电路梯形图及波形图

3. 振荡程序（闪烁电路）

振荡电路可以产生特定的通断时序脉冲，它经常用在脉冲信号源或闪光报警电路中。

（1）利用可编程控制器内部时钟信号。

Neza PLC 的系统位%S4、%S5、%S6、%S7 是周期分别为 10ms、100ms、1s、1min 的时钟脉冲信号（而且不与 PLC 的扫描同步）。

利用内部时钟的振荡电路梯形图及波形图如图 6-41 所示。

（2）利用 2 个定时器定时，通过改变其定时时间，就可以输出高低电平宽度可调的脉冲。

2 个定时器可以用分别定时，也可以用累计定时方式实现电平宽度可调的振荡脉冲输出。分别定时梯形图及累计定时的梯形图如图 6-42 所示。虽然梯形图（程序）不同，但

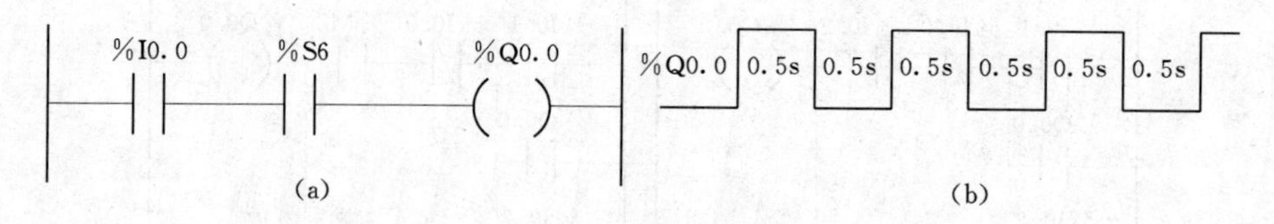

图 6-41　利用内部时钟的振荡电路梯形图及波形图

(a) 梯形图；(b) %I0.0 为 ON 时 %Q0.0 的输出波形

是其输出波形是一样的。波形图如图 6-43 所示。

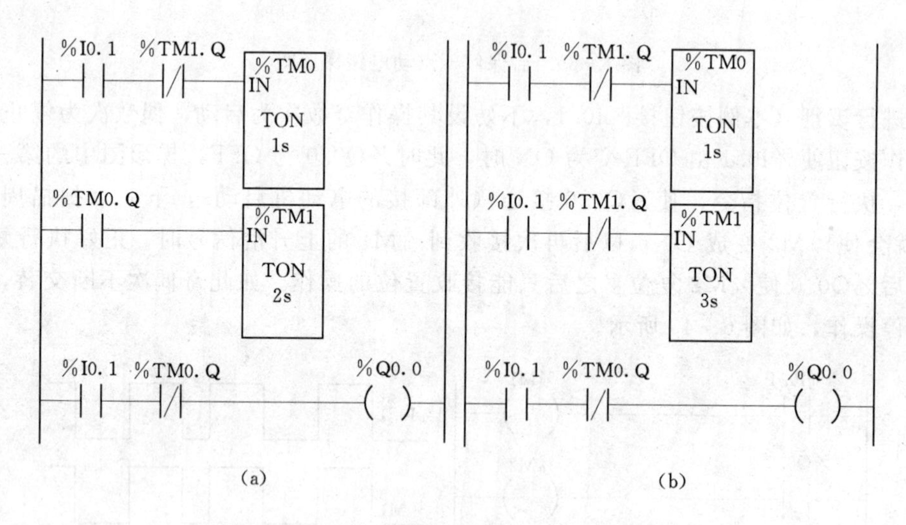

图 6-42　2 个定时器组成的振荡电路梯形图

(a) 分别定时梯形图；(b) 累计定时梯形图

(3) 利用 3 个定时器（累计定时）可以实现时间错开的定时。调节定时器的时间设定值，就可以调节相应的时间。其波形图及梯形图如图 6-44、图 6-45 所示。

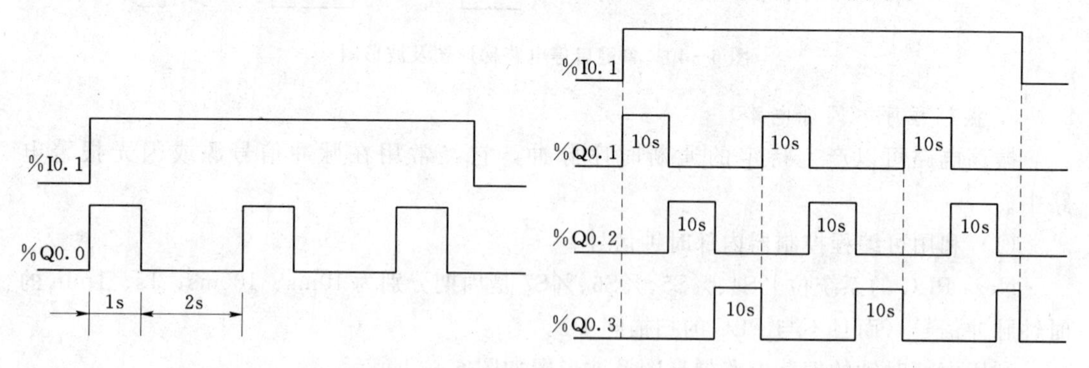

图 6-43　2 个定时器组成的振荡电路波形图　　图 6-44　时间错开的振荡电路波形图

4. 分频程序

若在输入端输入一个频率为 f 的方波，则在输出端输出一个频率为 $f/2$ 的方波。利用上升沿/下降沿方式的异或指令能完成此类功能，如图 6-46 所示。

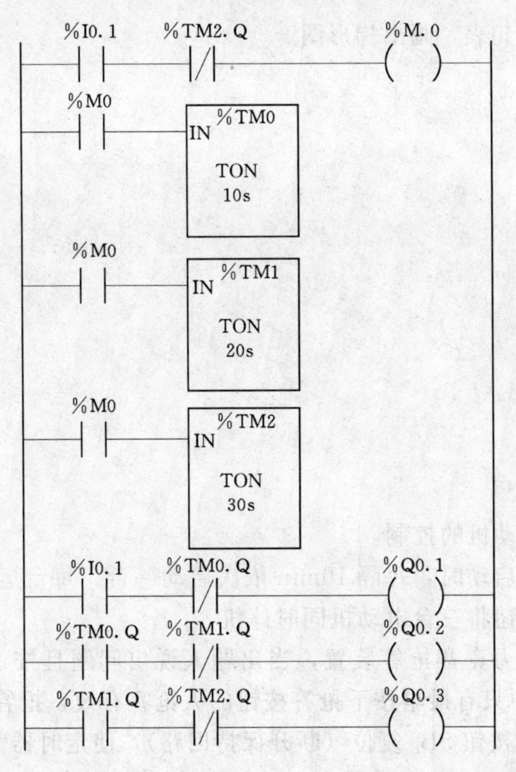

图 6-45　时间错开的振荡电路梯形图

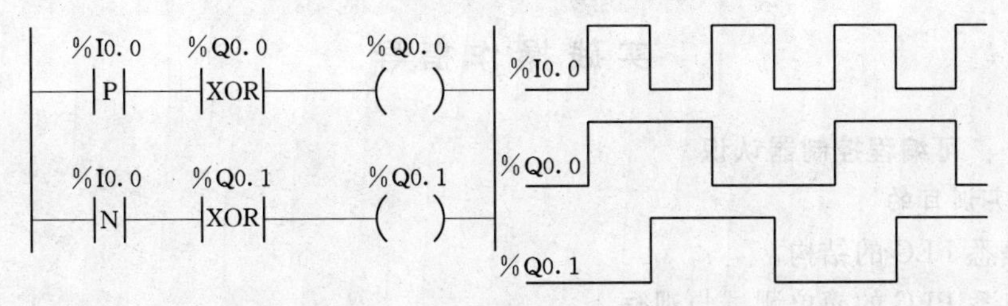

图 6-46　分频电路的梯形图及波形图

习　题

6-1　请写出 12 点输入 / 8 点输出的 Neza PLC 的 I/O 继电器编号。

6-2　根据梯形图写出指令语句表。

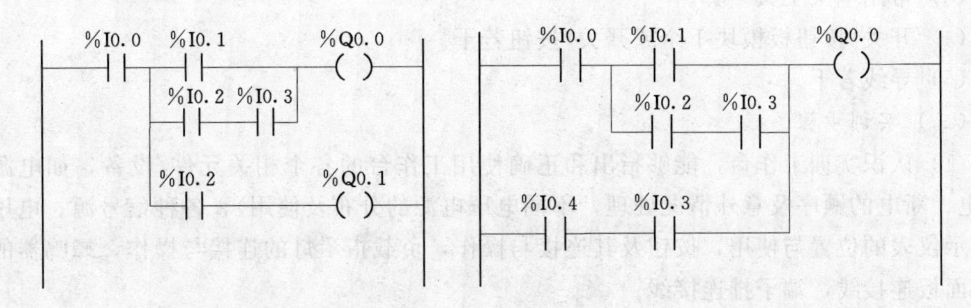

题 6-2 图 A　　　　题 6-2 图 B

6-3　根据指令语句表，画出梯形图。

```
LD       %I0.0
AND (    %I0.1
OR (     %I0.2
AND      %I0.3
)
AND      %I0.5
OR (     %I0.2
AND      %I0.4
)
)
ST       %Q0.1
```

6-4　设计完成电动机的控制。

三台电动机，要求启动时，每隔10min依次启动一台，每台运行8h后自动停机。在运行过程中可用停止按钮将三台电动机同时停机。

6-5　设计一个智力竞赛抢答装置，当出题人说出问题且按下开始按钮SB_1后，在10s之内，4个参赛者中只有最早按下抢答按钮的人抢答有效，抢答桌上的灯亮3s赛场中的音响装置响2s，且使按钮SB_1复位（断开保持回路），使定时器复位。10s后抢答无效，按钮及定时器复位。

实践操作指导

实训一：可编程控制器认识

（一）实训目的

（1）熟悉PLC的结构。

（2）熟悉PLC的简单测试与观察。

（3）熟悉实训设备。

（二）实训器材

（1）PLC实训装置平台1台。

（2）PLC（Neza）本体1个，扩展模块若干。

（3）常用电工工具1套。

（4）开关/按钮板模块1个或开关/按钮若干。

（5）导线若干。

（三）实训步骤

（1）认识实训工作台，能够指出和正确使用工作台的各个相关元件/设备，如电源区（送电、断电的顺序及意外情况处理，不同电压电源的分布及使用），各种信号源、电压电流指示仪表的位置与使用，按钮及其连接与操作，负载指示灯的连接与操作，蜂鸣器的使用，面板连接线，端子排连接线。

（2）在断电情况下，观察PLC的外部结构，能够区分其电源接线端子、输入端子、

输出端子和扩展槽（或扩展端子）。

(3) 连接输入设备。

(4) 接通 PLC 电源。

(5) 观察电源指示是否正常。

(6) 分别接通各输入信号，观察 PLC 的输入指示灯是否正常。

(7) 其他操作（相关设备与元件）。

（四）实训成果

(1) PLC 本体、扩展模块的端子分布图。

(2) PLC 输入端子测试电路图。

(3) 测试记录 1 份。

（五）能力测试与综合提高

(1) 提供不同型号的 PLC 本体，认识其结构。

(2) 认识同品牌不同系列的 PLC，如 Twido、Quantum 等。

(3) 由实验室提供其他品牌 PLC（如三菱、西门子、欧姆龙、AB、信捷等）在断电情况下，观察 PLC 的外部结构，能够区分其电源接线端子、输入端子、输出端子和扩展槽（或扩展端子）。

实训二：编程软件 PL707 基本操作

（一）实训目的

(1) 熟悉 PL707 的软件界面。

(2) 会用梯形图和指令表方式编制程序。

(3) 掌握利用编程软件进行编辑、调试等基本操作。

（二）实训器材

(1) PLC 实训装置平台 1 台。

(2) PLC（Neza）本体 1 个。

(3) 装有编程软件 PL707 的 PC 机 1 台，并配有编程电缆。

(4) 常用电工工具 1 套。

(5) 开关/按钮板模块 1 个或开关/按钮若干。

(6) 导线若干。

（三）实训步骤

(1) PLC 与 PC 的连接，连接编程电缆：将编程电缆一端与 PC 机的 RS232C 串行接口连接，另一端与 PLC 的编程口连接，连接过程注意接口形状的差别及针脚的对应，不可使用蛮力，又要连接可靠。

(2) 梯形图方式编制程序：

1) 启动 PC 机，进入编程环境。

2) 新建程序文件，并设置保存路径及文件名称（工程名称）（如 E:\training\Neza_01）。

3) 将本书图 5-3～图 5-6 任选输入一个或几个。

4) 保存文件，然后退出编程环境，再根据保存路径打开文件。

(3) 连接电路：连接好输入端的相关电路及元件和 PLC 供电电源。

(4) 通电观察运行情况并记录：

1) 打开PLC电源，将程序传送到PLC。

2) 启动PLC，在编程软件中操作运行PLC项。

3) 操作输入端的按钮元件，观察并记录运行显示状态的变化。

(5) 指令表方式编制程序并观察记录。

(四) 实训成果

(1) PLC本体、扩展模块的端子分布图。

(2) PLC输入端子测试电路图。

(3) 测试记录1份。

附：编程软件PL707界面简要介绍

利用PC机与编程软件组成的编程系统可以在计算机屏幕上直接生成和编辑梯形图和指令表，而且可以实现它们的互相转换。可将程序写入PLC也可将程序从PLC中读出。程序可存盘或打印。还可对PLC在线监控。本软件还能在对话框中选择所需的功能进行方便的配置。一般编程时采用选择菜单项操作或点击工具栏按钮来操作，然后用键盘输入相应的编程元件名称。下面简要介绍这两种方法。

1. 选择菜单项

(1) 用鼠标：指针移到相应菜单名处，左键单击后会出现一菜单，然后指针移至所需的选项处后单击即可。菜单项目见实训表1。

实训表1　　编程软件PL707下拉菜单一览

文件(F)	编辑(E)	视图(V)	配置(C)	PLC(P)	窗口W	帮助H
新建	撤销	指令列表编辑	定时器	PLC地址	关闭	帮助主题
打开	剪切	梯形图编辑	计数器	传送———	状态栏	索引
保存	复制	数据编辑	LIFO/FIFO寄存器	连接(在线)	层叠	指令列表编辑
另存为	粘贴	变量编辑	鼓形控制器	断开(离线)	平铺	梯形图编辑
关闭	查找	配置编辑	高速计数器	PLC操作		数据编辑
导入	替换	交叉应用	%PLS/%PWM	运行		变量编辑
导出		确认错误	输入滤波	停止		配置编辑
安全设置*		首选设置	锁存输入	初始化		交叉应用
打印			运行/停止输入	切换动态显示		
打印设置			PLC状态(安全)			关于PL707WIN
退出			扫描模式			
			应用程序名			
			扩展端口			
			编辑端口			
			调试模块			

注　进入编辑器后，还有下一级的菜单选项，单击就会下拉。

（2）用键盘：按下“Alt”键后，输入菜单名中的下划线字母就可以选中某菜单，菜单出现后输入菜单选项名中的下划线字母就可以选中相应的选项。

2. 选择工具栏按钮

将鼠标指针移至所需的工具“按钮”处后单击即可。工具栏一般在编辑窗口的上方。

在梯形图编辑器中的工具栏内的按钮按从左至右排列如实训表2所示。

实训表2　　工具栏功能表

名称	帮助索引	常开触点	常闭触点	上升沿触点	下降沿触点
快捷键	F1	F2	F3	F4	F5
名称	水平线	垂直线	垂直断开	水平填充	比较块
快捷键	F6	F7	F8	F9	F10
名称	线圈	反向线圈	复位线圈	置位线圈	跳转或调用
快捷键	Shift＋F2	Shift＋F3	Shift＋F4	Shift＋F5	Shift＋F6
名称	操作块	定时器功能块	计数器功能块	扩展梯形图指令面板	
快捷键	Shift＋F7	Shift＋F8	Shift＋F9	Shift＋F10	

说明　1. 这些工具按钮可用鼠标点，也可用快捷键打开。

2. 在梯形图编程时，梯级编写好了之后要确认，方法是单击工具按钮[√]。

3. 在编程时，软件会自动检查拼写错误，不正确的元件编号是无法输入的。

实训三：布尔指令演示与验证

（一）实训目的

（1）进一步熟悉PL707的软件界面。

（2）掌握梯形图和指令表方式编制程序。

（3）掌握利用编程软件进行布尔指令编辑、调试等基本操作。

（二）实训器材

（1）PLC实训装置平台1台。

（2）PLC（Neza）本体1个。

（3）装有编程软件PL707的PC机1台，并配有编程电缆。

（4）常用电工工具1套。

（5）开关/按钮板模块1个或开关/按钮若干。

（6）导线若干。

（三）实训步骤

（1）在断电情况下连接编程电缆。

（2）梯形图方式/指令表编制程序。

（3）连接电路（连接好输入端的相关电路及元件和PLC供电电源）。

（4）通电观察运行情况并记录。

（5）指令表方式编制程序并观察记录。

（四）实训成果

（1）实训程序若干。

(2) 对应的演示/验证记录表。

(3) 较难于理解的现象记录与分析。

(五) 能力测试与综合提高

1. 编程实现用两个按钮分别使负载灯的点亮及熄灭。

2. 复杂逻辑编程。

实训面板 I/O 接线连接图如实训图 1 所示。

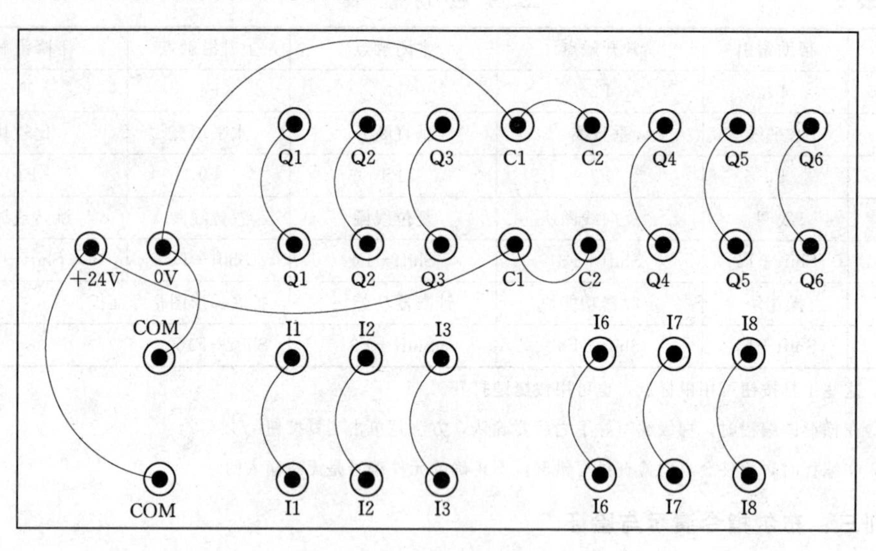

实训图 1　实验台外部接线示意图

实训参考程序：有装入指令、赋值指令、逻辑指令和特殊指令等几种，本次试验主要练习装入指令、逻辑指令的编程操作训练。

(1) 装入指令（实训图 2）。

(2) 逻辑指令（实训图 3）。

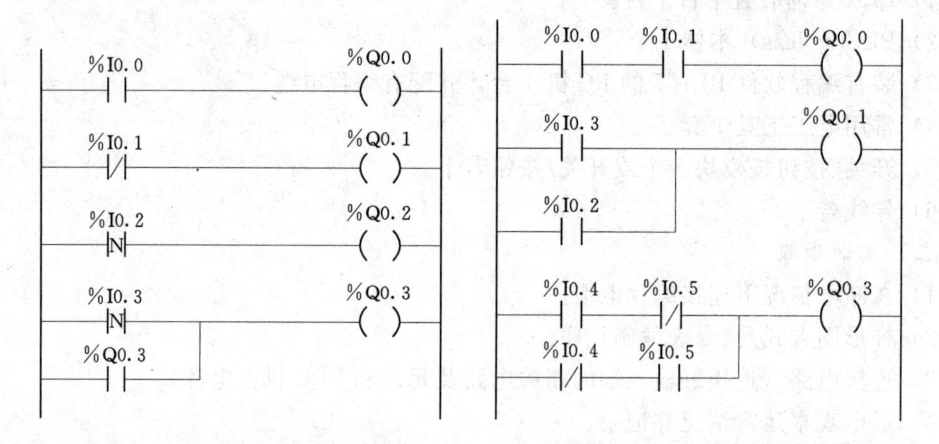

实训图 2　装入指令演示用梯形图　　　　实训图 3　逻辑指令演示用梯形图

(3) 分别运行以上程序并进行观察将结果记录在实训表 3、实训表 4 中。

实训表 3　　　　装入指令验证记录表

编　　号	0	1	2	3
按钮按下时灯的状态				
按钮放开时灯的状态				

实训表 4　　　　逻辑指令验证记录表

负载灯编号	0	1	3
两个按钮都不按时灯的状态			
一个按钮按下时灯的状态			
两个按钮同时按下时灯的状态			

能力测试：

验证逻辑指令时将实训图 4 输入 PLC。

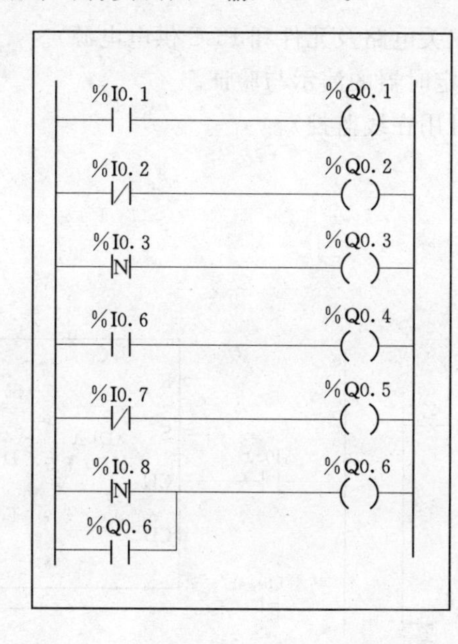

LD	%I0.1
ST	%Q0.1
LDN	%I0.2
ST	%Q0.2
LDF	%I0.3
ST	%Q0.3
LD	%I0.6
ST	%Q0.4
LDN	%I0.7
ST	%Q0.5
LDF	%I0.8
OR	%Q0.6
ST	%Q0.6

实训图 4　能力测试用梯形图

观察并记录负载灯的情况，记录的形式见实训表 5。

实训表 5　　　　能力测试观察记录表

编　　号	0	1	2	3	4	5	6
按钮按下并保持时灯的状态							
按钮放开时灯的状态							
再次按下按钮并保持时灯的状态							
再次放开按钮时灯的状态							

实训四：标准功能块演示与验证

（一）实训目的

（1）进一步熟悉 PL707 的编程方法。

（2）掌握定时器和计数器的配置与使用。

（3）掌握利用布尔指令与标准功能块联合编程、调试等基本操作。

（二）实训器材

（1）PLC 实训装置平台 1 台。

（2）PLC（Neza）本体 1 个。

（3）装有编程软件 PL707 的 PC 机 1 台，并配有编程电缆。

（4）常用电工工具 1 套。

（5）开关/按钮板模块 1 个或开关/按钮若干。

（6）导线若干。

（三）实训步骤

（1）在断电情况下连接编程电缆。

（2）连接电路（连接好输入端的相关电路及元件和 PLC 供电电源）。

（3）梯形图方式/指令表方式进行定时器的演示与验证。

（4）通电观察运行情况并记录（可用在线监控）。

（5）计数器的演示与验证。

（6）观察运行情况并记录。

定时器参考程序，见实训图 5。

计数器参考程序，见实训图 6。

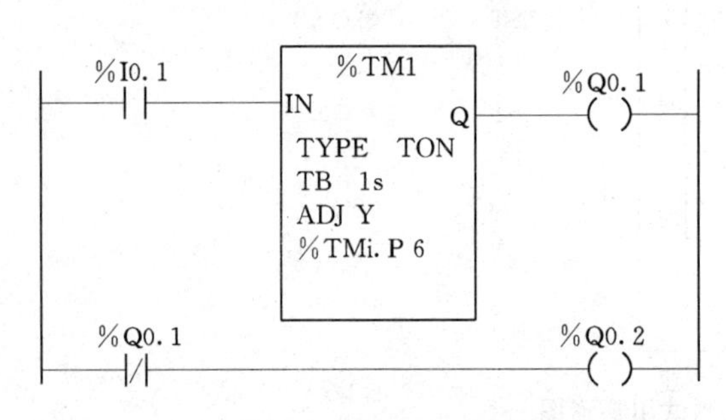

实训图 5　定时器演示用梯形图

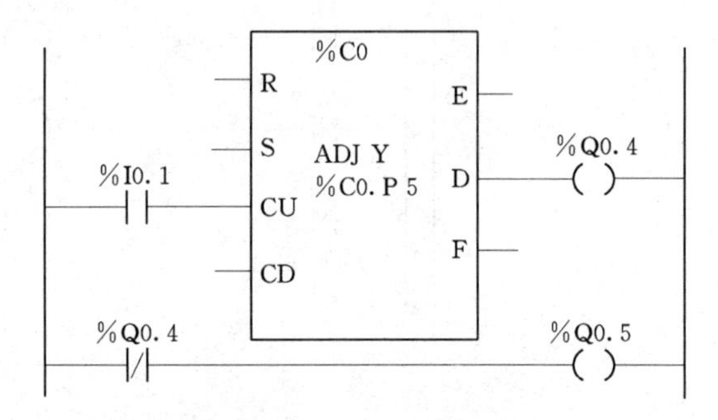

实训图 6　计数器演示用梯形图

（四）实训成果

（1）实训程序若干。

（2）对应的演示/验证记录表。

（3）典型值/状态的现象记录与分析。

（五）能力测试与综合提高

（1）按下启动按钮后，负载指示灯按从左到右依次点亮 3s，编程并上机运行实现。

（2）如何实现循环定时，编程完成。

（3）如何实现重复计数，编程完成。

（4）如何实现定时与计数的结合使用。

（5）利用定时器，产生等宽方波信号输出，周期为4s。

实训五：标准功能块演示与验证

（一）实训目的

（1）进一步熟悉PL707指令系统。

（2）掌握定时器和计数器的配置与使用。

（3）掌握利用布尔指令与标准功能块联合编程、调试等基本操作。

（4）掌握I/O接线的技能。

（二）实训器材

（1）PLC实训装置平台1台。

（2）PLC（Neza）本体1个。

（3）装有编程软件PL707的PC机1台，并配有编程电缆。

（4）常用电工工具1套。

（5）开关/按钮板模块1个或开关/按钮若干。

（6）导线若干。

（三）实训步骤

（1）在断电情况下连接编程电缆。

（2）连接电路（连接好输入端的相关电路及元件和PLC供电电源）。

（3）梯形图方式/指令表方式进行定时器的演示与验证。

（4）通电观察运行情况并记录（可用在线监控）。

（四）实训内容

（1）设计要求：用PLC控制不同颜色的灯，灯的分布如实训图7所示。

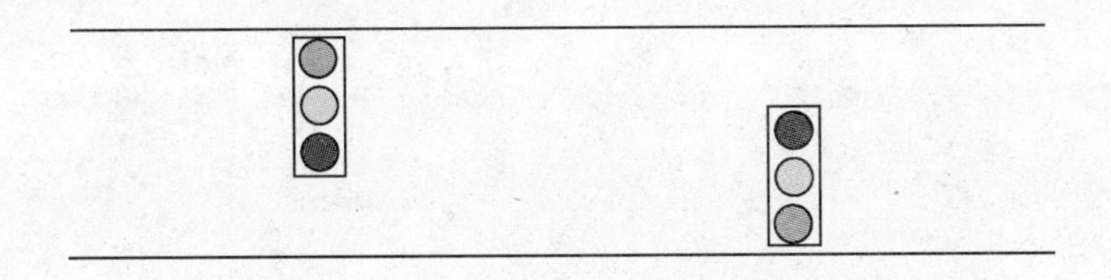

实训图7　功能块演示试验负载指示灯分配图

两组完全相同的信号灯，分三种颜色，要求绿灯7s，然后黄灯闪烁3s，之后红灯10s，周而复始地循环。

（2）I/O地址分配：

输入地址：I0为启动按钮，I1为停止按钮。

输出地址：Q1为绿灯，Q2为黄灯，Q3为红灯；

Q4为绿灯，Q5为黄灯，Q6为红灯。

（3）试验台上的灯只有一种颜色，本试验的信号灯可用另购的信号灯，加适当的接线完成。根据I/O分配，连接不同颜色的信号灯。

（4）本试验应从简单到复杂，慢慢完成。先做出循环启动，单个闪烁（加计数器控制），然后综合起来。时间上可以先设置小一点，待功能都完成之后再把时间设成题目要

求的数据。根据学生的程度及时间安排，选做本次实训。

（五）实训成果

（1）I/O分配表，I/O接线图。

（2）实训程序。

（3）对应的演示/验证记录表。

（4）典型值变更与分析。

（六）能力测试与综合提高

（1）模拟十字路口交通灯进行信号控制。

（2）完善程序风格（分区、适当注释、提高程序效率）。

第七章 FX 系列可编程控制器及其指令系统

第一节 FX 可编程控制器概述

一、FX2N 型号说明

FX2 系列 PLC 采用一体化的箱体式架构，结构紧凑，体积小、成本低、安装方便。其系列产品主要包括基本单元和扩展单元。

基本单元（M）：内有电源、CPU 与存储器，为必用装置（表 7-1）。

表 7-1 FX2N 基本单元一览

输入、输出总点数	输入点数	输出点数	FX2N 系列 PLC AC 电源供电 DC 输入		
			继电器输出	晶闸管输出	晶体管输出
16	8	8	FX2N-16MR-001	—	FX2N-16MT-001
32	16	16	FX2N-32MR-001	FX2N-32MS-001	FX2N-32MT-001
48	24	24	FX2N-48MR-001	FX2N-48MS-001	FX2N-48MT-001
64	32	32	FX2N-64MR-001	FX2N-64MS-001	FX2N-64MT-001
80	40	40	FX2N-80MR-001	FX2N-80MS-001	FX2N-80MT-001
128	64	64	FX2N-128MR-001	—	FX2N-128MT-001

扩展单元（E）：要增加 I/O 点数时使用的装置（表 7-2）。

表 7-2 FX2N 扩展单元

输入、输出总点数	输入点数	输出点数	FX2N 系列扩展单元		
			不带电源 DC 输入		
			继电器输出	晶闸管输出	晶体管输出
32	16	16	FX2N-32ER		FX2N-32ETE
48	24	24	FX2N-48ER		FX2N-48ETE
16	0	16	FX2N-16EYR	FX2N-16EYS	FX2N-16EYT
16	16	0	FX2N-16EX（只有输入而没有输出）		

编程器：用来进行用户程序编制、存储、管理，并把用户程序传送到 PLC 中，在调试时还可作为监控及故障检测之用。分为简易型和智能型。

特殊扩展设备：有通信扩展板、模拟量扩展模块及定位脉冲扩展模块等。

二、FX2N 系列可编程控制器的环境条件

FX2N 系列可编程控制器的环境条件见表 7-3 所列。

表 7-3　　FX2N PLC 环境条件

环境温度	使用温度 0～55℃，保存温度－20～70℃
环境湿度	使用时，35%～85%RH（无凝露）
绝缘耐压	AC1500V 1min（接地端与其他端子间）
绝缘电阻	5MΩ 以上（DC500V 兆欧表测量，接地端与其他端子间）
接地电阻	第三种接地，如接地有困难，可以不接地
抗震动、冲击性能	见产品说明
使用环境	无腐蚀性气体，无灰尘

第二节　FX系列可编程控制器的编程元件

可编程控制器用机内特定寄存器状态来反映逻辑控制电路中的接通与断开状态，其程序中所用的编程元件即是相应的寄存器。由于可编程控制器源于继电器控制电路，所以编程元件往往称为继电器，但其不是传统物理意义上的继电器，而是一种软继电器，其触点有无限多对，可以无限次引用。

为了编程方便，对编程元件作统一命名，名称由字母及数字组成，表示元件的类型及编号。

一、输入继电器 X

输入继电器 X 与输入端子相连，是可编程控制器接收外部形状信号的窗口，其实质是可编程控制器的输入映像寄存器。FX 系列 PLC 的输入继电器 X 采用八进制方式编号，其数量随型号不同而不等，其编号为：X001～X007、X010～X017、……（习惯上写成 X0～X7、X10～X17……，输出继电器也与此类似）当其所连接的外部触点接通时，该映像寄存器为“1”，断开时为“0”。

（1）输入继电器与可编程控制器面板上输入接线端子一一对应，其数目与外部输入点数相等，编号也相同。从可编程控制器面板上接线端子的数目和编号就可知输入继电器的数目和编号。

（2）输入继电器只能由可编程控制器的外部信号来驱动而不能用程序中的指令来驱动，也不能接外部负载。

（3）输入继电器的状态实质上是可编程控制器内部某存储单元的状态，可以无限次被引用。亦可理解为其有无限对的动合、动断触点。

二、输出继电器 Y

输出继电器 Y 与输出端子相连，是可编程控制器向外部负载输出信号的窗口。可编程控制器将程序执行的结果送给输出映像寄存器，再由输出映像寄存器驱动输出模块进而驱动外部负载。

（1）输出继电器与可编程控制器面板上输出接线端子一一对应。

（2）输出继电器只能由程序中的执行结果来驱动，而不能由可编程控制器的外部信号来驱动。

(3) 输出继电器的触点可被无限次引用。

输入、输出继电器的连接关系与逻辑关系参考图7-1。

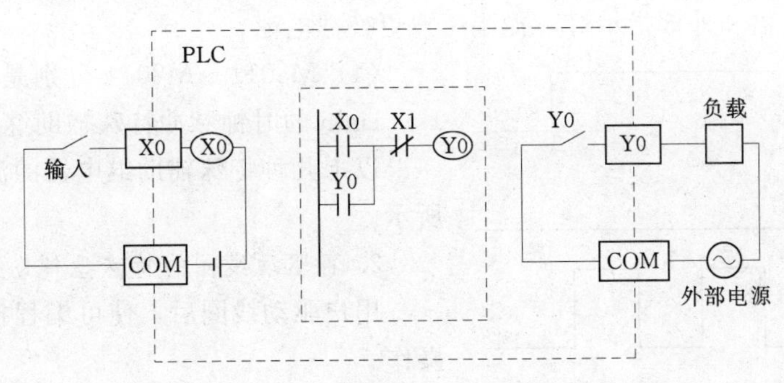

图7-1 输入、输出继电器示意图

三、辅助继电器M

辅助继电器相当于继电器控制中的中间继电器，它能为输入继电器、输出继电器或其他继电器提供中间辅助控制信息，其触点在程序内可以被无限次引用。辅助继电器不能接收外部信号，也不能直接驱动外部负载，要驱动外部负载必须通过输出继电器才行。

在FX系列可编程控制器中，除了输入和输出继电器的元件编号采用八进制外，其他编程元件编号均采用十进制。

FX2N系列可编程控制器的辅助继电器有三类：通用型辅助继电器500个（M0～M499），保持型辅助继电器2572个（M500～M3071），特殊型辅助继电器256个（M8000～M8255）。

（一）通用型辅助继电器

通用型辅助继电器无后备电池支持，如果可编程控制器电源中断，通用型辅助继电器和输出继电器全部变为OFF；若电源再次接通，除了可编程控制器运行时即为ON的以外，其余的均为OFF状态。

（二）保持型辅助继电器

某些控制系统要求记忆电源中断瞬间的状态，重新通电后再现其状态，保持型辅助继电器可以用于这种场合。在电源中断时，由锂电池保持它们的映像寄存器的内容，它们在可编程控制器重新通电后的第一个扫描周期按映像寄存器的状态把对应的辅助继电器刷新一次。

（三）特殊型辅助继电器

特殊型辅助继电器也称专用辅助继电器，它们用来表示可编程控制器的某些状态，提供时钟脉冲和标志，可编程控制器的运行方式等。

1. 只能利用其触点的特殊型辅助继电器（只读）

由可编程控制器的系统程序来驱动其线圈，在用户程序中可直接使用其触点。

(1) M8000（运行监视）：在可编程控制器执行用户程序时（RUN），M8000为ON；停止执行用户程序时（STOP），M8000为OFF。

(2) M8002（初始化脉冲）：M8002在M8000由OFF变为ON状态时的一个扫描周期内为ON，可以用M8002的常开触点来使断电保持功能的元件初始化复位和给它们置初值。

(3) M8005（电池监视）：电池电压下降至规定值时 M8005 变为 ON，可用其常开触点驱动输出继电器和外部指示灯，提醒用户更换锂电池。

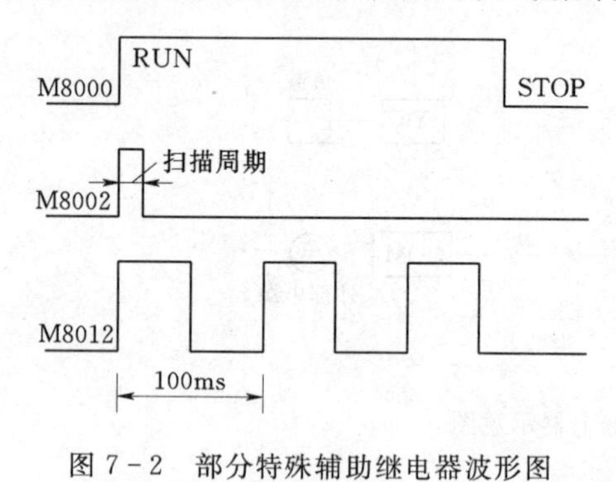

图 7-2　部分特殊辅助继电器波形图

(4) M8011～M8014 分别是 10ms、100ms、1s、1min 的时钟脉冲特殊辅助继电器。

以上几种特殊辅助继电器的波形图如图 7-2 所示。

2. 可驱动线圈的特殊型辅助继电器（读/写）

用户驱动线圈后，使可编程控制器执行特定操作。

(1) M8030 线圈通电后，“电池电压降低”LED 灯熄灭。

(2) M8033 线圈通电时，可编程控制器停止时（RUN→STOP）输出保持。

(3) M8034 线圈通电时，禁止输出。

(4) M8039 线圈通电时，可编程控制器以 M8039 中指定的扫描时间工作。

四、定时器 T

定时器在可编程控制器中的作用相当于一个时间继电器，它有一个设定值寄存器（字），一个当前值寄存器（字）及无数对触点（位）。对于每一个定时器这三个量使用同一名称，但使用场合不一样，其所指也不一样。通常在一个可编程控制器中，有几十至数百个定时器，可用于定时操作。

FX2N 可编程控制器的定时器可用常数 K 作为其设定值，也可用数据寄存器（D）的内容作为其设定值。定时器在其线圈被驱动后开始计时，到达设定值后，在执行第一个线圈指令时输出触点动作。定时器分为通用定时器和积算定时器。

（一）通用定时器（T0～T245）

T0～T199（200 个）为时基 100ms 的定时器，定时范围：0.1～3276.7s。其中 T192～T199 为子程序和中断服务程序专用的定时器，这 8 个定时器若在子程序或中断程序中被使用，则在执行 END 指令时计时值变更，当达到设定值后，在执行线圈指　或 END 指令时，输出触点动作，其他定时器在子程序中不能正确定时。

T200～T245（46 个）为时基 10ms 的定时器，定时范围：0.01～327.67s。

图 7-3 中，X0 触点接通时，T0 的当前值要从零开始对 100ms 的时钟脉冲进行累加计数。当前值等于预设值 30 时，定时器的触点动作（常开触点闭合，常闭触点断开），即 T0 的输出触点在其线圈被驱动 3s 后动作；当 X0 的常开触点断开后，定时器复位（常开触点断开，常闭触点闭合，当前值恢复为零）。

(1) 通用定时器没有保持功能，在输入电路断开或停电时复位。

(2) 使用定时器时必须输入预设值 K，否则显示出错。

(3) 同一定时器在同一程序中只能使用一次（被驱动），其触点可多次被引用。

（二）积算定时器（T246～T255）

T246～T249 为时基 1ms 积算定时器，定时范围：0.001～32.767s。

T250～T255 为时基 100ms 积算定时器，定时范围：0.1～3276.7s。

图 7-4 中，常开触点 X0 闭合，T250 对 100ms 时钟脉冲进行累加计数，当触点 X0 断开或停电时，定时器停止定时，当前值保持不变；当触点 X0 再次闭合或恢复供电时继续定时。累计时间等于 40s(t1＋t2＝40s) 时，T250 触点动作。当触点 X1 闭合时，T250 复位。

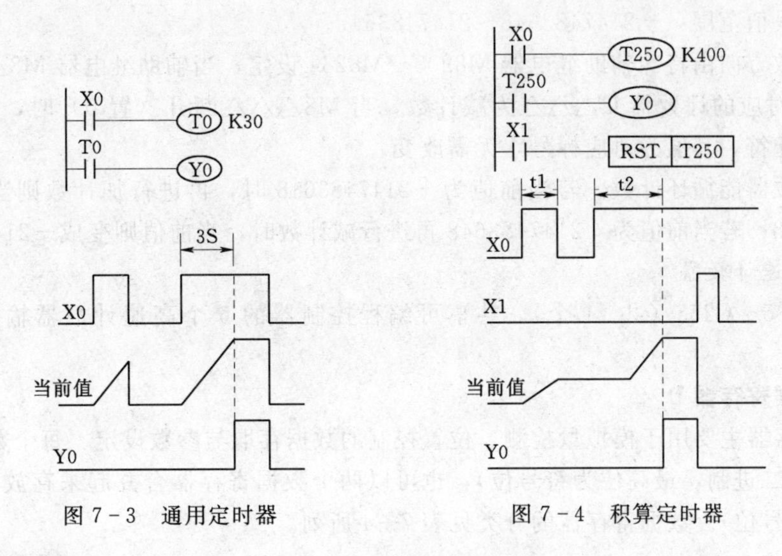

图 7-3　通用定时器　　　图 7-4　积算定时器

五、计数器 C

可编程控制器的计数器分为内部信号计数器（简称计数器）和外部高速计数器（简称高速计数器）。内部计数器是用来对可编程控制器内部元件 X、Y、M、S 的信号计数；高速计数器对可编程控制器的高速计数器输入端信号进行计数。

（一）16 位计数器

通用型计数器 C0～C99（共 100 个），断电保持型 C100～C199（共 100 个）。

如图 7-5 所示，触点 X0 闭合后，计数器 C0 复位，X1 提供计数脉冲输入信号。当触点 X0 断开，X1 的上升沿到来时，计数器 C0 当前值加 1，每来 1 个脉冲当前值加 1 直到当前值等于预设值时，C0 动作使其常开触点闭合，当前值不再增加；当复位输入再次闭合时，计数器复位，为下周期的计数做好准备。

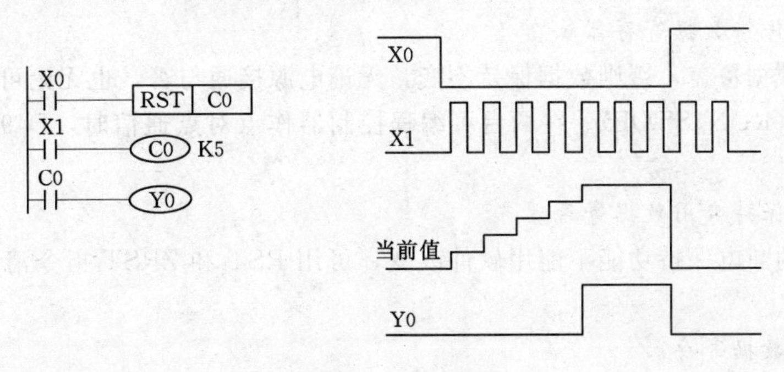

图 7-5　计数器

（1）计数与复位信号同时到来时，复位信号优先；

(2) 预设值可用常数K或指定数据寄存器(D)来设定，设定范围1～32767；

(3) 计数器当前值增加必须同时满足的条件：复位信号为0，计数脉冲到达(上升沿)，当前值小于预设值。

(二) 32位双向计数器

通用型计数器C200～C219(共20个)，断电保持型计数器C220～C234(共15个)。

(1) 预设值范围：－2147483648～2147483647。

(2) 计数方向由特殊辅助继电器M8200～M8234设定，当辅助继电器M8△△△闭合时(置1)，对应的计数器C△△△为减计数，当M8△△△断开(置0)时，为加计数。△△△为通配符，其值为对应标号，无需改变。

(3) 计数器能循环计数。若当前值为＋2147483648时，再进行加计数则当前值变成－2147483648；若当前值为－2147483648再进行减计数时，当前值则变成＋2147483647。

(三) 高速计数器

编号C235～C255(共21个)，共享可编程控制器的6个高速计数器输入端X000～X005。

六、数据寄存器D

数据寄存器主要用于模拟量检测、位置控制的数据存取与参数设定。每个数据寄存器都是16位(二进制，最高位为符号位)，也可以两个数据寄存器合并起来存放32位数据(最高位为符号位)。数据寄存器的分类见表7-4所列。

表7-4　　数据寄存器的分类

一般用	停电保持	停电保持专用	特殊用	指定用 (变址寄存器)	说　明
D0～D199 200个	D200～D511 312个	D512～D7999 7488个	D8000～D8255 256个	V0～V7 Z0～Z7 16个	D1000～D7999 可用来作文件 寄存器

(一) 通用数据寄存器

只要不写入其他数据，已写入的数据不会变化。若特殊辅助继电器M8033置0，则可编程控制器状态由运行(RUN)转换为停止(STOP)时全部数据清零；若M8033置1，则上述运行状态转换时，数据可以保持。

(二) 掉电保持数据寄存器

除非被新数据覆盖，否则数据保持不变，无论电源接通与否，也无论可编程控制器的运行状态如何(RUN/STOP)。在两台可编程控制器作点对点通信时，D490～D509被用作通信操作。

(三) 停电保持专用数据寄存器

此寄存器的断电保持功能不能用软件改变，可用RST和ZRST指令清除它们保存的数据。

(四) 特殊数据寄存器

这些寄存器供监控PLC中各种元件的运行方式之用，其内容在电源接通时写入初始化值(先清零，然后由系统ROM安排写入初始值)。

（五）变址寄存器

类似于一般微处理器中的变址寄存器，通常用于修改元件的编号。

（六）文件寄存器

是一类专用的数据寄存器，用于存储大量数据，如采集数据、统计计算数据、控制参数、配方等。从D1000开始，以500个作为一个子文件，最多可配置14个，即7000＝500×14，当然在此区域中的未做文件寄存器的部分仍可作为一般使用的停电保持型数据寄存器。

七、状态继电器S

状态继电器是在编制步进（顺序）控制程序中使用的基本元件，它与步进梯形指令一起使用。

S0～S499（共500个）状态继电器，没有断电保持功能（可用程序设定为有断电保持功能的状态），其中S0～S9为提供初始状态用，S10～S19为提供返回原点用。

S500～S999（共500个）状态继电器，有断电保持功能，其中S900～S999供报警器用。

八、移位寄存器M

移位寄存器由辅助继电器M组成，按次序从头开始每16个辅助继电器构成一组移位寄存器。要配合使用移位指令。当一组辅助继电器已用作移位寄存器时，便不能再作它用。移位寄存器的编号用组成移位寄存器的16个辅助此类电器的第1个辅助继电器的编号来表示。

九、指针P/I

（一）指针的分类

指针的分类见表7-5。

表7-5　　指针P/I的分类和地址分配

	分支用	结束跳转用	输入中断用	定时中断用	计数中断用
FX2N系列指针及地址	P0～P62 P64～P127 共127个	P63 共1个	I00＊（X000） I10＊（X001） I20＊（X002） I30＊（X003） I40＊（X004） I50＊（X005） 共6个	16＊＊ 17＊＊ 18＊＊ 共3个	I010 I020 I030 I040 I050 I060 共6个

（二）分支指针

P0～P127用来指示跳转指令CJ的跳步目标或子程序调用指令CALL调用子程序的入口地址。（注意：执行子程序返回指令SRET时，返回主程序）。P63表示跳转至END指令步。

（三）中断指针

用来指示某一中断源的中断程序入口标号，执行到中断返回指令IRET时，返回主程序。定时中断可以使可编程控制器以指定的周期，定时执行中断子程序，处理时间不受可编程控制器扫描周期的限制；计数中断可用于可编程控制器内置的高速计数器，根据高速计数当前值与计数设定值关系确定是否执行相应的中断服务子程序。

十、常数 K/H

常数K用来表示十进制数，16位常数的范围是－32768～＋32767，32位常数的范围是－2147483648～＋2147483647。常数H用来表示十六进制数（十六进制含0～9及A～F共16个数码），16位常数的范围是0～FFFF，32位常数的范围是0～FFFFFFFF。

常数实际上不属于编程元件，但在编程过程中（特别是对定时器、计数器的设定值）经常要用到，否则会出错。

第三节　FX可编程控制器的基本指令

FX2N系列可编程控制器的指令系统包括基本指令（27条）、步进指令（2条）和功能指令（百余条）。掌握了基本指令就可以编制出开关量控制系统的用户程序。

一、逻辑取及线圈驱动指令 LD、LDI、OUT

LD（Load）：取指令，用于编程元件的常开触点与母线的起始连接。

LDI（Load Inverse）：取反指令，用于编程元件的常闭触点与母线的起始连接。

LD与LDI是对编程元件的触点操作适用于任一常开/常闭触点的逻辑行。作为特殊处理，LD和LDI还可用于后述的块与（ANB）、块或（ORB）和主控（MC）、步进（STL）等分支电路的起点。其操作对象可以是编程元件X、Y、M、T、C和S，不作任何逻辑运算，只取编程元件本身的值（0或1）。

OUT（Out）：驱动线圈输出指令，用于向编程元件线圈输出结果，它的操作对象是编程元件Y、M、S、T、C。对输入元件X不能使用。OUT指令可以连续使用多次。当操作对象是定时器T和计数器C时，必须设置常数K。

二、触点串联指令 AND、ANI

AND（And）：与指令，用于单个常开触点的串联连接。

ANI（And Inverse）：与反指令，用于单个常闭触点的串联连接。

（1）AND、ANI是触点串联指令，串联的次数没有限制，可多次重复。

（2）操作对象为编程元件X、Y、M、S、T、C。

三、触点并联指令 OR、ORI

OR（Or）：或指令，用于单个常开触点的并联连接。

ORI（Or Inverse）：或反指令，用于单个常闭触点的并联连接。

（1）OR、ORI是触点并联指令，并联的次数没有限制，可多次重复。

（2）操作对象为编程元件X、Y、M、S、T、C。

（3）触点串联，并联是最基本的指令，其用法如图7－6所示。

四、串联支路块并联指令 ORB

ORB（Or Block）：块或指令，用于含有串联触点支路块（电路块）的并联连接。

两个及以上的触点串联而成的电路块称串联电路块，将串联电路块并联连接用ORB指令。ORB指令为独立指令，不带元件号，它相当于梯形图中触点间的一段垂直连线。用法如图7－7所示。

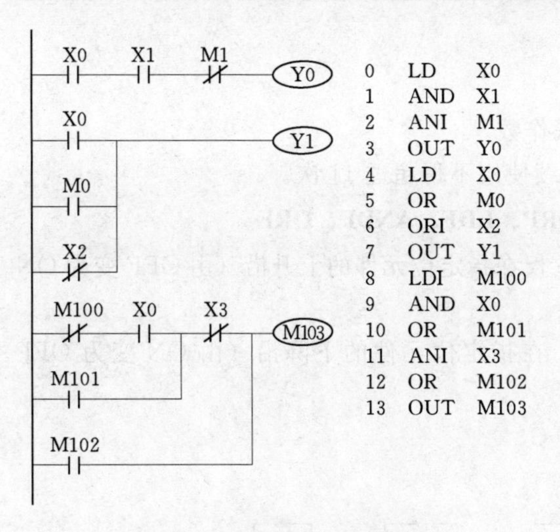

图7-6　基本指令用法说明

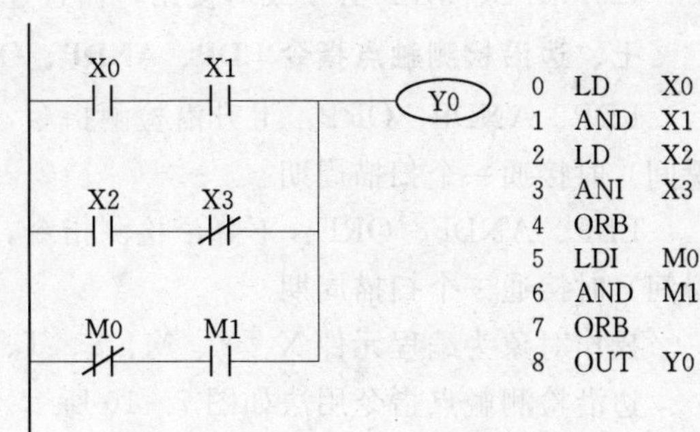

图7-7　ORB指令使用示意图

(1) 若干个串联电路块并联连接时，串联电路块的起点都要用LD/LDI指令，电路块的后面（结束）用ORB指令。

(2) 要将多个串联电路块并联时，连续使用ORB指令时，应限制在8次以下。

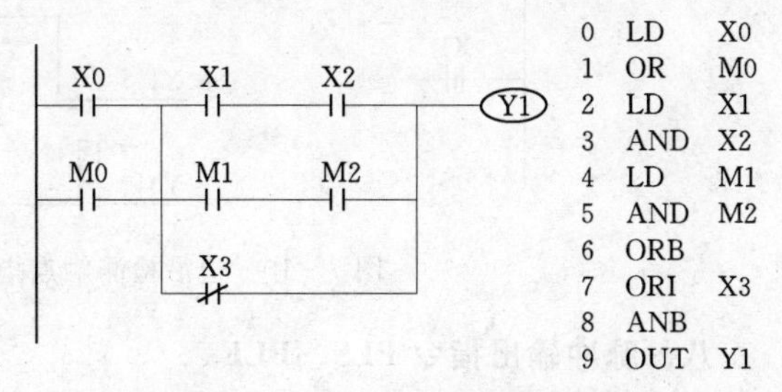

图7-8　ANB指令使用示意图

五、并联支路块串联指令ANB

ANB (And Block)：块与指令，用于含有并联触点支路块（电路块）的串联连接。指令用法如图7-8所示。

(1) 若干个并联电路块串联连接时，串联电路块的起点都要用LD/LDI指令，电路块的后面（结束）用ANB指令。

(2) 要将多个并联电路块串联时，若在并联的每个串联电路块后加ANB指令，则并联电路块的个数没有限制。

六、栈存取指令MPS、MRD、MPP

MPS (Push)：进栈指令，记忆下逻辑运算结果的状态(0/1)，以供后续使用。

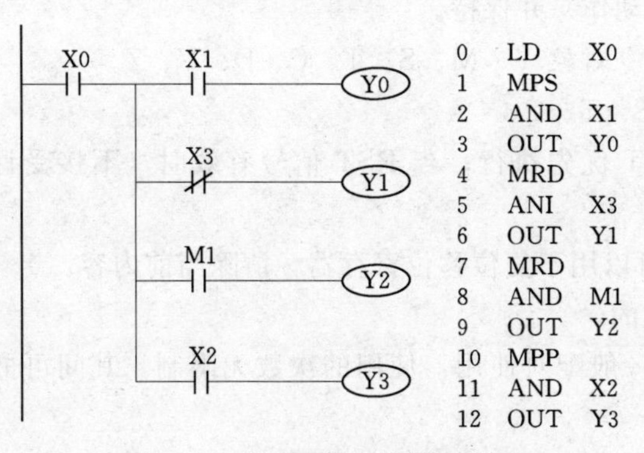

图7-9　栈存取指令使用示意图

MRD (Read)：读栈指令，读出用MPS指令存储的状态(0/1)并使用。

MPP (Pop)：出栈指令，调出用MPS指令存储的状态并进行状态更新。

FX系列可编程控制器中有11个存储中间运算结果的存储区域，称为栈存储器。使用进栈指令MPS时，将当时的运算结果压入栈的第一层，栈中原来的数据依次向下一层推移；使用出栈指令MPP时，各层的数据依次向上移动一次。MRD是读出栈最上层的数据。

栈存取指令用法如图 7－9 所示。

(1) MPS、MRD、MPP 三条指令均无操作数。

(2) MPS、MPP 必须成对使用，而且连续使用不得超过 11 次。

七、边沿检测触点指令 LDP、ANDP、ORP、LDF、ANDF、ORF

LDP、ANDP、ORP：上升沿检测指令，仅在指定位元件的上升沿（由 OFF 变为 ON 瞬间）时接通一个扫描周期。

LDF、ANDF、ORF：下降沿检测指令，在指定位元件的下降沿（由 ON 变为 OFF 瞬间）时接通一个扫描周期。

操作对象为编程元件 X、Y、M、S、T、C。

边沿检测触点指令用法如图 7－10 所示。

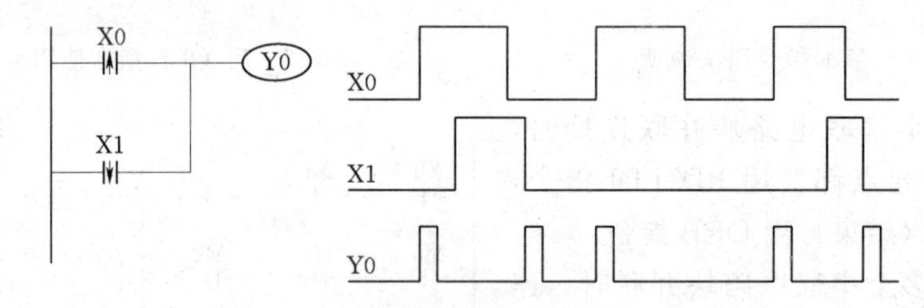

图 7－10　边沿检测触点指令的梯形图与波形图

八、脉冲输出指令 PLS、PLF

PLS：上升沿微分输出指令。

PLF：下降沿微分输出指令。

PLS 和 PLF 指令用于输出继电器 Y 和辅助继电器 M，用于激发 M 和 Y 输出脉冲信号。

(1) PLS、PLF 的对象元件只能是输出继电器 Y 或辅助继电器 M。

(2) 仅在驱动元件接通/断开后的一个扫描周期内动作。

九、置位与复位指令 SET、RST

SET (Set)：置位指令，使操作（动作）保持。

RST (Reset)：复位指令，解除操作（动作）并保持。

(1) SET 指令对象 Y、M、S；RST 指令对象 Y、M、S、T、C、D、V、Z。

(2) 操作对象为编程元件 X、Y、M、S、T、C。

(3) 如果 SET、RST 同时受激发，RST 优先执行；当 RST 信号有效时，不接受计数器和移位寄存器的输入信号。

(4) RST 指令可用于计数器复位；也可以用于复位移位寄存器，清除当前内容。

(5) 对于计数器，其复位与计数是独立的。

(6) 对于 Y、M、S，SET、RST 指令一般配对使用，使用的次数无限制，其间可嵌入别的程序，且 RST 优先。

示例：0　　LD　　X1

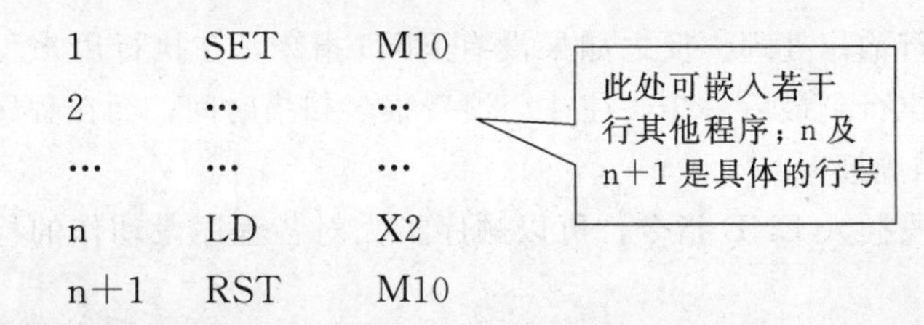

1	SET	M10
2	…	…
…	…	…
n	LD	X2
n+1	RST	M10

十、取反指令 INV

INV（Inverse）：取反指令，将执行 INV 指令之前的运算结果取反。

INV 指令无操作对象。

十一、主控与主控复位指令 MC、MCR

MC（Master Control）：主控指令，用于公共串联触点的连接；MCR（Master Control Reset）：主控复位指令，作为 MC 的复位指令（公共串联触点的解除）。

在编程时，经常会遇到许多电路同时受一个或一组触点控制的情况，这一触点就是主控触点。在梯形图中，主控触点是与母线相连的常开触点，是控制一组电路的总开关。

如图 7-11 所示，X0 触点接通，MC 指令激活 M100，则 M100 的常开触点闭合，使用主控指令的触点 M100 称为主控触点（或公共串联触点），主控触点在梯形图中与一般的触点垂直，主控指令触点接通程序执行到 MCR 指令返回到原母线，继续执行母线上的后续程序，MC 指令的主控触点断开时，积算定时器、计数器、用复位、置位指令驱动的软元件保持其当时状态，非积算定时器和用 OUT 指令驱动的元件为 OFF。

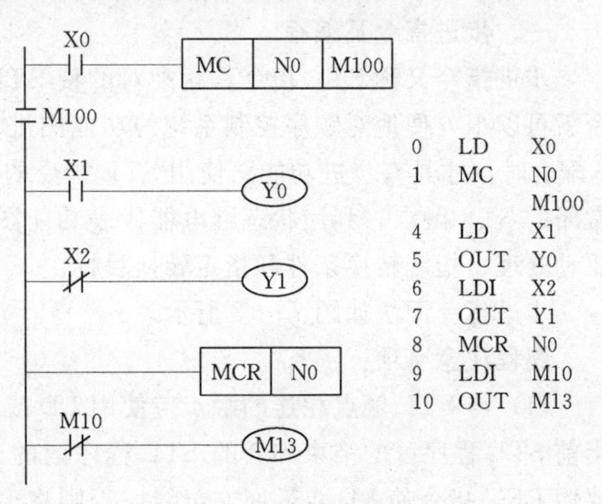

图 7-11　主控指令使用示意图

（1）与主控触点相连的触点必须使用 LD/LDI 指令，即使用 MC 指令后，母线移到主控触点后面，MCR 指令使母线回到原来的位置。

（2）MC、MCR 配对使用，而且可以嵌套，嵌套级 N 的编号（0～7）依次增大，返回用 MCR 指令从大的嵌套开始解除。

（3）特殊辅助继电器不能用作 MC 的触点。

十二、空操作指令 NOP

NOP（No Processing）：空操作指令，无动作，无操作元件的指令。主要用于如下三种情况：①在编程器中尚未输入指令和程序步自动生成 NOP 指令；②在程序中人为加入 NOP 指令，以便在改动或追加程序时，可减少步序号的改变；③用 NOP 指令替换已输入的指令，可以人为地修改电路，达到修改程序的目的，常用于调试与修改。

十三、程序结束指令 END

END（End）：结束指令，用于表示程序的结束。

可编程控制器是以循环扫描方式工作的，若在程序中写入 END 指令，则 END 之后

的程序就不再执行，直接进行输出处理。反之如果没有END指令，在执行用户程序时将从用户程序存储器的第一步执行到最后一步，往往会浪费很多扫描时间，而在程序结束处使用END指令可以缩短扫描周期。

在程序调试过程中，按段插入END指令，可以顺序扩大对各程序段动作的检查，可以方便程序的调试及修改。

执行END指令时也刷新警戒时钟（WDT）。

第四节 FX可编程控制器的步进指令及功能指令简介

可编程控制器是为工业控制而设计的专用计算机，不仅有基本指令，还有步进指令和功能指令。使用这两类指令能较容易地编写出复杂的控制程序和扩大可编程控制器的应用范围。由于功能指令数量较多，本节中只选择其中几条略加说明，在实际应用中读者可根据用户手册或系统帮助进行相关的程序编制。

一、步进指令及编程

步进指令又称STL指令，相配对的使STL复位的指令为RET指令。利用这两条指令就可以很方便地对顺序控制系统的功能图进行编程。步进指令STL只有与状态继电器S配合时，才具有步进功能。使用STL指令的状态继电器常开触点称为STL触点，没有常闭的STL触点。利用状态继电器代表功能图的各步，每一步都具有三种功能：负载的驱动处理、指定转换条件和指定转换目标。

步进指令用法如图7-12所示。

编程注意事项：

（1）与STL触点相连的触点应使用LD或LDI指令，下一条STL指令的出现意味着当前STL程序区的结束和新的STL程序区的开始，最后一个STL程序区结束时，一定要用RET指令使LD点返回左母线，否则将出现程序语法错误信息，可编程控制器不能执行用户程序。

（2）初始状态必须预先做好驱动，否则状态流程不可能向下进行，一般用控制系统的初始条件，若无初始条件可用M8002或M8000进行驱动。

（3）STL指令后可以直接驱动或通过别的触点来驱动Y、M、X、T、C等元件的线圈和功能指令。若同一线圈需要在连续多个状态下驱动，则可在各个状态下分别使用OUT指令，也可以使用SET指令将其置位，等到不需要驱动时再用RST指令将其复位。

（4）由于CPU只执行活动状态对应的程序，因此允许双线圈输出，即在不同的STL程序区可以驱动同一软元件的线圈，但是同一元件的线圈不能在同时为活动状态的STL程序区内出现。在有并行流程时，应特别注意这一问题。

（5）状态继电器S不能重复使用，否则会引起程序执行错误。

（6）STL触点之后不能使用MC/MCR指令。

（7）需要在停电恢复后继续维持停电前的运行状态时，可使用S500～S899停电保持型状态继电器。

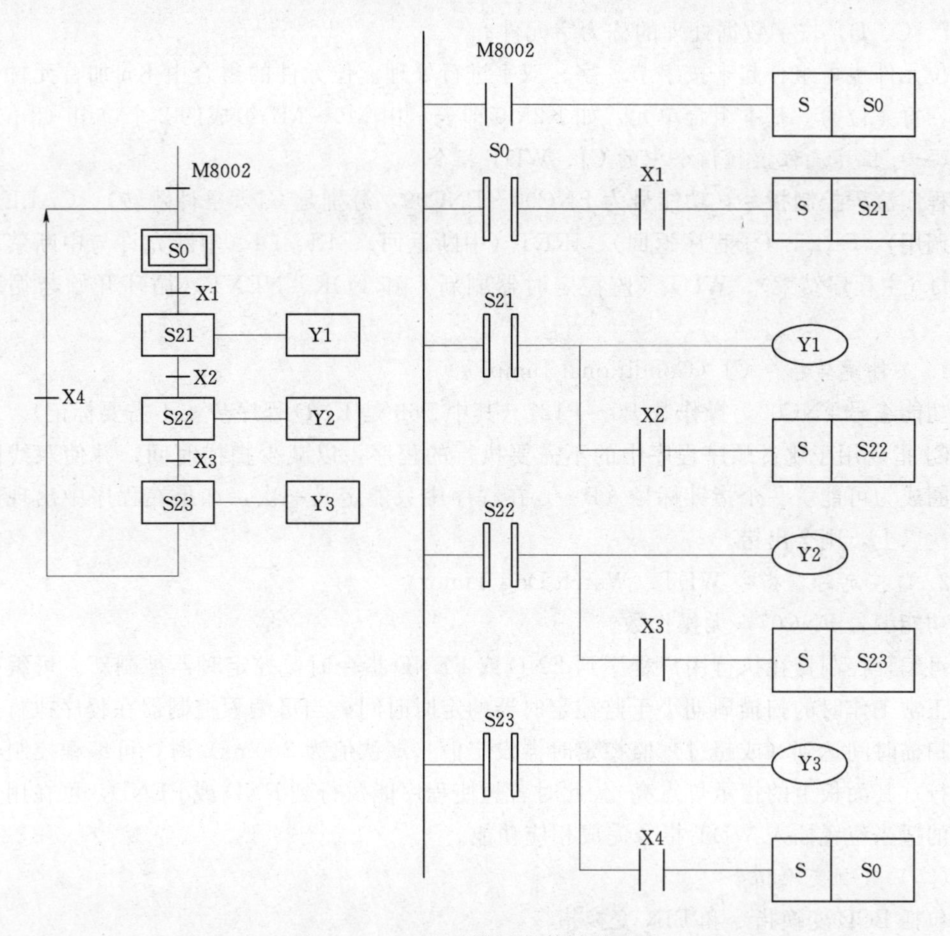

图 7-12　STL 功能图与等效梯形图

二、功能指令

功能指令主要用于数据的运算、转换及其他控制功能，使 PLC 成为真正意义上的工业计算机。许多功能指令有很强大的功能，往往一条指令就可以实现几十条基本指令才能实现的功能，还有很多功能指令具有基本指令难以实现的功能。FX2N 系列可编程控制器功能指令丰富，主要包括以下几个方面：

(1) 程序流程控制指令；

(2) 算术与逻辑运算指令；

(3) 传送、移位、循环移位及填充指令；

(4) 中断指令；

(5) 数据处理指令；

(6) 其他指令。

功能指令按功能号（FNC00～FNC250）编排，每条功能指令都有一助记符。有些功能指令只需指定功能号即可，但许多功能指令在指定功能号的同时还必须指定操作数。

功能指令可处理的数据类型包括位（bit）、字节（byte）、字（1W＝2bytes）和双字（1DW＝4bytes）。只有 ON/OFF 状态的元件（如 X、Y、M、S），称为位元件；其他元件

（如 T、C、D）按字数据处理的称为字元件。

位元件也可组合起来按字节、字、双字进行处理。位元件的组合由 Kn 加首元件号来表示，每 4 位为一基本组合单元。如 K2M0 即表示由 M0～M7 组成的 2 个位组（8 位）。

（一）程序流程控制指令中的 CJ、WDT 指令

程序流程控制指令：功能号为 FNC00～FNC09，分别是 CJ（条件跳转）、CALL（子程序调用）、SRET（子程序返回）、IRET（中断返回）、EI、DI（中断允许与中断禁止）、FEND（主程序结束）、WDT（监控定时器刷新）和 FOR、NEXT（循环开始与循环结束）。

1. 条件跳转指令 CJ（Conditional Jump）

功能编号 FNC00，操作数 P0～P127（其中 P63 是 END 程序步，不需要标记）。

CJ 指令用于跳过顺序程序中的不需要执行的程序，以减少扫描时间，并使双线圈或多线圈成为可能。一个指针标号（P *）在程序中只能定义一次，如果在程序中出现两次或两次以上，则会出错。

2. 监控定时器指令 WDT（Watch Dog Timer）

功能编号 FNC07，无操作数。

可编程控制器在执行用户程序到 END 或 FEND 指令时监控定时器被刷新。可编程控制器正常工作时的扫描周期小于监控定时器的定时时间。当可编程控制器在程序执行过程中其扫描时间达到（或超过）监控定时器设定值（默认值为 200ms）时，可编程控制器停止运行（其面板上的指示灯点亮）。此时若想使程序能执行到 END 或 FEND，可在用户程序中的适当位置插入 WDT 指令完成相应功能。

（二）数制变换指令

包括 BCD 变换指令和 BIN 变换指令。

1. BCD 变换指令

功能编号 FNC18，将源地址中的二进制数转换成 BCD 码送到指定目标地址中去。BCD 变换指令的使用如图 7-13 所示。当 X000＝ON 时，源地址 D12 中的二进制数转换成 BCD 码送到 Y000～Y007 的目标地址去，当 X000＝OFF 时，变换指令不执行。

（1）BCD 变换指令主要用于将 PLC 中的二进制数转换成 BCD 码输出，用于驱动显示。

（2）BCD 转换结果超过 0～9999（16 位运算）或 0～99999999（32 位运算）时则出错。

2. BIN 变换指令

功能编号 FNC19，将源地址中的 BCD 数据转换成二进制数据送到目标地址去。如图 7-13 所示，当 X000＝ON 时，源地址 D12 中的 BCD 数据转换成二进制数送到 Y000～Y007 的目标地址去。

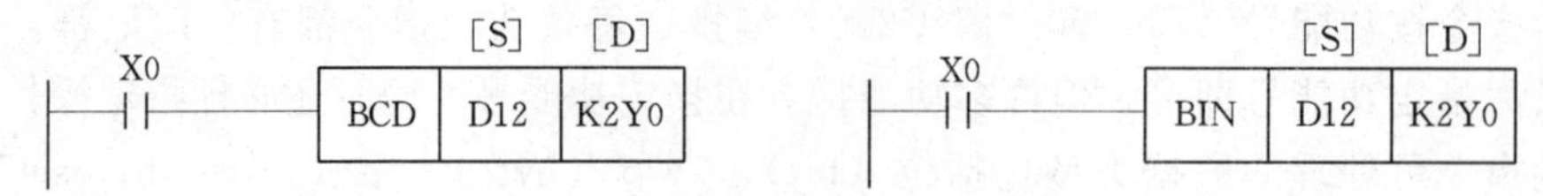

图 7-13　数制变换指令示意图

（三）比较、传送指令

1. 传送指令（MOV）

功能编号 FNC12，将源操作数送到指定的目的操作数去。条件成立时，执行传送，条件不成立时，指令不执行，数据保持不变。

2. 比较指令（CMP）

功能编号 FNC10，将源操作数 S1、S2 的数据按代数规则进行大小比较，并将比较结果送到目的操作数中。

比较、传送指令用法如图 7－14 所示。

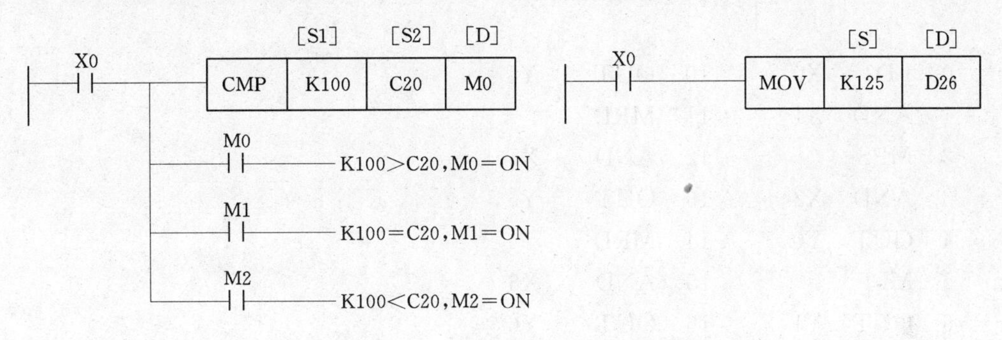

图 7－14　比较及传送指令示意图

（四）四则运算指令

包括加法指令 ADD（FNC20）、减法指令 SUB（FNC21）、乘法指令 MUL（FNC22）和除法指令 DIV（FNC23）。以加法为例，用法如图 7－15 所示。

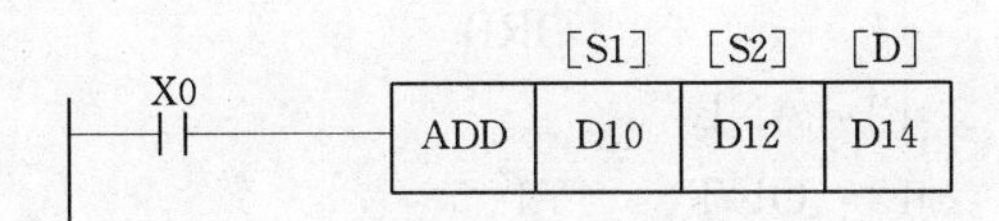

图 7－15　加法指令示意图

习　题

7－1　根据如下梯形图写出指令表程序。

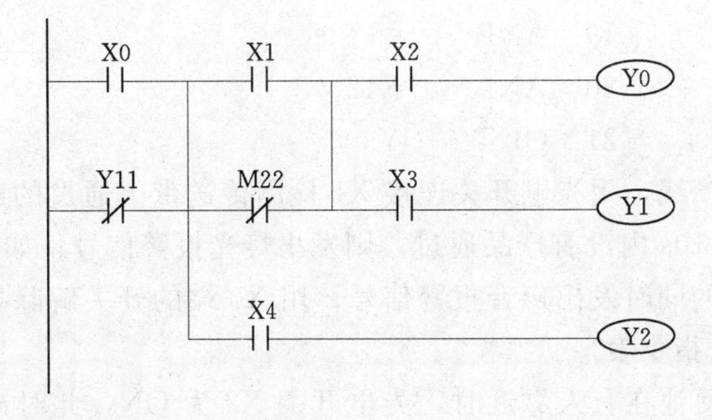

7－2　根据如下梯形图写出指令表程序。

7－3　根据如下指令表画出梯形图。

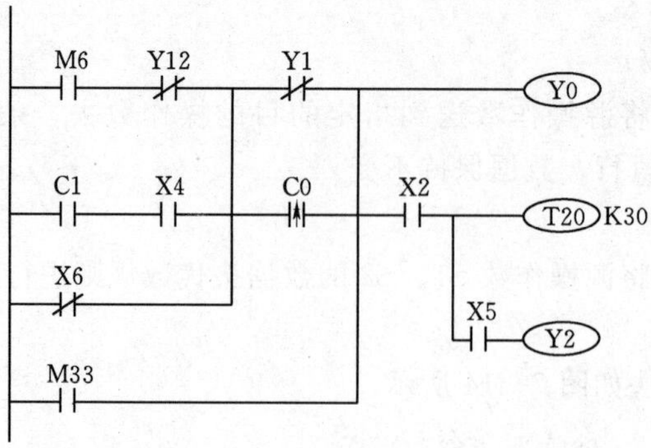

M6　Y12　Y1　Y0
C1　X4　C0　X2　T20　K30
X6
X5　Y2
M33

0	LD	X0	10	OUT	Y4
1	AND	X1	11	MRD	
2	MPS		12	AND	X5
3	AND	X2	13	OUT	Y5
4	OUT	Y0	14	MRD	
5	MPP		15	AND	X6
6	OUT	Y1	16	OUT	Y6
7	LD	X3	17	MPP	
8	MPS		18	AND	X7
9	AND	X4	19	OUT	Y7

7－4　根据如下指令表画出梯形图。

0	LD	X0	11		ORB
1	MPS		12	ANB	
2	LD	X1	13	OUT	Y1
3	OR	X2	14	MPP	
4	ANB		15	AND	X7
5	OUT	Y0	16	OUT	Y2
6	MRD		17	LD	X10
7	LD	X3	18	OR	X1
8	AND	X4	19	ANB	
9	LD	X5	20	ANI	X12
10	AND	X6	21	OUT	Y3

7－5　有一条生产线，用光电开关连接 X1 检测传送带上通过的产品，有产品通过时 X1 为 ON，如果连续 10s 内没有产品通过，则发出灯光报警信号；如果连续 20s 内没有产品通过，则灯光报警的同时发出声音报警信号；用 X0 端的开关解除报警信号。请设计完成此功能。(梯形图＋指令表)

7－6　洗手间小便池在有人靠近时，光电开关 X2 为 ON，此时冲水控制系统使电磁阀 Y0 为 ON 进行持续 2s 冲水，4s 后又冲水 2s，当使用者离开时冲水 5s。请设计完成此功能的梯形图。

第八章　西门子 S7-200 系列 PLC 及指令系统

德国西门子（SIEMENS）公司生产的可编程控制器在我国的应用也相当广泛，在冶金、化工、印刷生产线等领域都有应用。西门子（SIEMENS）公司的 PLC 产品包括 LOGO、S7-200、S7-1200、S7-300、S7-400 等。西门子 S7 系列 PLC 体积小、速度快、标准化，具有网络通信能力，功能更强，可靠性高。S7 系列 PLC 产品可分为微型 PLC（如 S7-200），小规模性能要求的 PLC（如 S7-300）和中、高性能要求的 PLC（如 S7-400）等。

本章以西门子 S7-200 系列 PLC 为例，介绍西门子小型的 PLC 系统的组成、内部元器件、指令系统等基础知识。

第一节　S7-200 的硬件简介

S7-200 系列 PLC 是西门子公司新推出的一种小型 PLC。它以紧凑的结构，良好的扩展性，强大的指令功能，低廉的价格，已经成为当代各种小型控制工程的理想控制器。

S7-200 PLC 包含了一个单独的 S7-200 CPU 和各种可选择的扩展模块，可以十分方便地组成不同规模的控制器。其控制规模可以从几点到几百点。S7-200 PLC 可以方便地组成 PLC—PLC 网络和微机—PLC 网络，从而完成规模更大的工程。

S7-200 的编程软件 STEP7-Micro/WIN32 可以方便地在 Windows 环境下对 PLC 编程、调试、监控，使得 PLC 的编程更加方便、快捷。可以说，S7-200 可以完美地满足各种小规模控制系统的要求。

S7-200 有 4 种 CPU，其性能差异很大。这些性能直接影响到 PLC 的控制规模和 PLC 系统的配置。

一、S7-200 的技术指标

目前 S7-200 系列 PLC 主要有 CPU221、CPU222、CPU224 和 CPU226 四种。档次最低的是 CPU221，其数字量输入点数有 6 点，数字量输出点数有 4 点，是控制规模最小的 PLC。档次最高的应属 CPU226，CPU226 集成了 24 点输入/16 点输出，共有 40 个数字量 I/O。可连接 7 个扩展模块，最大扩展至 248 点数字量 I/O 点或 35 路模拟量 I/O。

S7-200 系列 PLC 四种 CPU 的外部结构大体相同，见图 8-1。

状态指示灯 LED 显示 CPU 所处的工作状态指示。

通信接口可以连接 RS-485 总线的通信电缆。

顶部端子盖下边为输出端子和 PLC 供电电源端子。输出端子的运行状态可以由顶部端子盖下方一排指示灯显示，ON 状态对应的指示灯亮。底部端子盖下边为输入端子和传感器电源端子。输入端子的运行状态可以由底部端子盖上方一排指示灯显示，ON 状态对

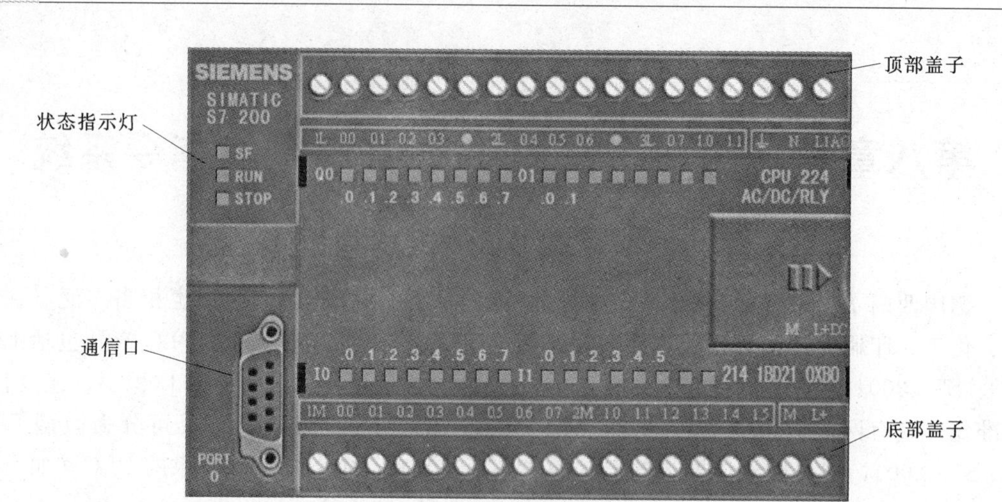

图 8-1　西门子 S7-200 系列 PLC 面板

应的指示灯亮。

前盖下面有运行、停止开关和接口摸块插座。将开关拨向停止位置时，可编程控制器处于停止状态，此时可以对其编写程序。将开关拨向运行位置时，可编程控制器处于运行状态，此时不能对其编写程序。将开关拨向监控状态，可以运行程序，同时还可以监视程序运行的状态。接口插座用于连接扩展模块实现 I/O 扩展。

下面介绍 S7-200 系列 PLC 的 CPU 的技术指标。

（一）CPU221 的技术指标

CPU221 本机集成了 6 点数字量输入和 4 点数字量输出，共有 10 个数字量 I/O 点，无扩展能力。CPU221 有 6K 字节程序和数据存储空间，4 个独立的 30kHz 高速计数器，2 路独立的 20kHz 高速脉冲输出，1 个 RS-485 通信/编程口。CPU221 具有 PPI 通信、MPI 通信和自由方式通信能力，非常适于小型数字量控制。

（二）CPU222 的技术指标

CPU222 本机集成了 8 点输入/6 点输出，共有 14 个数字量 I/O。可连接 2 个扩展模块，最大扩展至 78 点数字量 I/O 点或 10 路模拟量 I/O 点。CPU222 有 6K 字节程序和数据存储空间，4 个独立的 30kHz 高速计数器，2 路独立的 20kHz 高速脉冲输出，具有 PID 控制器。它还配置了 1 个 RS-485 通信/编程口，具有 PPI 通信、MPI 通信和自由方式通信能力。CPU222 具有扩展能力、适应性更广泛的小型控制器。

（三）CPU224 的技术指标

CPU224 本机集成了 14 点输入/10 点输出，共有 24 个数字量 I/O。它可连接 7 个扩展模块，最大扩展至 168 点数字量 I/O 点或 35 路模拟量 I/O 点。CPU224 有 13K 字节程序和数据存储空间，6 个独立的 30kHz 高速计数器，2 路独立的 20kHz 高速脉冲输出，具有 PID 控制器。CPU224 配有 1 个 RS-485 通信/编程口，具有 PPI 通信、MPI 通信和自由方式通信能力，是具有较强控制能力的小型控制器。

（四）CPU226 的技术指标

CPU226 本机集成了 24 点输入/16 点输出，共有 40 个数字量 I/O。可连接 7 个扩展

模块，最大扩展至248点数字量I/O点或35路模拟量I/O。CPU226有13K字节程序和数据存储空间，6个独立的30kHz高速计数器，2路独立的20kHz高速脉冲输出，具有PID控制器。CPU226配有2个RS-485通信/编程口，具有PPI通信、MPI通信和自由方式通信能力。用于较高要求的中小型控制系统。CPU22X模块主要性能指标见表8-1。

表8-1　**CPU22X模块主要性能指标**

特　　性	CPU221	CPU222	CPU224	CPU226
程序存储器	2048字	2048字	4096字	4096字
用户数据存储器	1024字	1024字	2560字	2560字
扩展模块	无	2个	7个	7个
内部继电器	256	256	256	256
定时器/计数器	256/256	256/256	256/256	256/256
顺序控制继电器	256	256	256	256
内置高速计数器	4个（30kHz）	4个（30kHz）	6个（30kHz）	6个（30kHz）
高速脉冲输出	2个（20kHz）	2个（20kHz）	2个（20kHz）	2个（20kHz）
模拟量调节电位器	1个	2个	2个	2个

二、S7-200的扩展模块的技术指标

S7-200的扩展模块主要有数字量I/O模块、模拟量I/O模块和通信模块。下面分别介绍这些模块。

（一）数字量I/O模块

数字量扩展模块是为了解决本机集成的数字量输入/输出点不能满足需要而使用的扩展模块。S7-200 PLC目前总共可以提供3大类，共9种数字量输入/输出模块。

1. 数字量输入扩展模块EM221

EM221模块具有8点DC输入，隔离。具体技术指标见表8-2。

表8-2　**西门子主要数字量扩展模块性能指标**

	EM221	EM222	EM223
总体特性	外形尺寸：46mm×80mm×62mm 功耗：2W	外形尺寸：46mm×80mm×62mm 功耗：2W	外形尺寸：71.2mm×80mm×62mm 功耗：3W
I/O点数	8/0	0/8	4/4，8/8，16/16
输入特性	输入电压：最大30VDC，标准24VDC/4mA 输入延时：最大4.5ms	—	输入电压：最大30VDC，标准24VDC/4mA 输入延时：最大4.5ms
输出特性		输出电压：20.4～28.8VDC，标准24VDC 输出电流：0.75A/点 输出延时：最大限度10ms	输出电压：20.4～28.8VDC，标准24VDC 输出电流：0.75A/点 输出延时：最大限度10ms
耗电	从5V DC（I/O总线）耗电30mA	从5V DC（I/O总线）耗电50mA	从5V DC（I/O总线）耗电40/80/150mA

2. 数字量输出模块 EM222

数字量输入模块 EM222 有两种类型：一种为 8 点 24V 直流输出型；另一种为 8 点继电器输出型。2 种类型均有隔离，技术指标见表 8-2。

3. 数字量组合模块 EM223

I/O 扩展模块 EM223 有 6 种类型，包括 24V DC4 入/4 出，24V DC4 入/继电器 4 出。24V DC8 入/8 出，24V DC8 入/继电器 8 出。24V DC16 入/16 出，24VDC16 入/继电器 16 出。6 种类型均有隔离，技术指标见表 8-2。

（二）模拟量 I/O 模块

模拟量扩展模块提供了模拟量输入和模拟量输出功能。S7-200 的模拟量扩展模块具有较大的适应性，可以直接与传感器相连，有很大的灵活性并且安装方便。模拟量扩展模块的功耗为 3W，电源为 5V DC，电流 10mA。

1. 模拟量输入模块 EM231

EM231 具有 4 路模拟量输入，输入信号可以是电压也可以是电流，其输入与 PLC 具有隔离。输入信号的范围可以由 SW1、SW2 和 SW3 设定。

2. 模拟量输出模块 EM232

EM232 具有 2 路模拟量输出，输出信号可以是电压也可以是电流，其输入与 PLC 具有隔离。

3. 模拟量混合模块 EM235

EM235 具有 4 路模拟量输入和 1 路模拟量输出。它的输入信号可以是不同量程的电压或电流。其电压、电流的量程是由开关 SW1、SW2 到 SW6 设定。EM235 有 1 路模拟量输出，其输出可以是电压也可以是电流。

（三）S7-200 通信模块

S7-200 系列 PLC 除了 CPU226 本机集成了 2 个通信口以外，其他均在其内部集成了一个通信口，通信口采用了 RS-485 总线。除此以外各 PLC 还可以接入通信模块，以扩大其扩展的数量和联网能力。

EM277 模块是 PROFIBUS-DP 从站模块。该模块可以作为 PROFIBUS-DP 从站和 MPI 从站。EM277 可以用作与其他 MPI 主站通信的通信口，S7-200 可以通过该模块与 S7-300/400 连接。使用 MPI 协议或 PROFIBUS 协议的 STEP7-Micro/WIN 软件和 PROFIBUS 卡，以及 OP 操作面板或文本显示器 TD200，均可通过 EM277 模块与 S7-200 通信。最多可将 6 台设备连接到 EM277 模块，其中为编程器和 OP 操作面板各保留一个连接，其余 4 个可以通过任何 MPI 主站使用。为了使 EM277 模块可以与多个主站通信，各个主站必须使用相同的波特率。

当 EM277 模块用作 MPI 通信时，MPI 主站必须使用 DP 模块的站址向 S7-200 发送信息，发送到 EM277 模块的 MPI 信息，将会被传送到 S7-200 上。EM277 模块是从站模块，它不能使用 NETR/NETW 功能在 S7-200 之间通信。EM277 模块不能用作自由口方式通信。

EM277 PROFIBUS-DP 模块部分技术数据如下。

物理特性：尺寸 71mm×80mm×62mm，功耗 2.5W。

通信特性：通信口数量1个，接口类型为RS-485，外部信号与PLC间隔离（500VAC），波特率为9.6、19.2、…500kpbs，协议为PROFIBUS-DP从站和MPI从站，电缆长度为100～1200m。

网络能力：站地址从0～99（由旋转开关设定），每个段最多站数为32个，每个网络最多站数为126个，最大到99个EM277站，MPI方式可连接6个站，其中2个预留（1个为PG，另1个为OP）。

电源损耗：+5V DC（从I/O总线），150mA。

三、西门子PLC接线图

以CPU224为例，CPU224PLC主机有14点输入，输出点为10点，可接的扩展模块为7个。图8-2为以CPU224为例，西门子PLC的接线图。

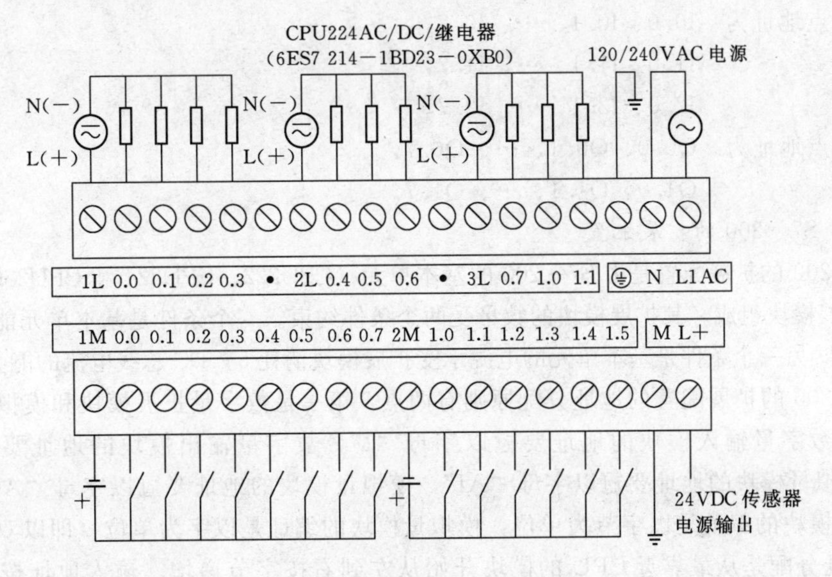

图8-2　西门子PLC接线图

四、S7-200的系统组成

（一）S7-200的基本配置

因为S7-200 PLC有4种CPU，所以S7-200有4种基本配置。

1. 由CPU221组成的基本配置

由CPU221基本单元组成的基本配置可以组成1个6点数字量输入和4点数字量输出的最小系统。

输入点地址为　I0.0、I0.1、…、I0.5。

输出点地址为　Q0.0、Q0.1、…、Q0.3。

2. 由CPU222组成的基本配置

由CPU222基本单元组成的基本配置可以组成1个8点数字量输入和6点数字量输出的较小系统。

输入点地址为　I0.0、I0.1、…、I0.7。

输出点地址为　Q0.0、Q0.1、…、Q0.5。

3. 由 CPU224 组成的基本配置

由 CPU224 基本单元组成的基本配置可以组成 1 个 14 点数字量输入和 10 点数字量输出的小型系统。

输入点地址为　I0.0、I0.1、…、I0.7，
I1.0、I1.1、…、I1.5。

输出点地址为　Q0.0、Q0.1、…、Q0.7，
Q1.0、Q1.1。

4. 由 CPU226 组成的基本配置

由 CPU226 基本单元组成的基本配置可以组成 1 个 24 点数字量输入和 16 点数字量输出的小型系统。

输入点地址为　I0.0、I0.1、…、I0.7，
I1.0、I1.1、…、I1.7，
I2.0、I2.1、…、I2.7。

输出点地址为　Q0.0、Q0.1、…、Q0.7，
Q1.0、Q1.1、…、Q1.7。

（二）S7－200 的扩展配置

S7－200 的扩展配置是由 S7－200 的基本单元（CPU222、CPU224 和 CPU226）和 S7－200 的扩展模块组成。其扩展模块的数量受两个条件约束。一个条件是基本单元能带扩展模块的数量，另一个条件是基本单元的电源承受扩展模块消耗 5V DC 总线电流的能力。

S7－200 的扩展配置的地址分配原则有两点，第一是数字量扩展模块和模拟量模块分别编址。数字量输入模块的地址要冠以字母“I”，数字量输出模块的地址要冠以字母“Q”，模拟量模块的地址要冠以字母“AI”，模拟量模块的地址要冠以字母“AQ”。第二是数字量模块的编址是以字节为单位，模拟量模块的编址是以字为单位（即以双字节为单位）。地址分配是从最靠近 CPU 的模块开始从左到右按字节递增。输入地址按字节连续递增，输入字节和输出字节可以重号。模拟量模块的地址从最靠近 CPU 模块的模拟量模块开始从左到右地址按字递增，模拟量输入和模拟量输出字可以重号。

1. 由 CPU222 组成的扩展

由 CPU222 组成的扩展配置可以由 CPU222 基本单元和最多 2 个扩展模块组成，CPU222 可以向扩展单元提供的 5V DC 电流为 340mA。

例 1： 如果扩展单元是由 1 个 16 点数字量输入/16 点数字量输出的 EM223 模块构成。CPU222 可以提供 5VDC 电流 340mA，而 EM223 模块耗电量为 5V DC 总线电流150 mA/160 mA。扩展模块消耗的 5V DC 总电流小于 CPU222 可以提供的 5V DC 电流，所以这种配置（组态）是可行的。

地址分配：

CPU222 基本单元的 I/O 地址：

I0.0、I0.1、…、I0.7，

Q0.0、Q0.1、…、Q0.5，

扩展单元 EM223 的 I/O 地址：

I1.0、I1.1、…、I1.7，

I2.0、I2.1、…、I2.7，

Q1.0、Q1.1、…、Q1.7，

Q2.0、Q2.1、…、Q2.7。

例 2： 如果扩展单元是由 1 个 16 点数字量输入/16 点数字量输出的 EM223 模块和 1 个 4 路模拟量输入/1 路模拟量输出的 EM235 模块构成。CPU222 可以提供 5V DC 电流 340mA，EM223 模块耗电量为 5V DC 总线电流 150 mA /160 mA，EM235 模块耗电量为 5V DC 总线电流 10 mA。可见扩展模块消耗的 5V DC 总电流小于 CPU222 可以提供 5V DC 电流，这种配置（组态）也是可行的。此系统共有 24 点输入，22 点输出，4 路模拟量输入，1 路模拟量输出。

地址分配：

CPU222 基本单元的 I/O 地址：

I0.0、I0.1、…、I0.7，

Q0.0、Q0.1、…、Q0.5。

扩展单元 EM223 的 I/O 地址：

I1.0、I1.1、…、I1.7，

I2.0、I2.1、…、I2.7，

Q1.0、Q1.1、…、Q1.7，

Q2.0、Q2.1、…、Q2.7。

扩展单元 EM235 的 I/O 地址：

AIW0、AIW2、AIW4、AIW6。

AQW0。

2. 由 CPU224 组成的扩展

由 CPU224 组成的扩展配置可以由 CPU224 基本单元和最多 7 个扩展模块组成，CPU224 可以为扩展单元提供的 5V DC 电流为 660mA。

例 3： 如果扩展单元是由 4 个 16 点数字量输入/16 点数字量继电器输出的 EM223 模块和 2 个 8 点数字量输入的 EM221 模块构成。CPU224 可以提供 5VDC 电流 660mA。而 4 个 EM223 模块和 2 个 EM221 模块消耗 5VDC 总线电流为 660 mA，可见扩展模块消耗的 5VDC 总电流等于 CPU222 可以提供 5VDC 电流。故这种组态还是可行的。此系统共有 94 点输入，74 点输出。如果扩展模块的连接顺序是从 CPU224 开始分别为 4 个 EM223 模块，而第 5 个和第 6 个模块为 EM221。

地址分配：

CPU224 基本单元的 I/O 地址：

I0.0、I0.1、…、I0.7，

I1.0、I1.1、…、I1.5，

Q0.0、Q0.1、…、Q0.7，

Q1.0、Q1.1。

第 1 个扩展模块 EM223 的 I/O 地址：

I2.0、I2.1、…、I2.7，

I3.0、I3.1、…、I3.7，

Q2.0、Q2.1、…、Q2.7，

Q3.0、Q3.1、…、Q3.7。

第 2 个扩展模块 EM223 的 I/O 地址：

I4.0、I4.1、…、I4.7，

I5.0、I5.1、…、I5.7，

Q4.0、Q4.1、…、Q4.7，

Q5.0、Q5.1、…、Q5.7。

第 3 个扩展模块 EM223 的 I/O 地址：

I6.0、I6.1、…、I6.7，

I7.0、I7.1、…、I7.7，

Q6.0、Q6.1、…、Q6.7，

Q7.0、Q7.1、…、Q7.7。

第 4 个扩展模块 EM223 的 I/O 地址：

I8.0、I8.1、…、I8.7，

I9.0、I9.1、…、I9.7，

Q8.0、Q8.1、…、Q8.7，

Q9.0、Q9.1、…、Q9.7。

第 5 个扩展模块 EM221 的 I/O 地址：

I10.0、I10.1、…、I10.7。

第 6 个扩展模块 EM221 的 I/O 地址：

I11.0、I11.1、…、I11.7。

3. 由 CPU226 组成的扩展

由 CPU226 组成的扩展配置可以由 CPU226 基本单元和最多 7 个扩展模块组成，CPU224 可以向扩展单元提供的 5V DC 电流为 1000mA。

例 4：如果扩展单元是由 6 个 16 点数字量输入/16 点数字量继电器输出的 EM223 模块和 1 个 8 点数字量输入/8 点数字量输出的 EM223 模块构成。CPU226 可以提供 5VDC 电流 1000mA，6 个 16 点数字量输入/16 点数字量继电器输出的 EM223 模块和 1 个 8 点数字量输入/8 点数字量输出的 EM223 模块消耗 5V DC 总线电流 980 mA。可见扩展模块消耗的 5V DC 总电流小于 CPU222 可以提供 5V DC 电流，故这种组态是可行的。此系统共有 248 点数字量 I/O，具体地址分配可以参阅 CPU224。

第二节　基　本　指　令

一、S7－200 PLC 的位对象

1. 输入映像寄存器（I）

PLC 的输入端子是从外部接收信号的窗口。输入端子与输入映像寄存器（I）的相应

位对应即构成输入继电器，其常开和常闭触点使用次数不限。

注意：

输入继电器线圈只能由外部输入信号所驱动，而不能在程序内部用指令来驱动。

输入映像寄存器的数据可以位为单位使用，也可按字节、字、双字为单位使用，其地址格式为：

位地址：I［字节地址］.［位地址］，如I0.1。

字节、字、双字地址：I［数据长度］［起始字节地址］，如IB4、IW6、ID8。

CPU226模块输入映像寄存器的有效地址范围为：I（0.0～15.7）；IB（0～15）；IW（0～14）；ID（0～12）。

2. 输出映像寄存器（Q）

PLC的输出端子是PLC向外部负载发出控制命令的窗口。输出端子与输出映像寄存器（Q）的相应位对应即构成输出继电器，输出继电器控制外部负载，其内部的软触点使用次数不限。

输出映像寄存器的数据可以位为单位使用，也可按字节、字、双字为单位使用，其地址格式为：

位地址：Q［字节地址］.［位地址］，如Q0.1。

字节、字、双字地址：Q［数据长度］［起始字节地址］，如QB4、QW6、QD8。

CPU226模块输入映像寄存器的有效地址范围为：I（0.0～15.7）；IB（0～15）；IW（0～14）；ID（0～12）。

3. 内部标志位存储器（M）

内部标志位存储器（M）也称为内部继电器，存放中间操作状态，或存储其他相关的数据。内部标志位存储器以位为单位使用，也可以字节、字、双字为单位使用。

注意：内部继电器不能直接驱动外部负载。

内部标志位存储器（M）的地址格式为：

位地址：M［字节地址］.［位地址］，如M0.1。

字节、字、双字地址：M［数据长度］［起始字节地址］，如MB4、MW6、MD8。

CPU226模块内部标志位存储器的有效地址范围为：M（0.0～31.7）；MB（0～31）；MW（0～30）；MD（0～28）。

4. 特殊标志位存储器（SM）

特殊标志位存储器（SM）即特殊内部继电器。它为用户提供一些特殊的控制功能及系统信息，用户对操作的一些特殊要求也通过SM通知系统。特殊标志位存储器（SM）以位为单位使用，也可以字节、字、双字为单位使用。

SM0.0：RUN监控，PLC在RUN状态时，SM0.0总为1。

SM0.1：初始脉冲，PLC由STOP转为RUN时，SM0.1接通一个扫描周期。

SM0.2：当RAM中保存的数据丢失时，SM0.2接通扫描一个周期。

SM0.3：PLC上电进入RUN状态时，SM0.3接通一个扫描周期。

SM0.4：分脉冲；占空比为50%，周期为1min的脉冲串。

SM0.5：秒脉冲；占空比为50%，周期为1s的脉冲串。

SM0.6：扫描时钟，一个扫描周期为ON，下一个为OFF，交替循环。

SM1.0：执行指令的结果为0时，该位置1。

SM1.1：执行指令的结果溢出或检测到非法数值时，该位置1。

SM1.2：执行数学运算的结果为负数时，该位置1。

SM1.3：除数为0时，该位置1。

特殊标志位寄存器的地址格式为：

位地址：SM［字节地址］.［位地址］，如SM0.1。

字节、字、双字地址：SM［数据长度］［起始字节地址］，如SMB4、SMW6、SMD8。

5. 顺序控制继电器（S）

顺序控制继电器（S）是使用顺控继电器指令编程时的重要元件。

顺序控制继电器（S）以位为单位使用，也可按字节、字、双字来存取数据，其地址格式为：

位地址：S［字节地址］.［位地址］，如S0.1。

字节、字、双字地址：S［数据长度］［起始字节地址］，如SB4、SW6、SD8。

CPU226模块顺序控制继电器的有效地址范围为：S（0.0～31.7）；SB（0～31）；SW（0～30）；SD（0～28）。

6. 定时器（T）

PLC中的定时器的作用相当于时间继电器。

定时器的设定值由程序赋值，定时器的分辨率有三种：1ms、10ms、100ms。每个定时器有一个16位的当前值寄存器以及一个状态位。

定时器地址表示格式为：T［定时器号］，如T24。

S7-200 PLC定时器的有效地址范围为：T（0～255）。

7. 计数器（C）

计数器是累计其计数输入端子或内部元件送来的脉冲数。计数器的结构与定时器基本一样，其设定值在程序中赋值，它有一个16位的当前值寄存器及一个状态位。

计数器地址表示格式为：C［计数器号］，如C24。

S7-200 PLC计数器的有效地址范围为：C（0～255）。

8. 变量寄存器（V）

S7-200系列PLC有较大容量的变量寄存器。用于模拟量控制、数据运算、设置参数等用途。变量寄存器可以位为单位使用，也可按字节、字、双字为单位使用。其地址格式为：

位地址：V［字节地址］.［位地址］，如V0.1。

字节、字、双字地址：V［数据长度］［起始字节地址］，如VB4、VW6、VD8。

CPU226模块变量寄存器的有效地址范围为：V（0.0～5119.7）；VB（0～5119）；VW（0～5118）；VD（0～5116）。

9. 累加器（AC）

累加器是用来暂存计算中间值的寄存器，也可向子程序传递参数或返回参数。S7-200 CPU中提供4个32位累加器（AC0～AC3）。累加器支持以字节、字和双字的存取。

以字节或字为单位存取累加器时，是访问累加器的低 8 位或低 16 位。

二、指令简介

S7－200 系列的基本逻辑指令与 FX 系列和 CPM1A 系列基本逻辑指令大体相似，编程和梯形图表达方式也相差不多。这里列表表示 S7－200 系列的基本逻辑指令（表 8－3）。

表 8－3　　S7－200 系列的基本逻辑指令

指令名称	指令符	功　能	操作数
取	LD bit	读入逻辑行或电路块的第一个常开接点	Bit：I，Q，M，SM，T，C，V，S
取反	LDN bit	读入逻辑行或电路块的第一个常闭接点	
与	A bit	串联一个常开接点	
与非	AN bit	串联一个常闭接点	
或	O bit	并联一个常开接点	
或非	ON bit	并联一个常闭接点	
电路块与	ALD	串联一个电路块	无
电路块或	OLD	并联一个电路块	
输出	=	输出逻辑行的运算结果	Bit：Q，M，SM，T，C，V，S
置位	S bit，N	置继电器状态为接通	Bit：Q，M，SM，V，S
复位	R bit，N	使继电器复位为断开	

三、逻辑运算

1. 逻辑与操作

例：C＝A·B

以西门子为例：Q0.0＝I0.0·I0.1，梯形图与指令表如图 8－3 所示。

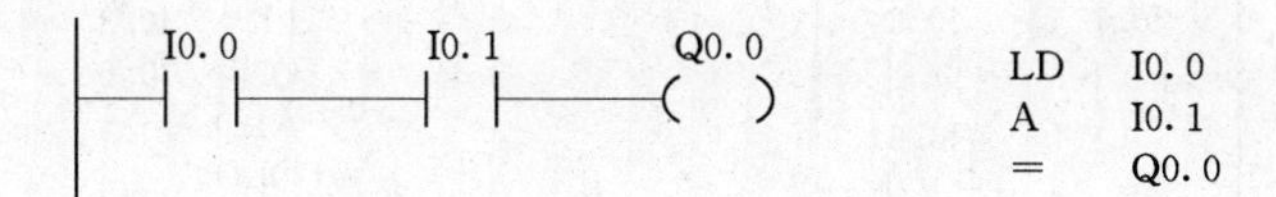

图 8－3　与操作梯形图与指令表

2. 逻辑或操作

例：C＝A＋B

以西门子为例：Q0.0＝I0.0＋I0.1，梯形图与指令表如图 8－4 所示。

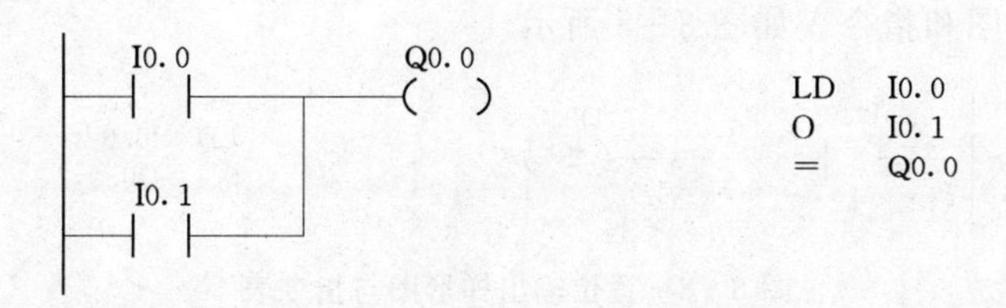

图 8－4　或操作梯形图与指令表

3. 逻辑块与操作（ALD）

例：C＝(A＋B)·(C＋D)

以西门子为例：Q0.0＝(I0.0＋I0.1)·(I0.2＋I0.3)，梯形图与指令表如图 8－5 所示。

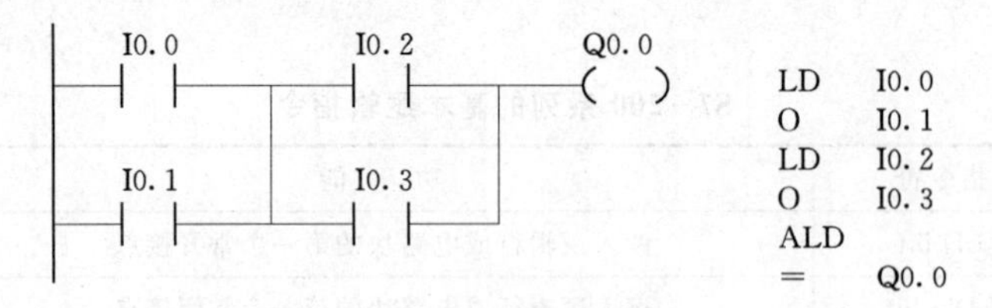

图 8－5　逻辑块与操作梯形图与指令表

4. 逻辑块或操作（OLD）

例：C＝AB＋CD

以西门子为例：Q0.0＝I0.0·I0.1＋I0.2·I0.3，梯形图与指令表如图 8－6 所示。

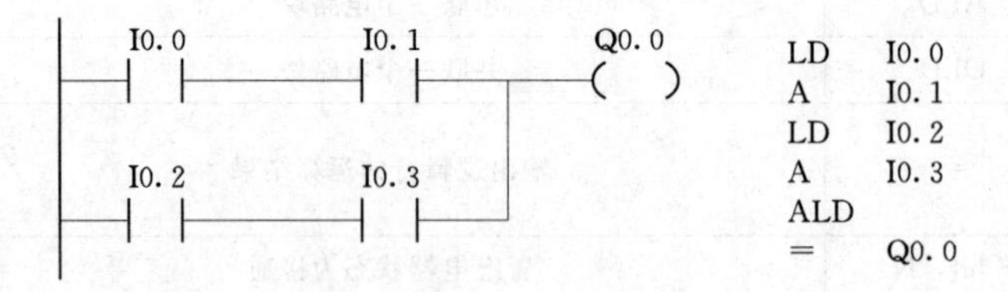

图 8－6　逻辑块或操作梯形图与指令表

5. 综合操作

例：写出图 8－7 中梯形图的指令表。

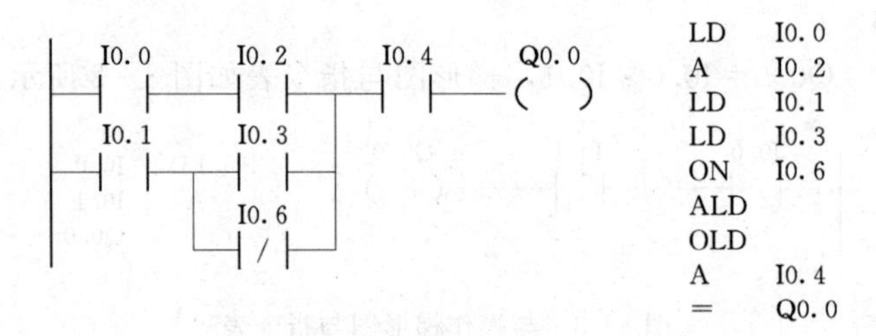

图 8－7　综合操作梯形图与指令表

6. 置位、复位输出线圈

置位、复位输出线圈分为置位线圈和复位线圈两种。

置位线圈梯形图和指令表如图 8－8 所示。

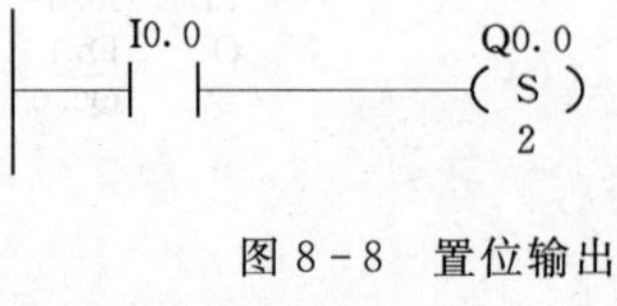

I0.0　Q0.0　S　2

LD I0.0

S Q0.0,2

图 8－8　置位输出梯形图与指令表

功能说明：当 I0.0＝1 时，将从 Q0.0 起 2 个元件（即 Q0.0、Q0.1）置 1。

复位线圈梯形图和指令表如图 8-9 所示。

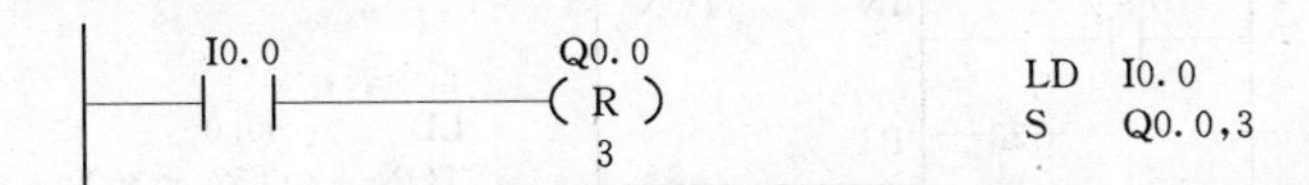

图 8-9 复位输出梯形图与指令表

功能说明：当 I0.0=1 时，将从 Q0.0 起 3 个元件（即 Q0.0、Q0.1、Q0.2）置 0。

7. 边沿脉冲触发指令

边沿脉冲触发指令分为上升沿触发和下降沿触发两种。详细说明见表 8-4。

表 8-4 边沿触发指令

指令名称	LAD	STL	功能
上升沿脉冲	-|P|-	EU	在上升沿产生一个扫描周期的脉冲
下降沿脉冲	-|N|-	ED	在下降沿产生一个扫描周期的脉冲

第三节 定时器计数器指令

一、定时器

S7-200 系列 PLC 提供了 256 个定时器，其编号为 T0-T255。S7-200 系列 PLC 提供了 3 种类型的 PLC，即 TON（通电延时型）、TOF（断电延时型）、TONR（记忆通电延时型）。

S7-200 系列 PLC 提供了 3 种时基的 PLC，即 1ms、10ms、100ms。定时器编号与其类型、时基有特殊规定，详见表 8-5。

表 8-5 定时器类型及其编号对应表

定时器类型	时基	预置值范围	定时器编号
TONR	1ms	0～32767	T0，T64
	10ms	0～32767	T1～T4，T65～T68
	100ms	0～32767	T5～T31，T69～T95
TON/TOF	1ms	0～32767	T32，T96
	10ms	0～32767	T33～T36，T97～T100
	100ms	0～32767	T37～T63，T69～T255

1. 通电延时型（TON）

如图 8-10 所示，当输入端（IN）为高电平时，定时器开始计时。当前值从 0 开始递增。当前值大于或等于设定值（PT）时，定时器的输出值为 1。当输入端（IN）为低电平时，定时器复位（即定时器的输出值为 0，且当前值为 0）。时序分析如图 8-11 所示。

2. 保持型（TONR）

如图 8-12 所示，当输入端（IN）为 1 时，定时器开始计时。当前值从 0 开始递增。

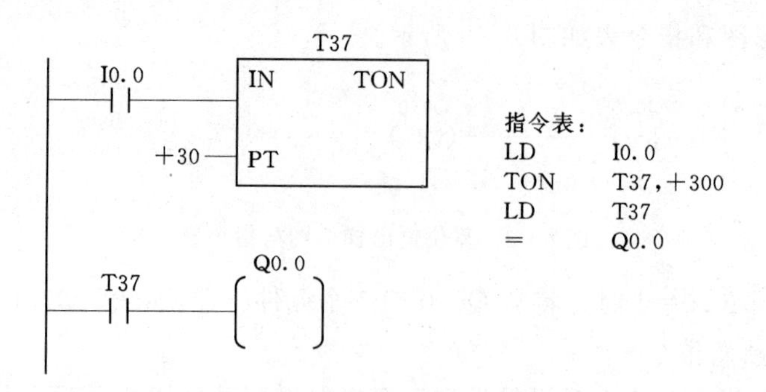

图 8-10　通电延时型定时器梯形图与指令

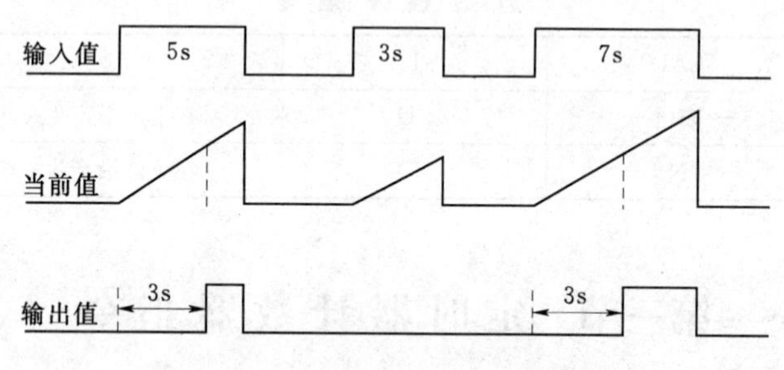

图 8-11　通电延时型定时器时序图

当输入端（IN）为 0 时，当前值不变。当前值大于或等于设定值（PT）时，定时器的输出值为 1。时序图如图 8-13 所示定时器的复位必须通过线圈的复位指令进行操作。例如：

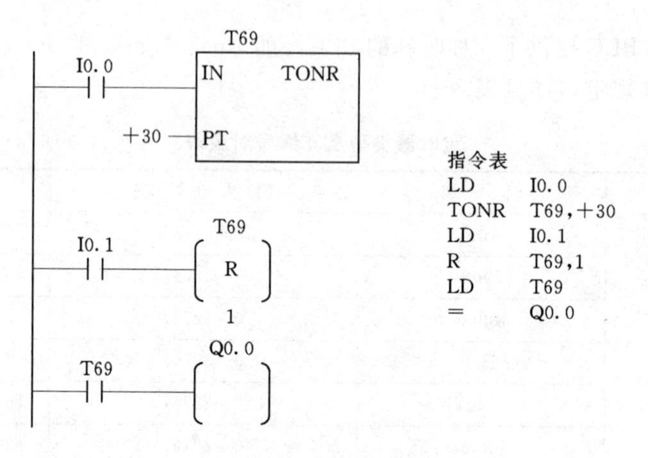

图 8-12　保持型定时器梯形图与指令

3. 断电延时型（TOF）

如图 8-14 中的 T37，当输入值为 1 时，定时器的输出值为 1，当前值为 0。当输入值为 0 时，定时器开始计时，当前值从 0 开始递增。当前值大于设定值（PT）时，定时器的输入值为 0。此时当前值保持不变。时序图如图 8-15 所示。

二、计数器

S7-200 系列 PLC 有加计数器（CTU）、加/减计数器（CTUD）、减计数器（CTD）

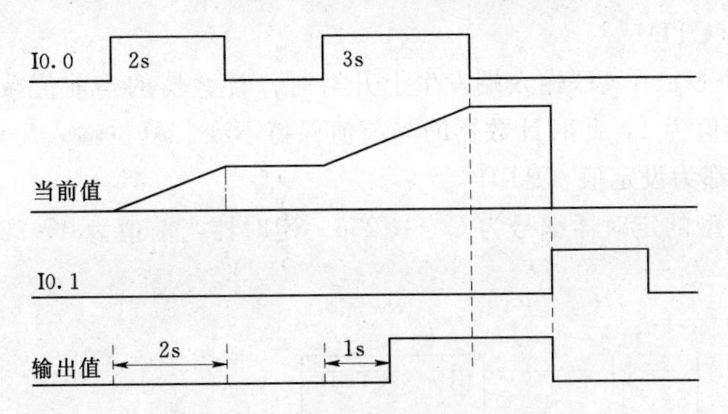

图 8－13　保持型定时器时序图

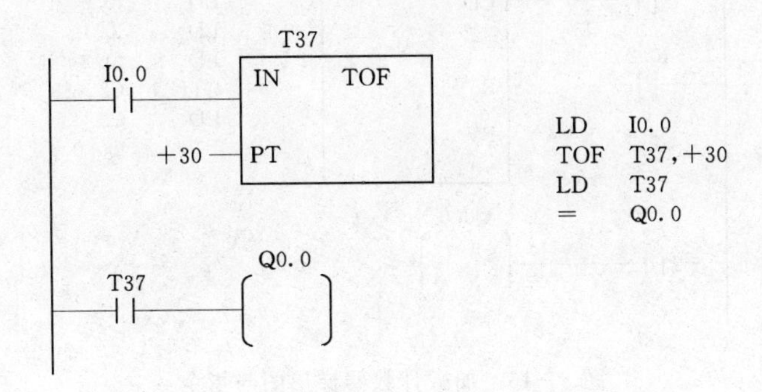

图 8－14　断电延时型定时器梯形图与指令

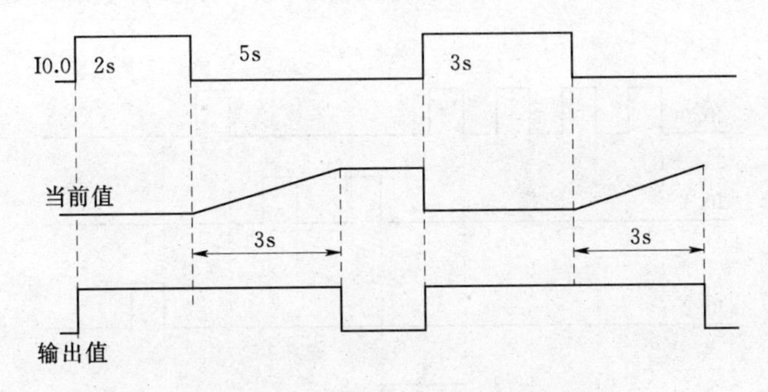

图 8－15　断电延时型定时器时序图

3 种类型计数器。以下就 3 种类型计数器作分析。

1. 加计数器（CTU）

加计数器（CTU）在 CU 输入端发生上升沿时，计数器的当前值加 1。当前值大于或等于设定值（PT）时，计数器的输出值为 1。复位输入为 1 时，计数器的输出值和当前值都为 0。

2. 加/减计数器（CTUD）

加/减计数器（CTUD）在 CU 输入端发生上升沿时，计数器的当前值加 1。加/减计数器（CTUD）在 CD 输入端发生上升沿时，计数器的当前值减 1。当前值大于或等于设定值（PT）时，计数器的输出值为 1。复位输入为 1 时，计数器的输出值和当前值都为 0。

3. 减计数器（CTD）

减计数器（CTU）在CD输入端发生上升沿时，计数器的当前值减1。当前值等于0时，计数器的输出值为1，此时计数器的当前值保持不变。复位输入为1时，计数器的输出值为0、当前值都为设定值（PT）。

注意：每种类型的定时器编号为C0～C255。定时器当前值为0～32767。

例如：

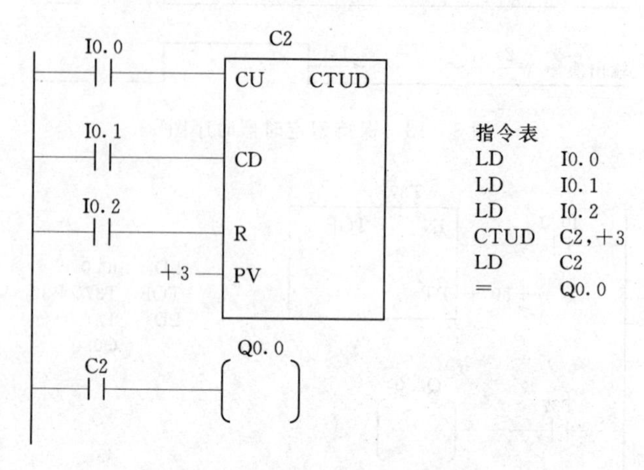

图8－16　加减计数器梯形图与指令

如图8－16所示，若I0.0、I0.1和I0.2的输入如下时，计数器的输出为如图8－17所示。

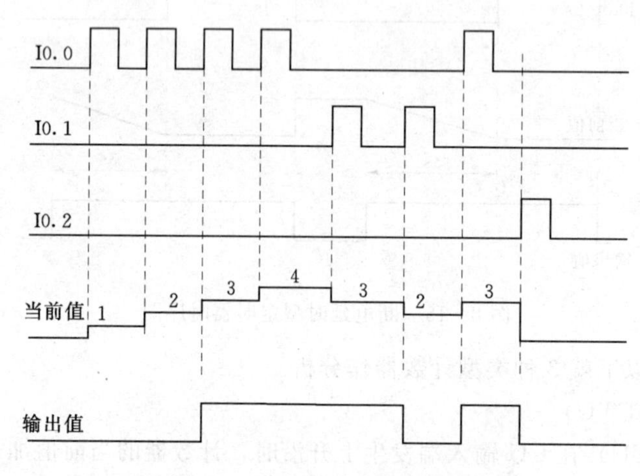

图8－17　加减计数器时序图

第四节　S7－200 PLC的功能指令

PLC的功能指令（Functional Instruction）或称应用指令，是指令系统中满足特殊控制要求的那些指令。在本节中主要介绍数据处理指令、数据运算指令、转换指令、表功能指令、程序控制类指令、中断指令、高速计数器指令、高速脉冲指令等。

1. 指令格式

指令的梯形图格式主要以指令盒的形式表示，如图 8-18 所示：

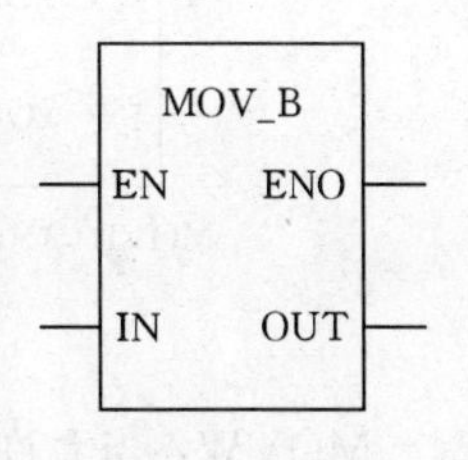

图 8-18　指令的梯形图格式

指令盒的顶部为该指令的标题，如 MOV_B，一般由两部分组成，前面部分为指令的助记符，后面部分为参与运算的数据类型，B 表示字节，W 表示字，DW 表示双字，R 表示实数，I 表示整数，DI 表示双整数。

指令的指令表格式也分为两部分，如字节传送指令的指令表格式为：MOVB IN，OUT。前面部分为指令的助记符，后面部分为指令的操作数，其中"IN"为源操作数，"OUT"为目的操作数。

为了节省篇幅，对每条功能指令的操作数的内容即数据类型作如下约定：

字节型：VB、IB、QB、MB、SB、SMB、LB、AC、*VD、*LD、*AC 和常数。

字型及 INT 型：VW、IW、QW、MW、SW、SMW、LW、AC、T、C、*VD、*LD、*AC 和常数。

双字型及 DINT 型：VD、ID、QD、MD、SD、SMD、LD、AC、*VD、*LD、*AC和常数。

2. 指令的执行条件和运行情况

指令梯形图格式中的"EN"端是允许输入端，为指令的执行条件，只要有"能流"流入 EN 端，指令就执行。要注意的是：只要条件存在，该指令会在每个扫描周期执行一次，如果希望只执行一次，要在"EN"前加一条跳变指令。

在语句表（STL）程序中没有 EN 允许输入端，允许执行 STL 语句的条件是栈顶的值必须是"1"。

3. ENO 状态（用于指令的级联）

指令盒的右边设有"ENO"使能输出，若 EN 端有"能流"且指令被准确无误地执行了，则 ENO 端会有"能流"输出，传到下一个程序单元，如果指令运行出错，ENO 端状态为 0。

在语句表程序中用 AENO（ANDENO）指令访问，可以产生与指令盒的允许输出端（ENO）相同的效果。

一、数据处理指令

该类指令涉及对数据的非数值运算，包括数据的传送指令、交换指令等。

1. 单个数据传送指令

含义：是指把输入端（IN）指定的数据传送到输出端（OUT），且每次只传送 1 个数据，传送过程中数据值保持不变。

类型：按操作数的数据类型可分为字节传送（MOVB）、字传送（MOVW）、双字传送（MOVD）、实数传送（MOVR）指令。指令的梯形图和指令表格式如图 8-19 所示。

指令功能：

MOVB：当允许输入 EN 有效时，把 IN 所指的单字节原值传送到 OUT 所指字节存储单元。

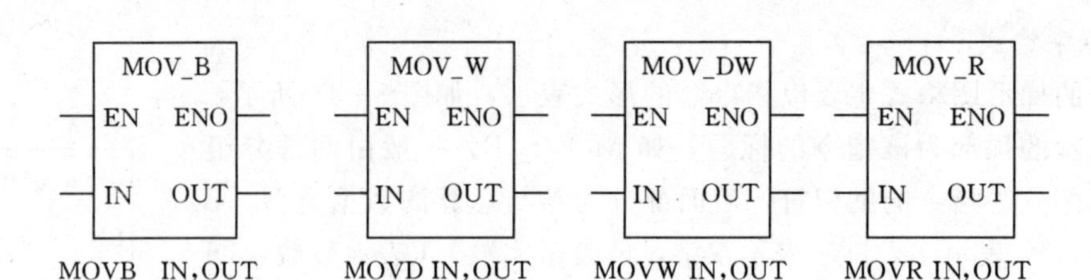

图 8-19　单个数据传送指令的梯形图和指令表格式

MOVW：当允许输入 EN 有效时，把 IN 所指的单字原值传送到 OUT 所指字存储单元。

MOVD：当允许输入 EN 有效时，把 IN 所指的双字原值传送到 OUT 所指双字存储单元。

MOVR：当允许输入 EN 有效时，把 IN 所指的 32 位实数原值传送到 OUT 所指双 32 位存储单元。

2. 数据块传送指令

含义：数据块传送指令把从输入端（IN）指定的 N 个（最多 255 个）数据成组传送到从输出端（OUT）指定地址开始的 N 个连续存储单元中，传送过程中各存储单元的内容不变。

类型：按操作数的数据类型可分为字节块传送（BMB）、字块传送（BMW）、双字块传送（BMD）指令等 3 种。指令的梯形图和指令表格式如图 8-20 所示。

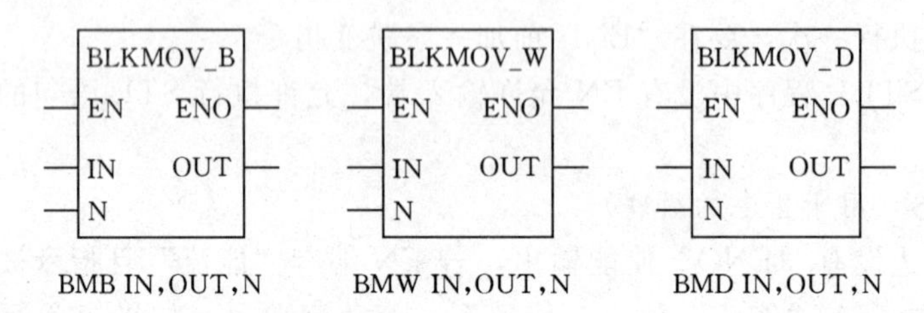

图 8-20　数据块传送指令的梯形图和指令表格式

指令功能：

BMB：当允许输入 EN 有效时，把从输入 IN 开始的 N 个字节型数据传送到从输出 OUT 开始的 N 个字节型存储单元。

BMW：当允许输入 EN 有效时，把从输入 IN 开始的 N 个字型数据传送到从输出 OUT 开始的 N 个字型存储单元。

BMD：当允许输入 EN 有效时，把从输入 IN 开始的 N 个双字型数据传送到从输出 OUT 开始的 N 个双字型存储单元。

3. 交换字节指令（SWAP）

用来把输入字型数据（IN）的高字节内容与低字节内容互相交换，交换结果仍存放在输入端（IN）指定的地址中。指令的梯形图和指令表格式如图 8-21 所示。

传送字节立即读（BIR）指令，当允许输入 EN 有效时，立即读取输入端（IN）指定字节地址的物理输入点（IB）的值，并传送到输出端（OUT）指定字节地址的存储单

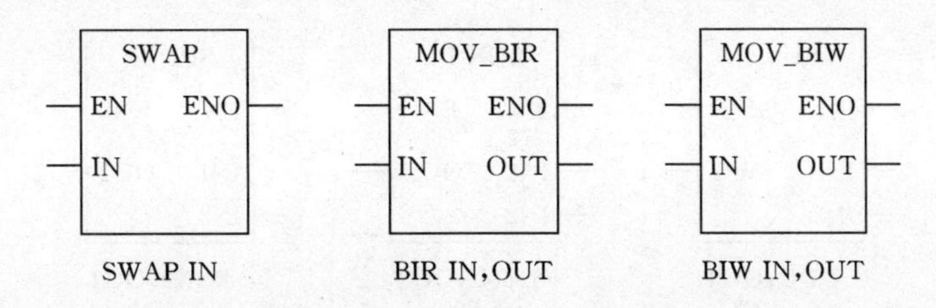

图8－21　交换字节指令的梯形图和指令表格式

元中。

传送字节立即写（BIW）指令，当允许输入EN有效时，立即将由输入端（IN）指定的字节数据写入到输出端（OUT）指定字节地址的物理输出点（QB）。

二、算术运算指令

算术运算指令包括加、减、乘、除运算及常用函数指令。其数据类型为整型INT、双整型DINT和实数REAL。

1. 加法运算指令

当允许输入端EN有效时，加法运算指令执行加法操作，把两个输入端（IN1、IN2）指定的数据相加，将运算结果送到输出端（OUT）指定的存储器单元中。

加法运算指令是对有符号数进行加法运算，可分为整数（ADD _ I）、双整数（ADD _ DI）、实数（ADD _ R）加法运算指令，指令的梯形图和指令表格式如图8－22所示。其操作数数据类型依次为有符号整数（INT）、有符号双整数（DINT）、实数（REAL）。

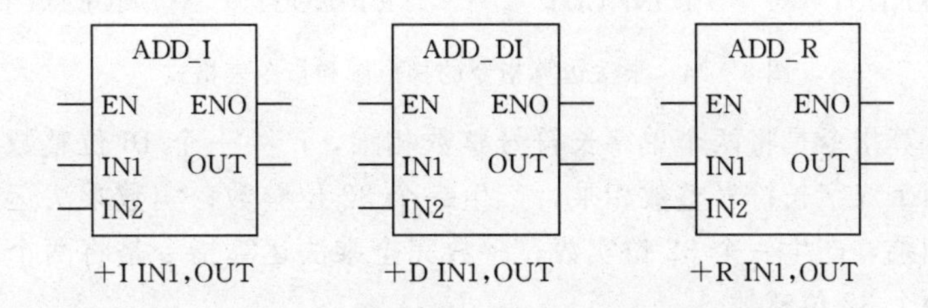

图8－22　加法运算指令的梯形图和指令表格式

执行加法运算时，使用梯形图编程和指令表编程时对存储单元的要求是不相同的。使用梯形图编程时，执行IN1＋ IN2 ＝OUT，因此IN2和OUT指定的存储单元可以相同也可以不相同；使用指令表编程时，执行IN1＋OUT＝OUT，因此IN2和OUT要使用相同的存储单元。

2. 减法运算指令

当允许输入端EN有效时，减法运算指令执行减法操作，把两个输入端（IN1、IN2）指定的数据相减，将运算结果送到输出端（OUT）指定的存储器单元中。

减法运算指令是对有符号数进行减法运算，可分为整数（ADD _ I）、双整数（ADD _ DI）、实数（ADD _ R）减法运算指令，指令的梯形图和指令表格式如图8－23所示。其操作数数据类型依次为有符号整数（INT）、有符号双整数（DINT）、实数（REAL）。

执行减法运算时，使用梯形图编程和指令表编程对存储单元的要求是不相同的。使用梯形图编程时，执行IN1－ IN2 ＝OUT，因此IN1和OUT指定的存储单元可以相同也

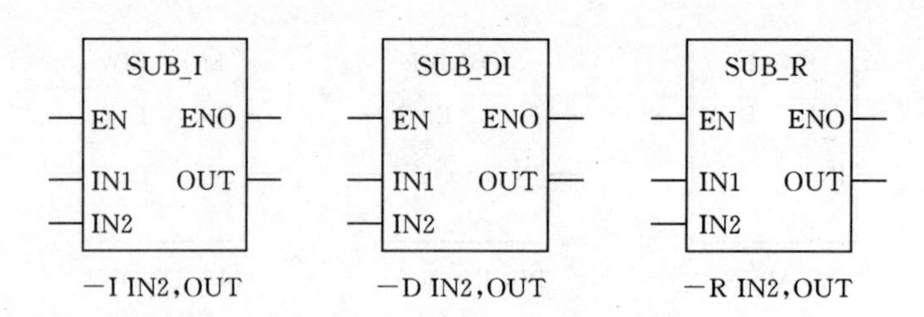

图 8-23　减法运算指令的梯形图和指令表格式

可以不相同；使用指令表编程时，执行 OUT－IN2＝OUT，因此 IN1 和 OUT 要使用相同的存储单元。

3. 乘法运算指令

当允许输入端 EN 有效时，乘法运算指令，把两个输入端（IN1，IN2）指定的数相乘，将运算结果送到输出端（OUT）指定的存储单元中。

乘法运算指令是对有符号数进行乘法运算，可分为整数、双整数、实数乘法指令和整数完全乘法指令。指令的梯形图和指令表格式如图 8-24 所示。

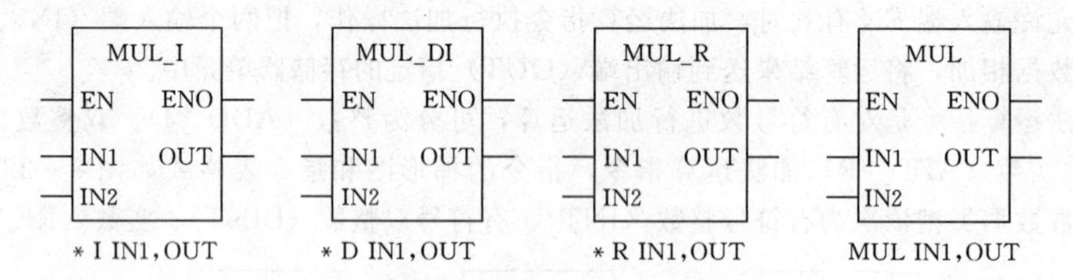

图 8-24　乘法运算指令的梯形图和指令表格式

整数乘法运算指令是将两个单字长符号整数相乘，产生一个 16 位整数；双整数乘法运算指令是将两个双字长符号整数相乘，产生一个 32 位整数；实数乘法运算指令是将两个双字长实数相乘，产生一个 32 位实数；整数完全乘法运算指令是将两个单字长符号整数相乘，产生一个 32 位整数。

执行乘法运算时，使用梯形图编程和指令表编程时对存储单元的要求是不相同的。使用梯形图编程时，执行 IN1×IN2 ＝OUT，因此 IN2 和 OUT 指定的存储单元可以相同也可以不相同；使用指令表编程时，执行 IN1×OUT＝OUT，因此 IN2 和 OUT 要使用相同的存储单元（整数完全乘法运算指令的 IN2 与 OUT 的低 16 位使用相同的地址单元）。

对标志位的影响：

加法、减法、乘法指令影响的特殊存储器位：SM1.0（零）、SM1.1（溢出）、SM1.2（负）。

4. 除法运算指令

当允许输入端 EN 有效时，除法运算指令，把两个输入端（IN1，IN2）指定的数相除，将运算结果送到输出端（OUT）指定的存储单元中。

除法运算指令是对有符号数进行除法运算，可分为整数、双整数、实数除法指令和整数完全除法指令。指令的梯形图和指令表格式如图 8-25 所示。

整数除法运算指令是将两个单字长符号整数相除，产生一个 16 位商，不保留余数；

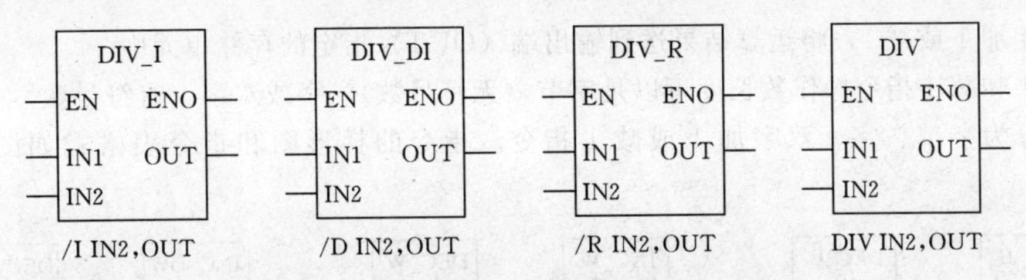

图 8-25 除法运算指令的梯形图和指令表格式

双整数除法运算指令是将两个双字长符号整数相除，产生一个 32 位商，不保留余数；实数除法运算指令是将两个双字长实数相除，产生一个 32 位商，不保留余数；整数完全除法运算指令是将两个单字长符号整数相除，产生一个 32 位的结果；其中高 16 位是余数，低 16 位是商。

执行除法运算时，使用梯形图编程和指令表编程对存储单元的要求是不相同的。使用梯形图编程时，执行 IN1/IN2 =OUT，因此 IN1 和 OUT 指定的存储单元可以相同也可以不相同；使用指令表编程时，执行 OUT/IN2=OUT，因此 IN1 和 OUT 要使用相同的存储单元（整数完全除法指令运算指令的 IN1 与 OUT 的低 16 位使用相同的地址单元）。

除法运算指令对特殊存储器位的影响：SM1.0（零）、SM1.1（溢出）、SM1.2（负）、SM1.3（除数为 0）。算术运算指令编程举例如图 8-26 所示。

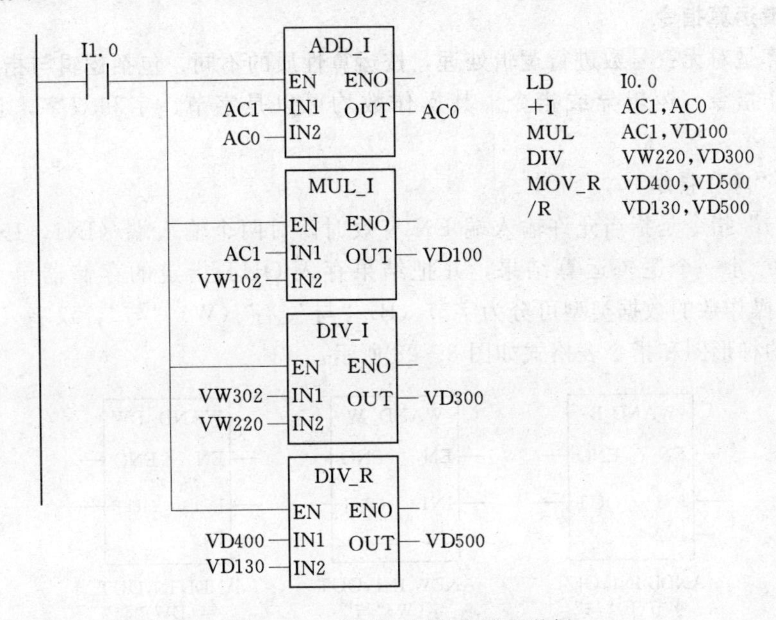

图 8-26 算术运算指令编程举例

图中，实数除法指令中 IN1（VD400）与 OUT（VD500）不是同一地址单元。在指令表编程时，首先要使用 MOV _ R 指令将 IN1（VD400）传送到 OUT（VD500），然后再执行除法操作。事实上，加法、减法、乘法等指令如果遇到上述情况，也要作类似的处理。

5. 加 1 和减 1 指令

加 1 和减 1 指令用于自增、自减操作，当允许输入端 EN 有效时，把输入端（IN）指

定的数相加 1 或减 1，将运算结果送到输出端（OUT）指定的存储单元中。

加 1 和减 1 指令操作数长度可以是字节（无符号数）、字或双字（有符号数），所以指令可以分为字节、字、双字加 1 或减 1 指令。指令的梯形图和指令表格式如图 8-27 所示。

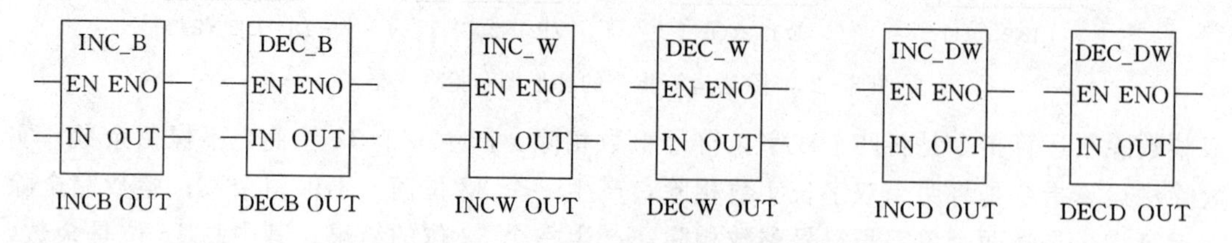

图 8-27　加 1 和减 1 指令的梯形图和指令表格式

执行加 1（减 1）指令时，使用梯形图编程和指令表编程时对存储单元的要求是不相同的。使用梯形图编程时，执行 IN+1=OUT(IN-1=OUT)，因此 IN 和 OUT 指定的存储单元可以相同也可以不相同；使用指令表编程时，执行 OUT+1=OUT(OUT-1=OUT)，因此 IN 和 OUT 要使用相同的存储单元。

字节加 1 和减 1 指令影响的特殊存储器位：SM1.0（零）、SM1.1（溢出），字、双字加 1 和减 1 指令影响的特殊存储器位：SM1.0（零）、SM1.1（溢出）、SM1.2（负）。

三、逻辑运算指令

逻辑运算是对无符号数进行逻辑处理，按运算性质的不同，包括逻辑与指令、逻辑或指令、逻辑非指令、逻辑异或指令。其操作数均可以是字节、字和双字，且均为无符号数。

1. 逻辑“与”指令

逻辑“与”指令是指当允许输入端 EN 有效时，对两个输入端（IN1，IN2）的数据按位“与”，产生一个逻辑运算结果，并把结果存入 OUT 指定的存储器单元中。逻辑“与”指令按操作数的数据类型可分为字节（B）“与”、字（W）“与”、双字（DW）“与”指令。指令的梯形图和指令表格式如图 8-28 所示。

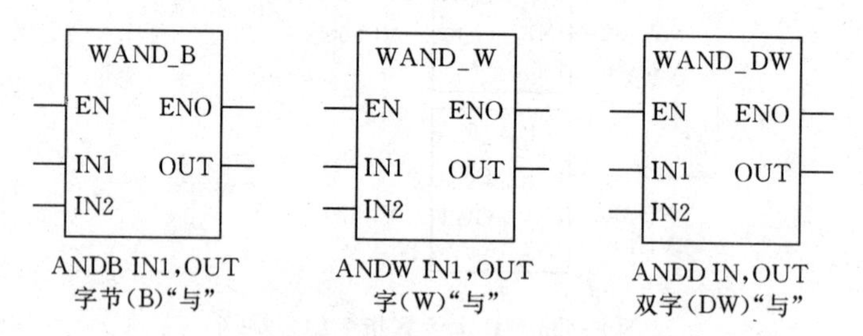

图 8-28　逻辑“与”指令的梯形图和指令表格式

2. 逻辑“或”指令

逻辑“或”指令是指当允许输入端 EN 有效时，对两个输入端（IN1，IN2）的数据按位“或”，产生一个逻辑运算结果，并把结果存入 OUT 指定的存储器单元中。逻辑“或”指令按操作数的数据类型可分为字节（B）“或”、字（W）“或”、双字（DW）“或”指令。指令的梯形图和指令表格式如图 8-29 所示。

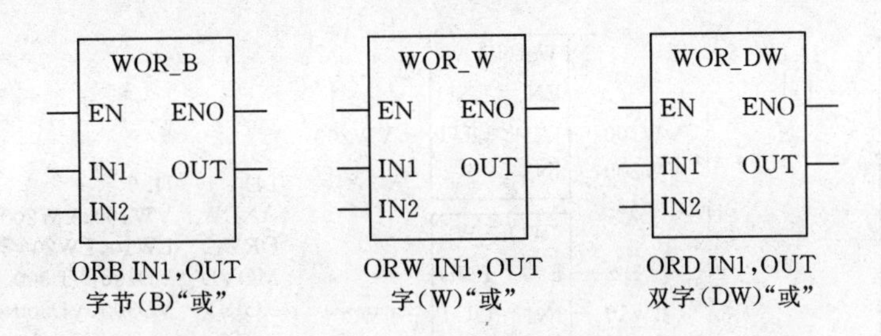

图 8-29　逻辑"或"指令的梯形图和指令表格式

3. 逻辑"异或"指令

逻辑"异或"指令是指当允许输入端 EN 有效时，对两个输入端（IN1，IN2）的数据按位"异或"，产生一个逻辑运算结果，并把结果存入 OUT 指定的存储器单元中。逻辑"异或"指令按操作数的数据类型可分为字节（B）"异或"、字（W）"异或"、双字（DW）"异或"指令。指令的梯形图和指令表格式如图 8-30 所示。

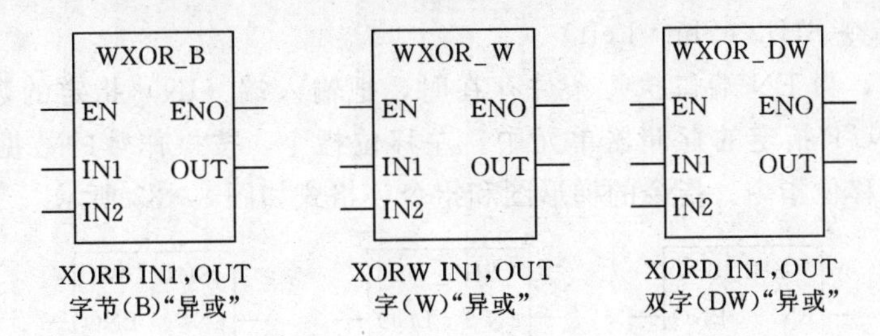

图 8-30　逻辑"异或"指令的梯形图和指令表格式

4. 逻辑"取反"指令

逻辑"取反"指令是指当允许输入端 EN 有效时，对输入端（IN）的数据按位"取反"，产生一个逻辑运算结果，并把结果存入 OUT 指定的存储器单元中。逻辑"取反"指令按操作数的数据类型可分为字节（B）"取反"、字（W）"取反"、双字（DW）"取反"指令。指令的梯形图和指令表格式如图 8-31 所示。

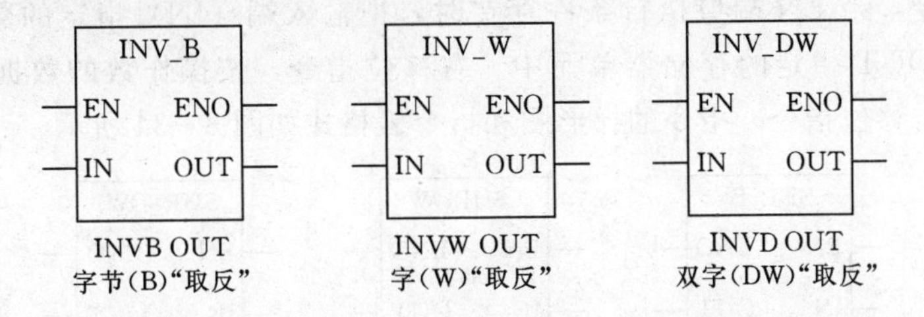

图 8-31　逻辑"异或"指令的梯形图和指令表格式

逻辑运算指令影响的特殊存储器位：SM1.0（零）。

逻辑运算指令编程举例如图 8-32 所示。

四、移位指令

移位指令包括左移位、右移位、循环左移位、循环右移位和移位寄存器指令。移位和循环移位指令均为无符号数操作。

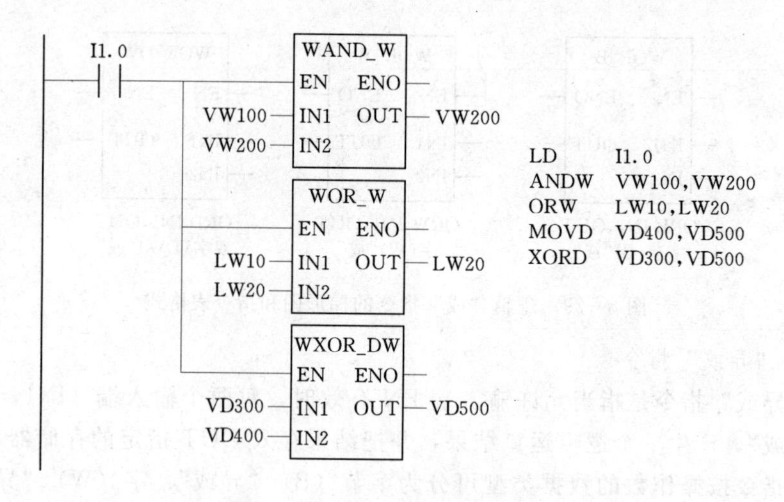

图 8-32　逻辑运算指令编程举例

1. 左移位指令 SHL（Shift Left）

左移位指令，当 EN 端口执行条件存在时，把输入端（IN）指定的数据左移 N 位，并把结果存入 OUT 指定的存储器单元中。左移位指令，按操作数的数据长度可分为字节、字、双字左移位指令。指令的梯形图和指令表格式如图 8-33 所示。

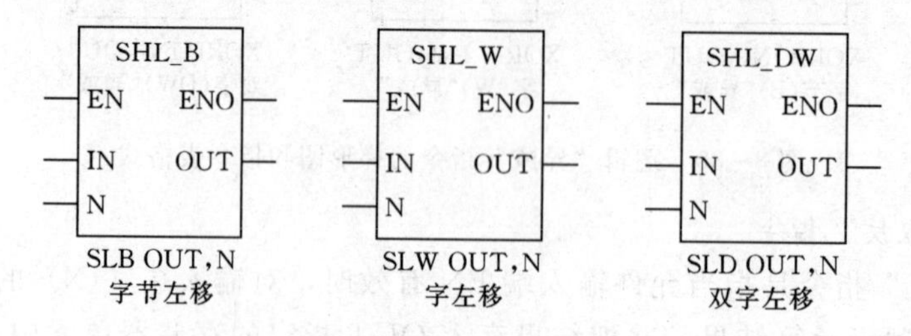

图 8-33　左移位指令的梯形图和指令表格式

2. 右移位指令（SRB、SRW、SRD 指令）

右移位指令，当 EN 端口执行条件存在时，把输入端（IN）指定的数据右移 N 位，并把结果存入 OUT 指定的存储器单元中。右移位指令，按操作数的数据长度可分为字节、字、双字右移位指令。指令的梯形图和指令表格式如图 8-34 所示。

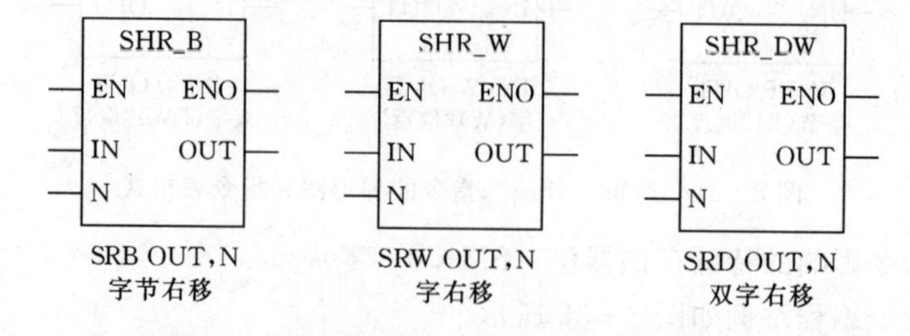

图 8-34　右移位指令的梯形图和指令表格式

对左移位指令和右移位指令的说明：

（1）操作数为无符号数。

（2）数据存储单元的移出端与SM1.1（溢出）端相连，移出位存入SM1.1存储单元，SM1.1存储单元中为最后一次移出的位值，数据存储单元的另一端自动补0。

（3）移位次数N和移位数据长度有关，如果N小于实际的数据长度，则执行N次移位；如果N大于实示的数据长度，字节、字、双字移位指令的实际最大可移位数分别为8、16、32。

五、循环右移指令

循环右移指令，当EN端口执行条件存在时，把输入端（IN）指定的数据循环右移N位，并把结果存入OUT指定的存储器单元中。循环右移指令，按操作数的数据长度可分为字节、字、双字循环右移指令。指令的梯形图和指令表格式如图8-35所示。

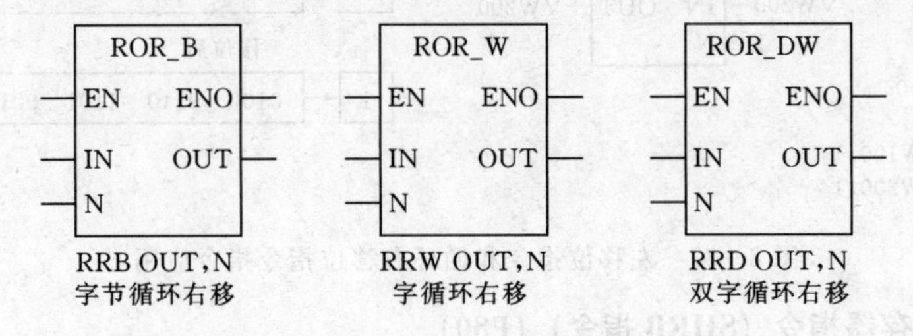

图8-35 循环右移指令的梯形图和指令表格式

六、循环左移指令

循环左移指令，当EN端口执行条件存在时，把输入端（IN）指定的数据循环左移N位，并把结果存入OUT指定的存储器单元中。循环左移指令，按操作数的数据长度可分为字节、字、双字循环左移指令。指令的梯形图和指令表格式如图8-36所示。

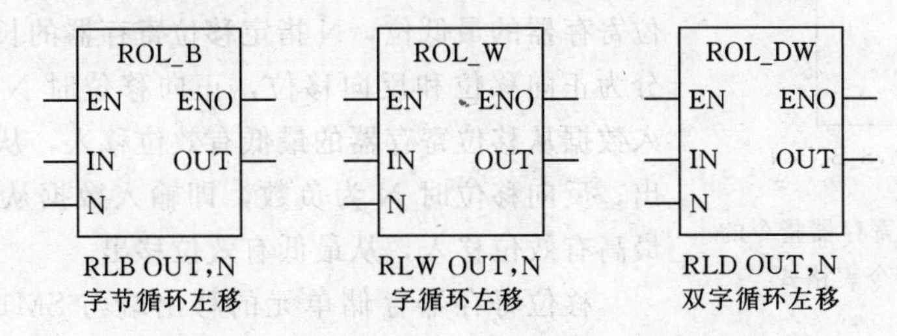

图8-36 循环左移指令的梯形图和指令表格式

对循环右移指令和循环左移指令的说明：

（1）操作数为无符号数。

（2）数据存储单元的移出端与另一端相连，因此最后移出的位被移到了另一端；同时又与SM1.1（溢出）端相连，因此移出位也存入到了SM1.1存储单元中，SM1.1存储单元中始终为最后一次移出的位值。

（3）移位次数N和移位数据长度有关，如果N小于实际的数据长度，则执行N次移位；如果N大于实示的数据长度，字节、字、双字移位指令的实际移位次数分别为N除以8、16、32的余数。

左、右移位指令和循环左、右移位指令对标志位的影响：SM1.0（零）、SM1.1（溢出）。移位后溢出位（SM1.1）的值等于最后一次移出的位值；如果移位的结果是0，则零存储器位（SM1.0）置位。

左移位指令和循环右移位指令应用如图 8-37 所示。

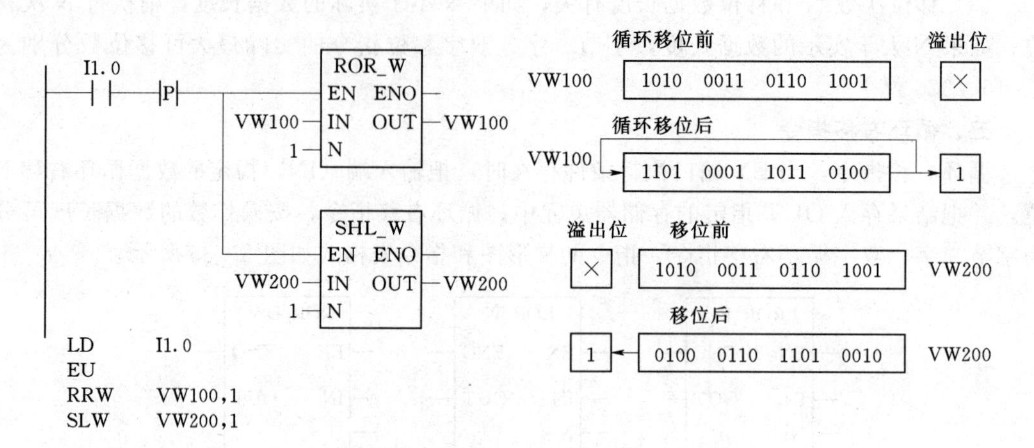

图 8-37　左移位指令和循环右移位指令指令应用

七、移位寄存器指令（SHRB 指令）（P80）

移位寄存器指令是一条可指定移位长度的移位指令，可用来进行顺序控制、步进控制、物流及数据流控制。其梯形图及语句表格式如图 8-38 所示。

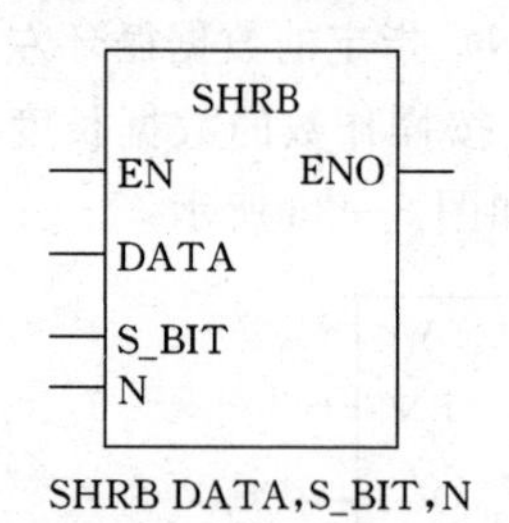

图 8-38　移位寄存器指令的梯形图和指令表格式

SHRB 指令是指当使能端 EN 输入有效时，把输入端（DATA）的数值移入移位寄存器，并进行移位。该移位寄存器是由 S _ BIT 和 N 决定的，其中，S _ BIT 指定移位寄存器的最低位，N 指定移位寄存器的长度。移位方向分为正向移位和反向移位，正向移位时 N 为正数，即输入数据从移位寄存器的最低有效位移入，从最高有效位移出；反向移位时 N 为负数，即输入数据从移位寄存器的最高有效位移入，从最低有效位移出。

移位寄存器存储单元的移出端与 SM1.1（溢出）位相连，最后被移出的位存放在 SM1.1 位存储单元中，移位寄存器最高有效位（MSB.b）的计算方法：由移位寄存器的最低有效位（S _ BIT）和移位寄存器的长度（N）来计算移位寄存器的最高有效位（MSB.b）的地址。计算公式为：

MSB.b＝［S _ BIT 的字节号＋（N 的绝对值－1＋S _ BIT 的位号）÷8］.［被 8 除所得余数］

例如，如果 S _ BIT 是 V33.0，N 是 14，则 MSB.b 是 V35.1。具体计算如下：

MSB.b＝V33＋(14－1＋4)÷8＝V33＋17÷8＝V33＋2(余数为 1)＝V35.1

每次使能端 EN 输入有效时，在每个扫描周期内，移位寄存器移动一位，因此应该用跳变指令来控制使能端 EN 的状态。

数据类型：DATA 和 S _ BIT 为 BOOL 型，N 为字节型。

习　题

8-1　西门子 PLC 的 CPU 型号有几种？各种型号的输入、输出点数有多少？

8-2　西门子 PLC 可作为操作数的位对象有哪些？分别举例说明。

8-3　西门子 PLC 定时器有哪几种时基？按照工作方式分为哪几种类型的定时器？它们所对应的定时器编号是哪些？

8-4　西门子 PLC 计数器分哪几种类型？它的四个输入端变化对计数器的各种参数有何影响？

8-5　写出下列梯形图的指令表程序。

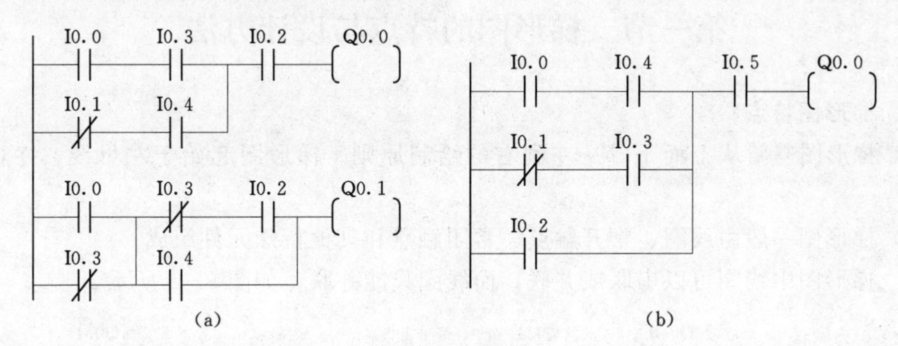

题 8-5 图

8-6　根据下列 2 个指令表程序，画出梯形图。

```
1. LD    I0.0
   A     I0.1
   O     I0.3
   O     I0.4
   A     I0.2
   O     Q0.0
   =     Q0.0
2. LD    I0.0
   O     I0.1
   O     I0.2
   LD    I0.3
   O     I0.4
   ALD
   A     I0.5
   =     Q0.1
```

8-7　设计电机正停反电路。要求：按正转（或反转）启动按钮后，电机正转 10s 后，自动暂停 5s。然后再反转 10s，再暂停 5s。直到按下停止按钮后，电动机不再运行。列出 I/O 分配表，并设计其梯形图。

第九章　PLC 典型梯形图与应用实例设计

尽管 PLC 的编程语言多种多样，但是目前 PLC 都是将梯形图语言作为自己的第一编程语言。在本章中重点介绍 PLC 梯形图的编程方法。本章 PLC 采用施耐德 NEZA 系列。

第一节　梯形图的特点与设计方法

一、梯形图特点

（1）梯形图遵循从上而下、从左到右的绘制原则。梯形图起始于左母线，终止于右母线。

（2）梯形图一般由线圈、常开触点、常闭触点和其他特殊元件组成。

（3）梯形图中线圈可以串联或并联，而线圈只能并联，如图 9－1 所示。

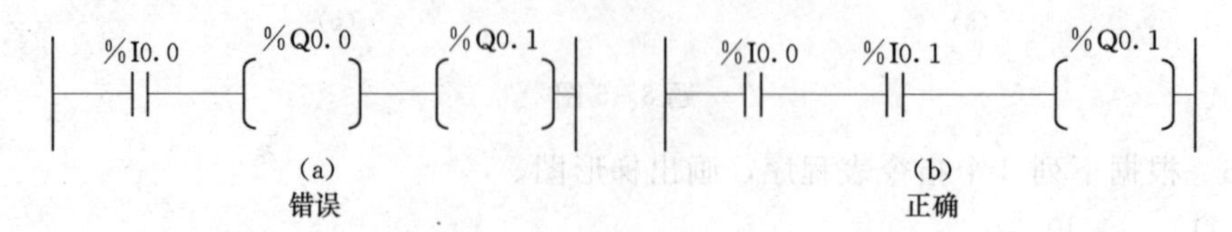

图 9－1　线圈不可串联，触点可串联

（4）在梯形图中，一般将串联多的支路放在上方，将并联多的支路放在左边，如图 9－2 所示。

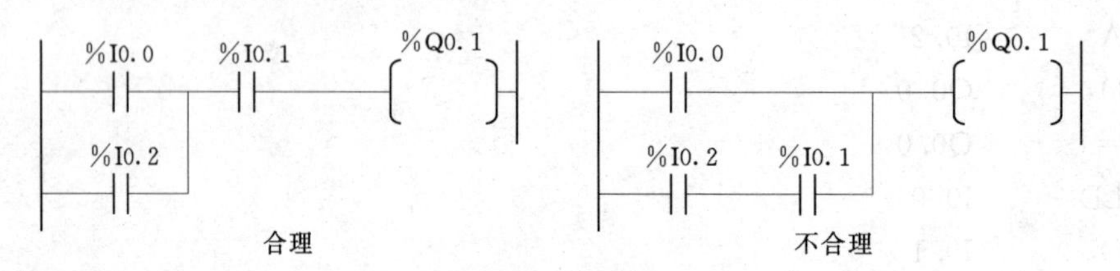

图 9－2　串联多的支路放上方

（5）在梯形图中，触点的方向只能是水平方向，而不可以是垂直方向。

（6）在梯形图中，同一编号作为线圈只能使用一次，而作为触点可以多次引用，如图 9－3 所示。

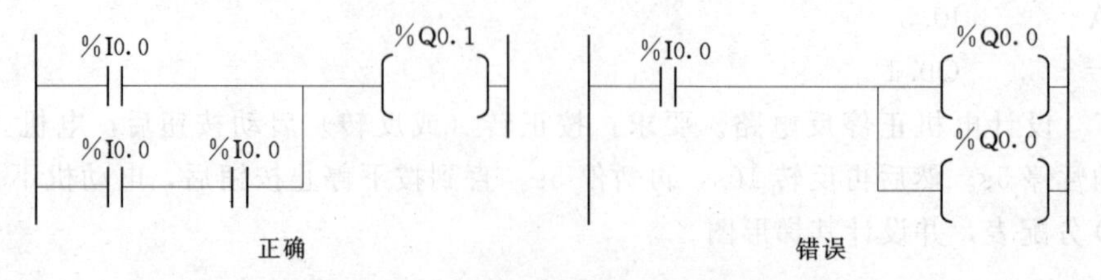

图 9－3　编号为触点可多次使用，作为线圈只使用一次

二、可编程控制器的基本编程方法

1. 经验编程法

经验编程法，就是利用自己的或别人的经验进行程序设计。此方法主要是根据设计要求，在熟练掌握各种典型电路的梯形图的基础上，对其进行修改和完善，把经验程序改编成符合要求的控制程序。

2. 解析编程法

解析编程法，本质就是利用逻辑运算。根据组合逻辑和时序逻辑的理论，并利用相应的逻辑运算的方法进行逻辑关系的求解。然后根据结果，转化为梯形图或指令表程序语言。解析编程法比较严密，可以运用一定的标准，使程序优化，避免设计程序的盲目性。是编写较复杂程序尤其是时间控制程序的有效方法。

3. 图解编程法

图解编程法是通过画图的方法进行可编程控制器的程序设计。图解编程法的工具主要是状态转移图。状态转移图类似于流程图，是顺序程序设计的专业工具。在某些可编程控制器中，有的可以直接采用状态转移图进行编程。有了状态转移图，可编程控制器程序设计就和高级语言编程一样方便，又避免了经验编程法的盲目性。

第二节　梯形图典型程序

任何复杂的梯形图程序，都可以由许多简单的典型梯形图组成。因此，掌握梯形图的典型程序，对编写复杂的梯形图程序有很大帮助。

一、自锁电路

在继电器控制中，我们学习了自锁电路的继电器控制方法。用PLC控制时，我们首先要绘制PLC接线图。自锁电路PLC梯形图与接线图如图9-4所示。其中，SB_1为启动按钮，其对应的PLC的I/O点为%I0.0。SB_2为停止按钮，其对应的PLC的I/O点为%I0.1。注意的是，这里SB_2所接的是按钮的常开触点。

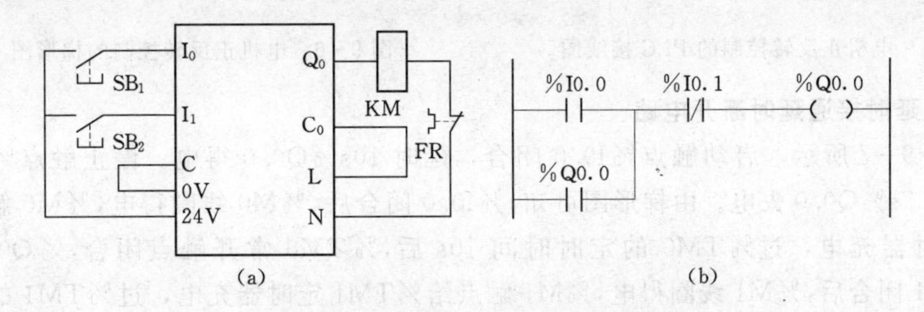

图9-4　自锁电路的PLC接线图与梯形图

(a) PLC接线图；(b) PLC梯形图

分析：按下SB_1按钮后，%I0.0由0变为1。由梯形图分析，%Q0.0由0变为1。此时PLC接线图中，相当于Q0与C0导通，KM线圈承受LN两端220V电压，即KM线圈得电。KM控制的电动机运行。SB_1松开后，线圈%Q0.0与触点%Q0.0形成自锁，%Q0.0值不变，为1，故KM线圈不失电。当按下SB_2按钮后，%I0.1由1变为0，则%

Q0.0由1变为0。即Q0与C0两点之间断开。KM线圈两端无电压，即KM线圈失电。KM控制的电动机停止。

注意：热继电器FR一般在输出端和接触器的线圈串联，也可以作为输入，但作为输入要在梯形图中作为输入触点引用。

二、正反转控制电路

用PLC控制电机正反转控制时，在PLC接线图中，有三个输入，分别为SB_1正转启动，SB_2反转启动，SB_3停止。输出有两个，KM_1为控制电动机正转的线圈，KM_2为控制电动机反转的线圈。注意的是，在PLC正反转控制的输出端，应将KM的常闭触点互相串联至对方的电路中，形成电气互锁。这里FR起过载保护作用。电机正反转控制的PLC接线图如图9-5所示。

电机正反转控制的梯形图如图9-6所示。按下SB_1按钮，梯形图中%I0.0由0变为1，这里常闭触点%I0.2、%I0.1、%Q0.2为1，则%Q0.1为1。在接线图中为Q_1和C_1点接通，KM_1线圈得电，电机正转运行。按下SB_2按钮，梯形图中%I0.1由0变为1，这里常闭触点%I0.2、%I0.0、%Q0.2为1，则%Q0.2为1。在接线图中为Q_2和C_1点接通，KM_2线圈得电，电机反转运行。注意：此梯形图的电路为正—反—停电路，有按钮常闭触点形成的电气互锁（常闭触点%I0.0、%I0.1），也有接触器常闭触点形成的电气互锁（常闭触点%Q0.1、%Q0.2）。

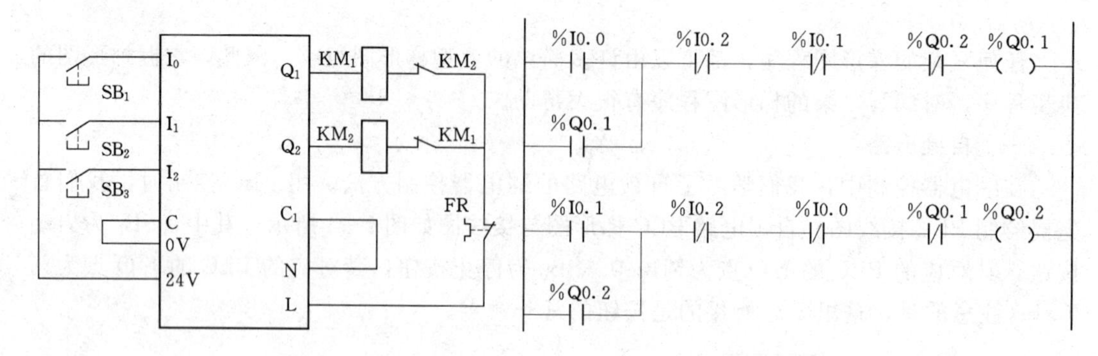

图9-5　电机正反转控制的PLC接线图　　　图9-6　电机正反转控制的梯形图

三、延时接通延时断开电路

如图9-7所示，启动触点%I0.0闭合，延时10s%Q0.0得电。停止触点%I0.1闭合，延时7s%Q0.0失电。由梯形图可知，%I0.0闭合后，%M0线圈得电，%M0触点给%TM0定时器充电，过%TM0的定时时间10s后，%TM0常开触点闭合，%Q0.0有输出。%I0.1闭合后，%M1线圈得电，%M1触点给%TM1定时器充电，过%TM1的定时时间7s后，%TM1常闭触点断开，%Q0.0无输出。延时接通延时断开电路的时序图如图9-8所示。

四、闪烁电路

闪烁电路由两个定时器构成，可以产生任意脉宽的周期性脉冲信号。图9-9所示的电路有两个定时器。其中定时器TM0的定时时间为1s，定时器TM1的定时时间为0.5s。

图9-10是分析闪烁电路的时序图。当%I0.0有连续输入时，给定时器%TM0充电，

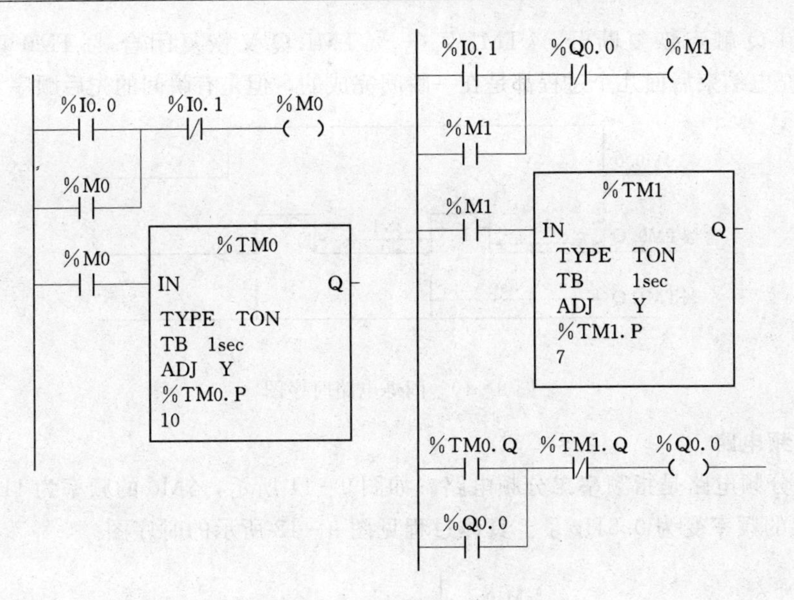

图 9-7 延时电路梯形图

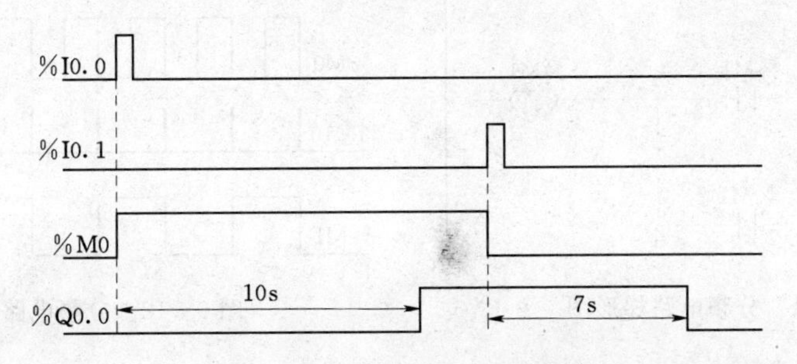

图 9-8 延时电路的时序图

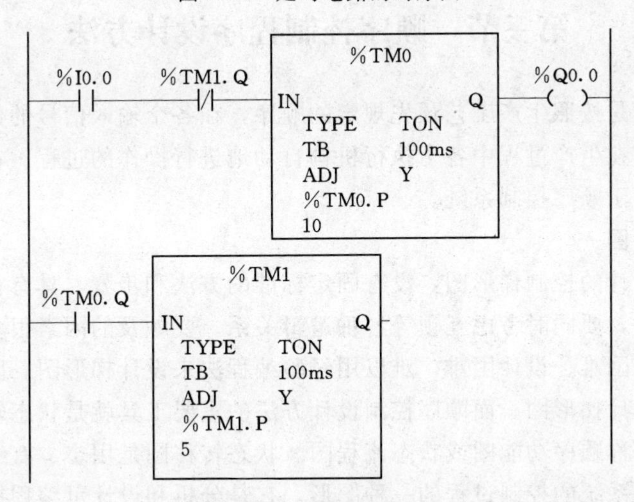

图 9-9 闪烁电路梯形图

过 1s（即%TM0 定时时间）后充电完成。此时触点%TM0.Q 闭合，给%TM1 充电。过 0.5s（即%TM1 定时时间）后，定时器%TM1 充电完成，常闭触点%TM1.Q 断开，%TM0

失电，%TM0.Q触点恢复断开，%TM1失电，%TM1.Q又恢复闭合，%TM0重新开始充电。%TM1充电结束后面几个过程都是在一瞬间完成的，但是有瞬间的先后顺序。

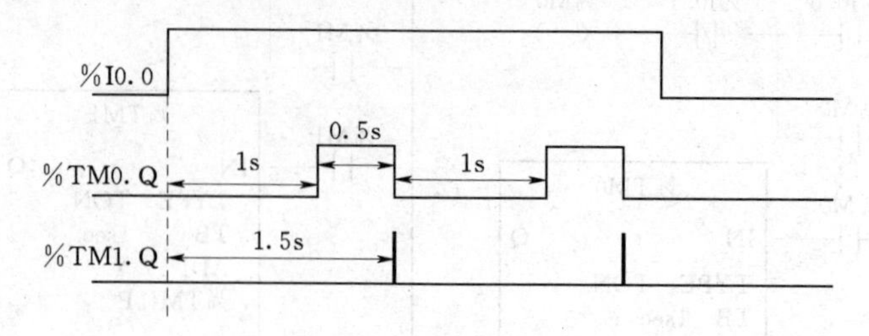

图9－10　闪烁电路时序图

五、分频电路

这里的分频电路是指频率二分频电路。如图9－11所示，%M0的频率为1Hz，经过分频后，%M1的频率变为0.5Hz了。具体过程见图9－12所示的时序图。

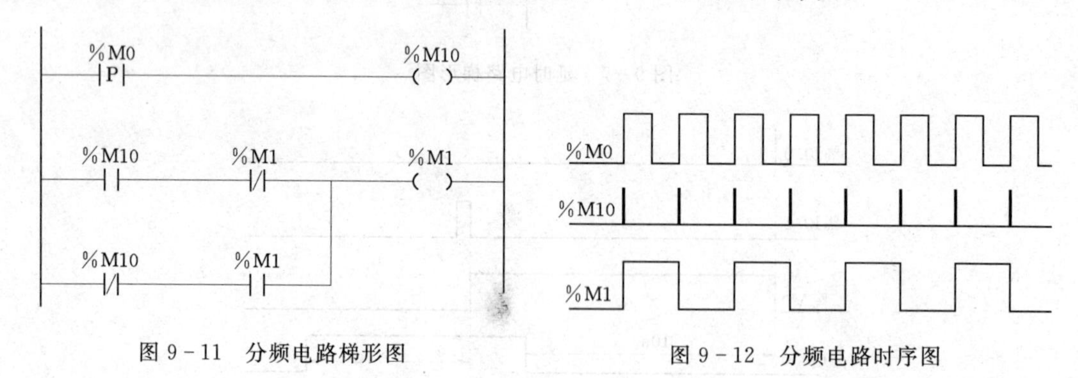

图9－11　分频电路梯形图　　　　图9－12　分频电路时序图

第三节　顺序控制程序设计方法

顺序控制，就是按照生产工艺预先规定的顺序，在各个输入信号的作用下，根据时间顺序或流程顺序，在生产过程中各个执行机构自动地进行操作的过程。在工业控制中，绝大部分控制系统属于顺序控制系统。

一、状态转移图

经验编程法设计的控制梯形图，没有固定标准的方法和步骤，具有很大的试探性。设计复杂系统控制时，要同时考虑互锁等各种逻辑关系。要顾及的因素很多，往往又交织在一起，造成了分析困难、设计困难，难以用经验编程法来设计梯形图。因此可以采用顺序控制设计方法来设计梯形图。而顺序控制设计方法的重要工具就是状态转移图。

状态转移图又称顺序功能图或状态流程图。状态转移图是用步、有线线段、转移条件等元件来描述控制系统的控制过程的一种图形。它是分析和设计可编程控制器程序的一种重要工具。

状态转移图由步、有向线段、转移条件和动作四部分组成。

步是系统控制过程中一个特定的阶段，他对应于一个稳定的状态。在状态转移图中步

通常为某个元件的状态。在状态转移图中步用矩形框来表示，一般情况下，一个控制系统应当有一个起始步。

有向线段是用于两个或多个步之间的转移路径。在控制过程中，随时间或者其他条件的改变，步的活动状态也随之改变。步的转移方向习惯为从上到下、从左到右，因此这两个方向的箭头可以省略。其他方向上的箭头应在有线线段中用箭头标明。

转移条件是步与步之间的转移所必须满足的条件。转移条件在状态转移图上用垂直于有向线段的短横线表示。

动作是在某一步或几步系统所完成的任务。在特定的步中，可以完成一个或多个动作，也可以没有动作。动作在状态转移图中是在步的右边连接一个矩形框，在矩形框中标明具体的动作。

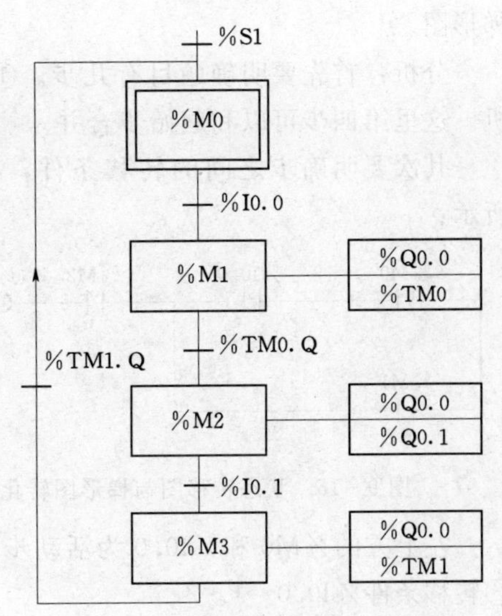

图 9-13　鼓风机引风机状态转移图

当系统正处于某一步的时刻，则该步处于活动状态或称活动步。某一步要成为活动步必须满足两个条件：①该步的前一步必须是活动步；②对应的转移条件必须满足。

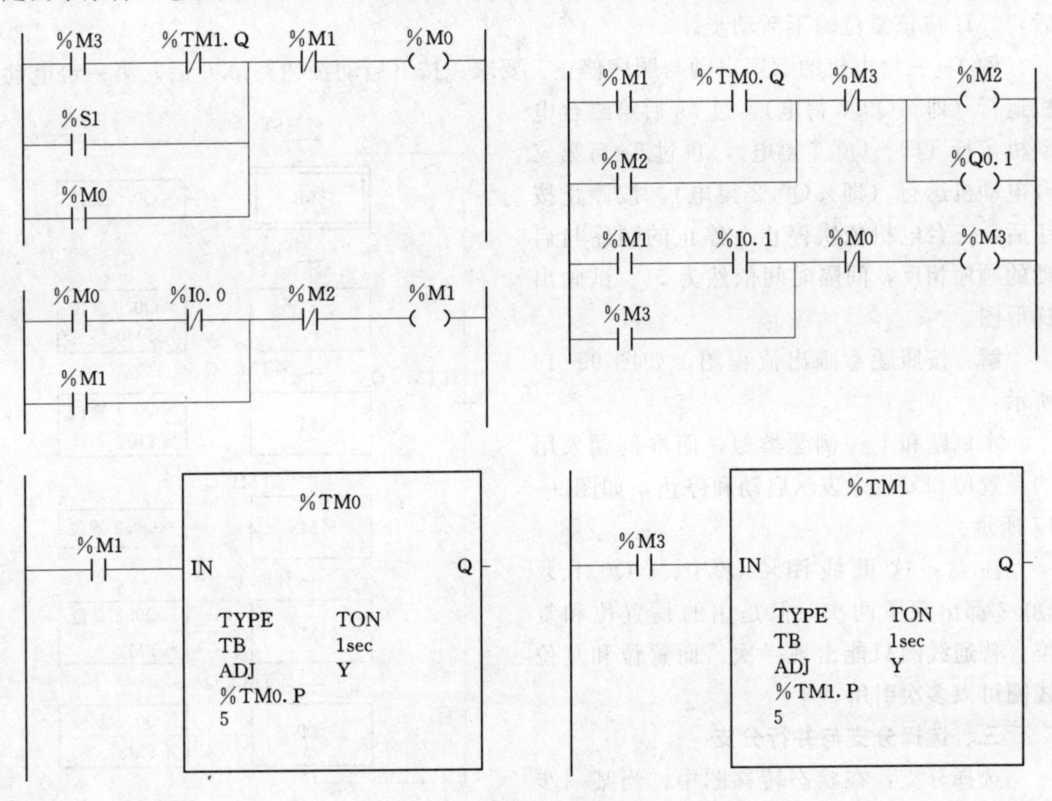

图 9-14　鼓风机引风机梯形图

例 1：鼓风机与引风机。控制要求为：按下启动按钮％I0.0时，先开引风机，延时5s后再开鼓风机。按下停止按钮％I0.1后，应先停鼓风机，延时5s后再停引风机。试设计梯形图。

分析：首先要明确题目有几步。①开引风机；②开鼓风机；③停鼓风机；④停引风机。这里第四步可以和起始步合并。

其次要明确步之间的转移条件，有时间条件和按钮条件。状态转移图如图9－13所示：

根据状态转移图可以很快画出梯形图，如图9－14所示。

二、梯形图与状态转移图的转化

说明：以活动步％M0为例，看看状态转移图与梯形图的转化，如图9－15所示。

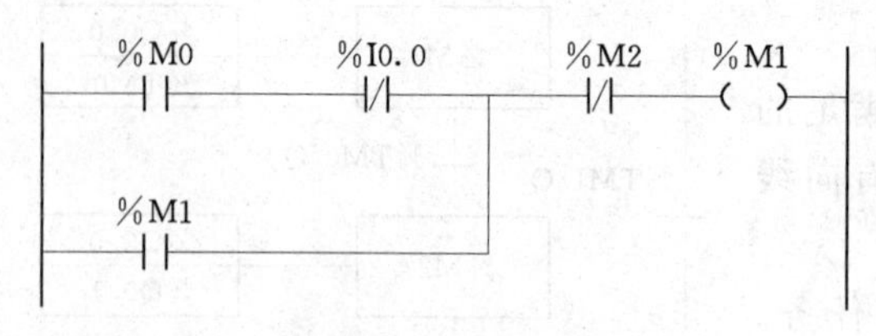

图9－15　状态转移图与梯形图转化

左上方的％M0和％I0.0为活动步的转移所需的两个条件：①前一步％M0为活动步；②转移条件％I0.0＝1。

左下方的％M1起自锁作用。即％M1为活动步后，一直处于稳定状态。％M0与％I0.0这两个条件消失％M1状态不会改变。

右边的常闭触点％M2为活动步％M1的结束作用。即％M1的后一步％M2为活动步后，％M1应该复位为不活动步。

例 2：三台电机的顺序启动与顺序停止。要求：按下启动按钮％I0.0后，第一台电动机运行（即％Q0.0得电），过5s后第二台电动机运行（即％Q0.1得电），再过5s后第三台电动机运行（即％Q0.2得电）。按停止按钮后，三台电机依次停止。停止的顺序与启动的顺序相反，间隔时间依然为5s。试画出梯形图。

解：按照题意画出流程图，如图9－16所示：

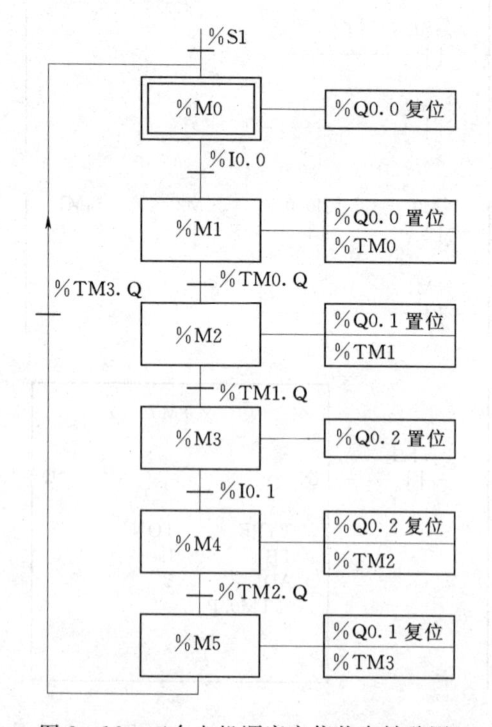

图9－16　三台电机顺序启停状态转移图

本例题和上一例题类似，而本例题采用的是置位和复位来表示启动和停止，如图9－17所示。

注意：这里线圈％Q0.0、％Q0.1、％Q0.2都出现了两次，但是用的是置位和复位。普通线圈只能出现一次。而置位和复位线圈可以多次引用。

三、选择分支与并行分支

选择分支：在状态转移图中，当某一步执行完成后，能执行若干步中的其中一步，

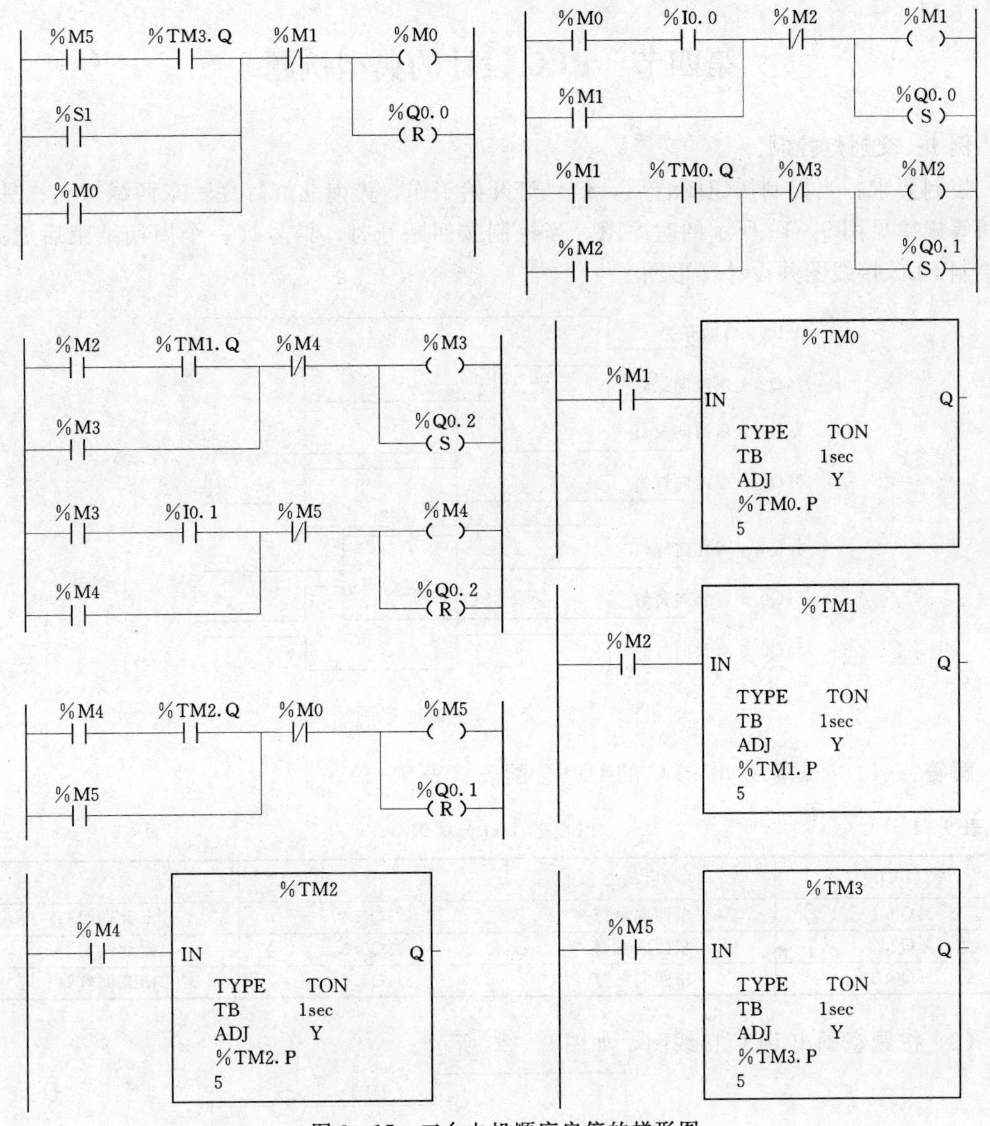

图 9－17　三台电机顺序启停的梯形图

这种结构称为选择分支，又称条件分支。

并行分支：在状态转移图中，当某一步执行完成后，能同时执行分支中的多步，这种结构称为并行分支，又称并联分支。

在状态转移图上，选择分支和并行分支的区别在于选择分支用水平单线表示，而并行分支用水平双线表示，如图 9－18 所示。

要注意的还有，转移条件（短横线）的位置和有无短横线。这里初步介绍两种分支的状态转移图，具体实例参考第四节。

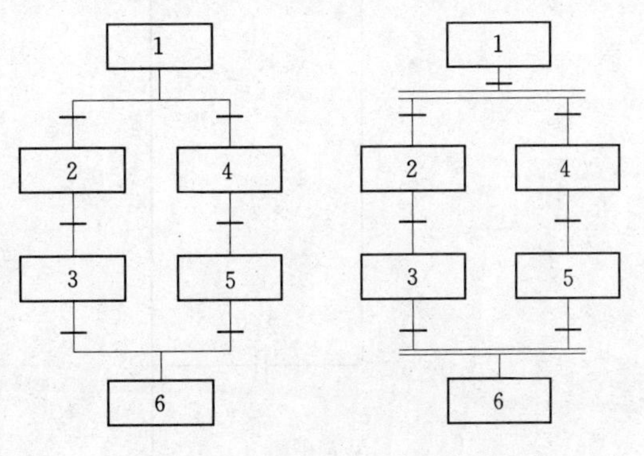

图 9－18　选择分支与并行分支

第四节 PLC设计的典型例题

例1：交通灯控制。

控制要求：当控制按钮闭合后，信号灯开始工作，先南北红灯亮，东西绿灯亮；具体时间等规律见图9-19所示的时序图。当控制按钮断开时，信号灯一个周期结束后熄灭。试绘制PLC接线图并设计梯形图。

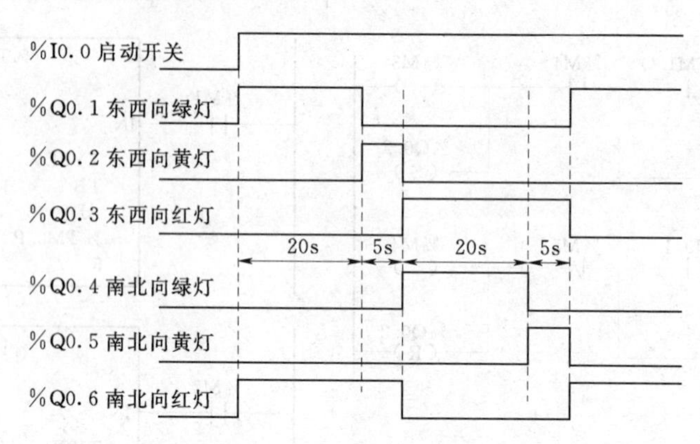

图9-19 交通灯控制时序图

解答：(1) 按题意列出PLC的I/O分配表（表9-1）。

表9-1　　PLC的I/O分配表

%I0.0	启动		
%Q0.1	东西向绿灯	%Q0.4	南北向绿灯
%Q0.2	东西向黄灯	%Q0.5	南北向黄灯
%Q0.3	东西向红灯	%Q0.6	南北向红灯

(2) 按题意画出PLC接线图，如图9-20所示。

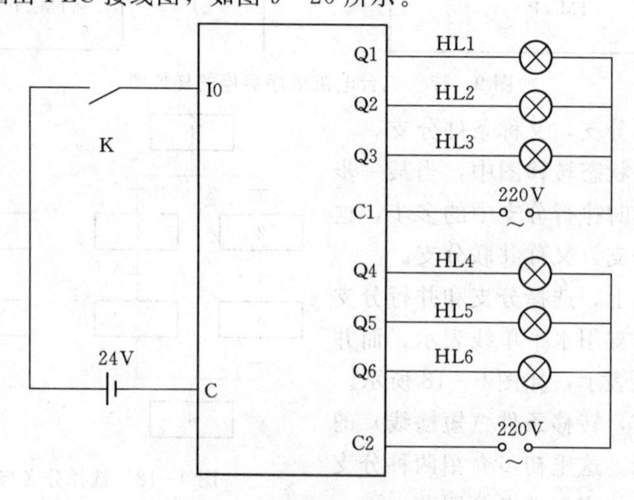

图9-20 交通灯PLC接线图

(3) 按题意分析，可以画出状态转移图，如图 9-21 所示。

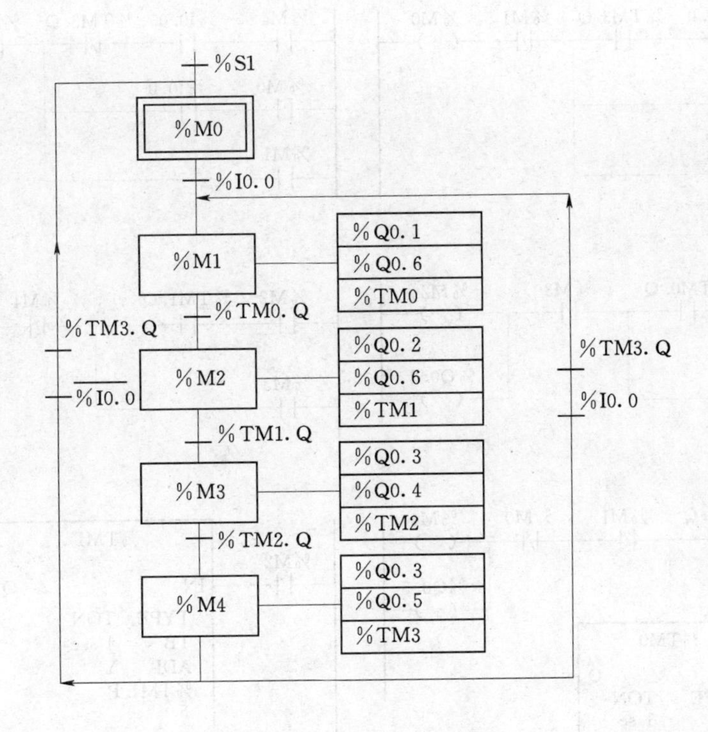

图 9-21 交通灯状态转移图

说明：此处%M0 为起始步，%M1、%M2、%M3、%M4 分别为四个稳定状态。即 0～20s 东西向绿灯亮，同时南北向红灯亮。20～25s 东西向黄灯亮，同时南北向红灯亮。25～45s 东西向红灯亮，同时南北向绿灯亮。45～50s 东西向红灯亮，同时南北向黄灯亮。当%I0.0 闭合后，即%I0.0=1，循环运行，即步%M4 转移至步%M1。若%I0.0 断开，则转移至初始步，所有灯全灭。

(4) 由状态转移图画出梯形图，如图 9-22 所示。

例 2：液料混合。

液料混合装置有上、中、下三个液位传感器，分别表示高、中、低三种液位。当到达某一液位时，该液位继电器有输出。该装置有 A、B、C 三个电磁阀，其中电磁阀 A、B 为两个进料阀，分别进一种液料。电磁阀 C 为出料阀，用于排放混合液。M 为电动机，为搅拌混合液体用的。在初始状态下，液料罐为空的，电磁阀 A、B、C 为关闭状态，三个液位继电器也没有输出。按下启动按钮后，打开电磁阀 A，进液料 A。当达到中限位后，关闭电磁阀 A，打开电磁阀 B，进液料 B。到达上限位后，关闭电磁阀 B，电动机开始搅拌。6s 后停止搅拌，打开电磁阀 C，开始排混合液。当液面低于下限位后，过 2s 关闭电磁阀 C。自动进入下一周期运行。当按下停止按钮后，要一个周期结束后才停止，系统处于初始状态。

解答：(1) 按题意写出 I/O 分配表（表 9-2）。

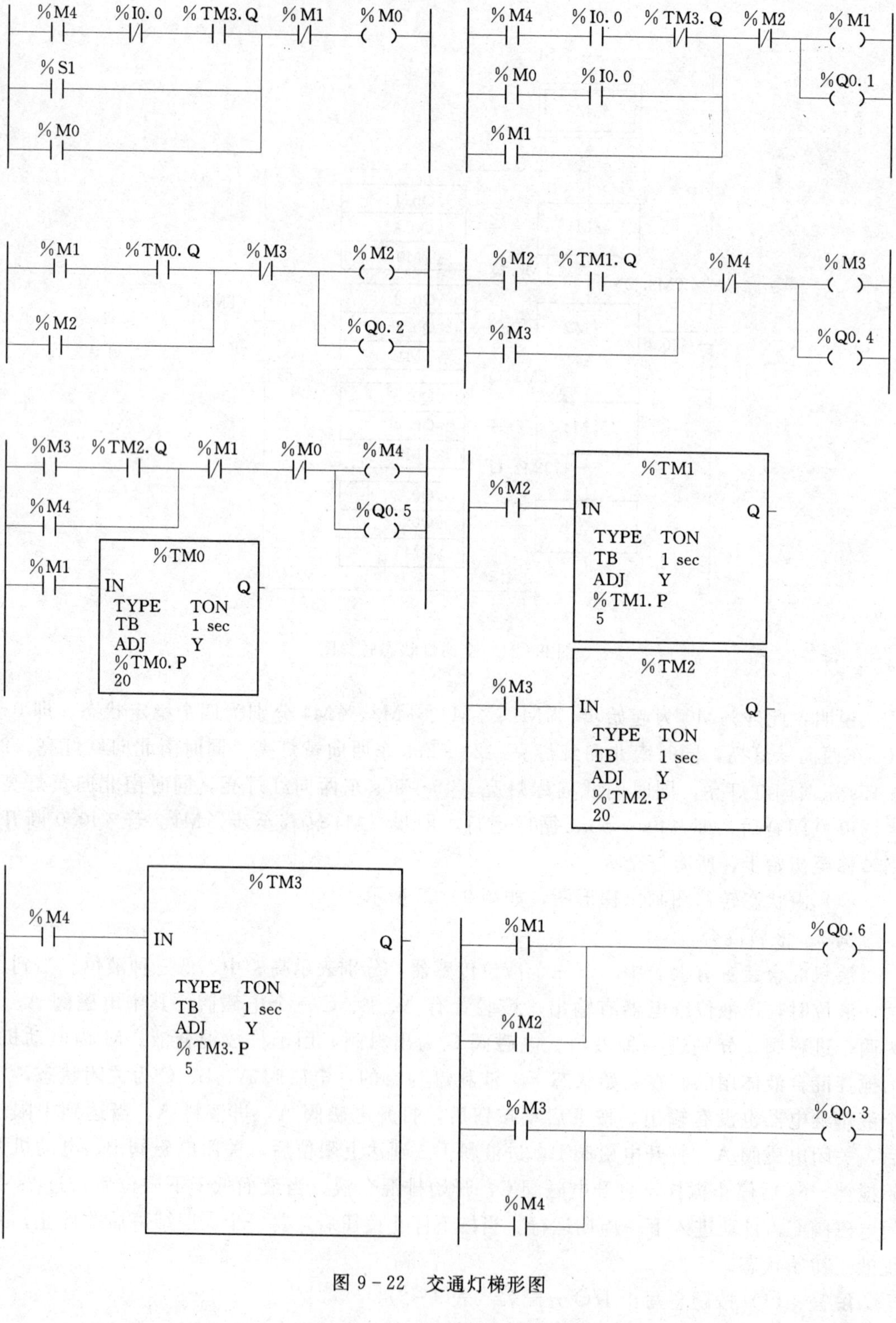

%M4
%I0.0
%TM3.Q
%M1
%M0
%S1
%M0
%M4
%I0.0
%TM3.Q
%M2
%M1
%M0
%I0.0
%Q0.1
%M1
%M1
%TM0.Q
%M3
%M2
%M2
%Q0.2
%M2
%TM1.Q
%M4
%M3
%M3
%Q0.4
%M3
%TM2.Q
%M1
%M0
%M4
%M4
%Q0.5
%M1
%TM0
IN
Q
TYPE TON
TB 1 sec
ADJ Y
%TM0.P
20
%M2
%TM1
IN
Q
TYPE TON
TB 1 sec
ADJ Y
%TM1.P
5
%M3
%TM2
IN
Q
TYPE TON
TB 1 sec
ADJ Y
%TM2.P
20
%M4
%TM3
IN
Q
TYPE TON
TB 1 sec
ADJ Y
%TM3.P
5
%M1
%Q0.6
%M2
%M3
%Q0.3
%M4

图 9-22　交通灯梯形图

表 9-2　I/O 分配表

输　入			
%I0.0	启动	%Q0.0	进液料 A
%I0.1	停止	%Q0.1	进液料 B
%I0.2	下限位	%Q0.2	进液料 C
%I0.3	中限位	%Q0.3	搅拌
%I0.4	上限位		

(2) 根据题意画出状态转移图，如图 9-23 所示。

这里的%M10 是中间继电器状态，即按下启动按钮%10.0,%M10 为 1。按下停止按钮%I0.1,%M10 为 0。

(3) 根据状态转移图，可以很快画出梯形图，如图 9-24 所示。

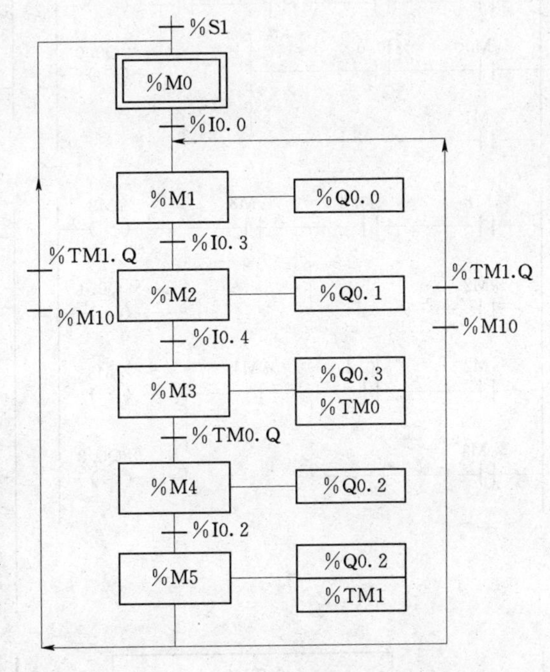

图 9-23　液料混合状态转移图

例 3: 自动运料小车。

运料小车起始位于装料处 A 点。按下启动按钮后，小车在 A 处装料。10s 后，装料结束。小车向右行驶，到达 B 处限位开关，小车停止。开始卸料，8s 后卸料结束。小车自动左行，到达 A 点限位开关，重新装料。按下停止按钮后，小车要卸料结束重新回到 A 点才停止。试设计梯形图。

解答: (1) 根据题意写出 I/O 分配表（表 9-3）。

表 9-3　I/O 分配表

%I0.0	启动按钮	%Q0.0	小车左行（电机正转）
%I0.1	停止按钮	%Q0.1	小车右行（电机反转）
%I0.2	左限位开关	%Q0.2	装料
%I0.3	右限位开关	%Q0.3	卸料

(2) 根据题目流程，画出状态转移图，如图 9-25 所示。

这里的%M10 是中间继电器状态，即按下启动按钮%I0.0,%M10 的值为 1。按下停止按钮%I0.1,%M10 的值为 0。

(3) 根据状态转移图，设计系统梯形图，如图 9-26 所示。

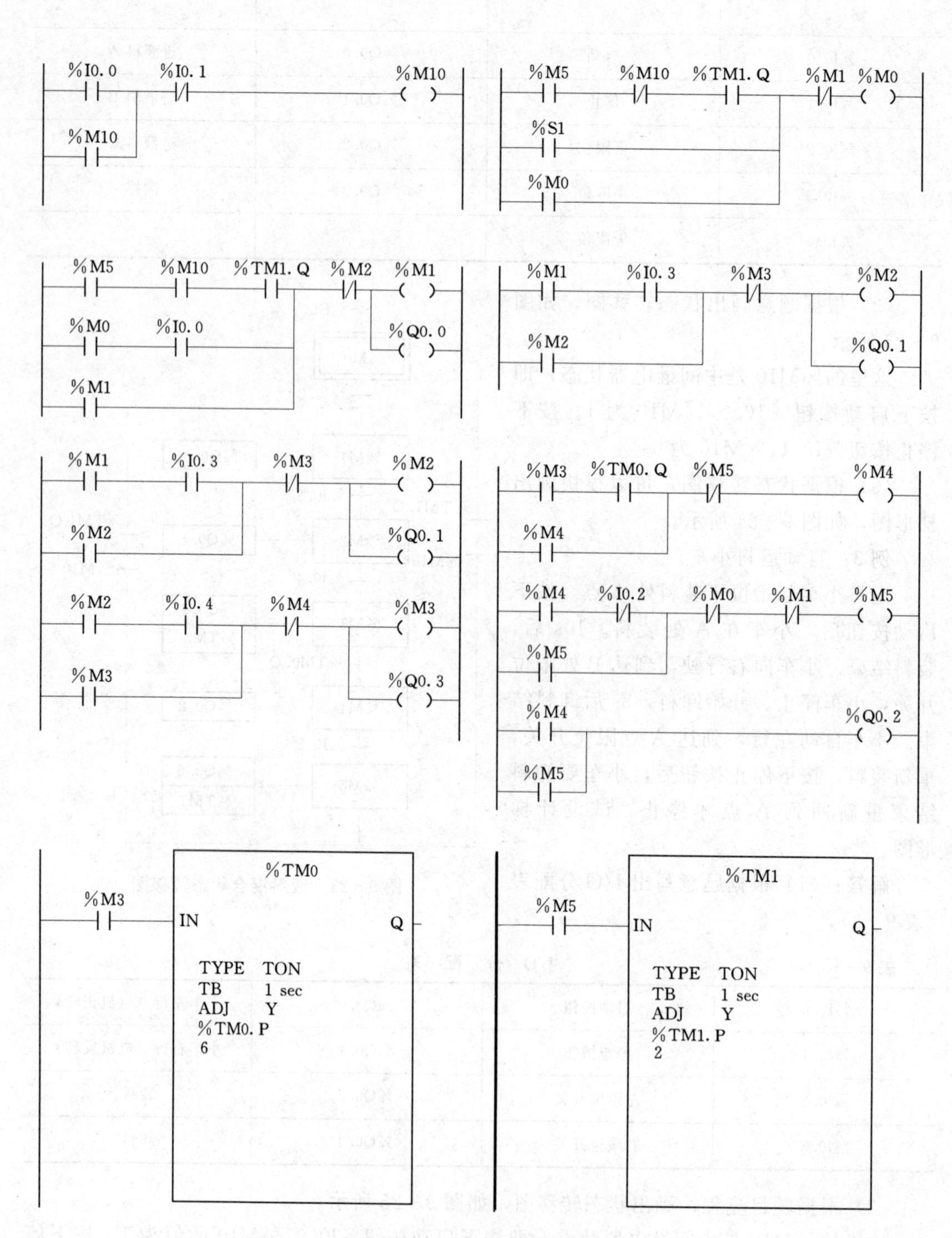

图 9-24　液料混合梯形图

例 4：自动剪板机。

初始状态时，剪刀和压钳在上限位位置。按下启动按钮%I0.0，首先板料右行（%Q0.0 接通）至板料的右限位开关%I0.1，然后压钳下行（%Q0.1 接通），压紧板料后，压力继电器%I0.2 接通，压钳保持夹紧。剪刀开始下行（%Q0.3 接通），剪断板料后，下限位开关%I0.3 接通，压钳和剪刀同时上行（%Q0.2 和%Q0.4 接通），分别碰到上限位开关%I0.4 和%I0.5 后，均停止。都停止后，又开始下一个周期的工作。剪完 10 块料后停止工作并停在初始状态。试设计梯形图。

解答：(1) 根据题意写出 I/O 分配表（表 9-4）。

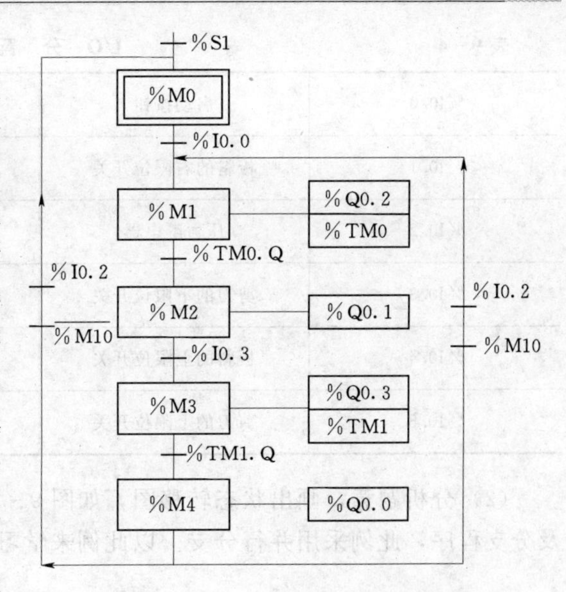

图 9-25　自动运料小车状态转移图

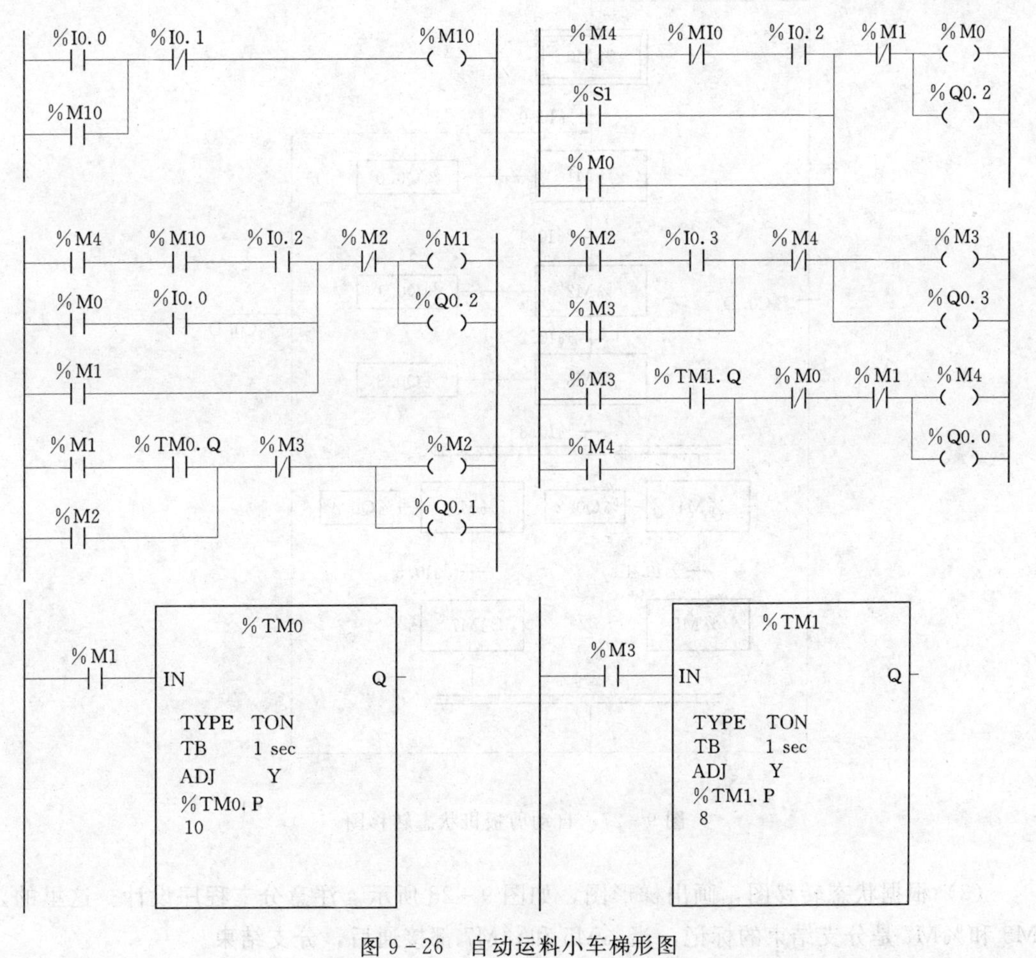

图 9-26　自动运料小车梯形图

表 9-4 I/O 分 配 表

%I0.0	启动按钮	%Q0.0	板料右行
%I0.1	板料的右限位开关	%Q0.1	压钳下行
%I0.2	压力继电器	%Q0.2	压钳上行
%I0.3	剪刀的下限位开关	%Q0.3	剪刀下行
%I0.4	板料的上限位开关	%Q0.4	剪刀上行
%I0.5	剪刀的上限位开关		

(2) 分析题意，画出状态转移图，如图 9-27 所示。本例中剪刀和压钳同时上行，涉及分支程序，此例采用并行分支。以此例来学习并行分支的设计方法。

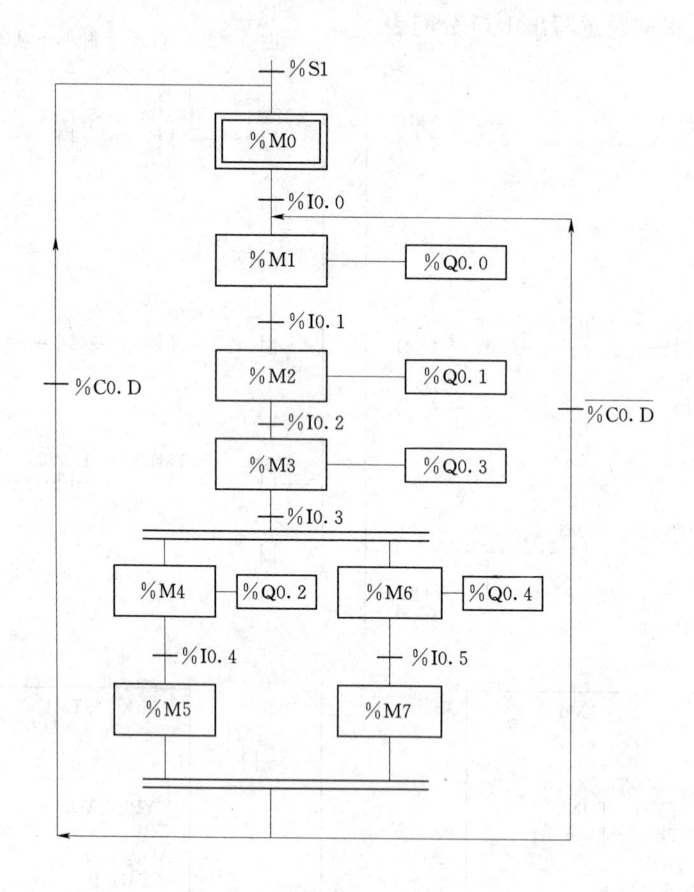

图 9-27 自动剪板机状态转移图

(3) 根据状态转移图，画出梯形图，如图 9-28 所示。注意分支程序设计。这里的%M5 和%M7 是分支结束的标记，当%M5 和%M7 都接通后，分支结束。

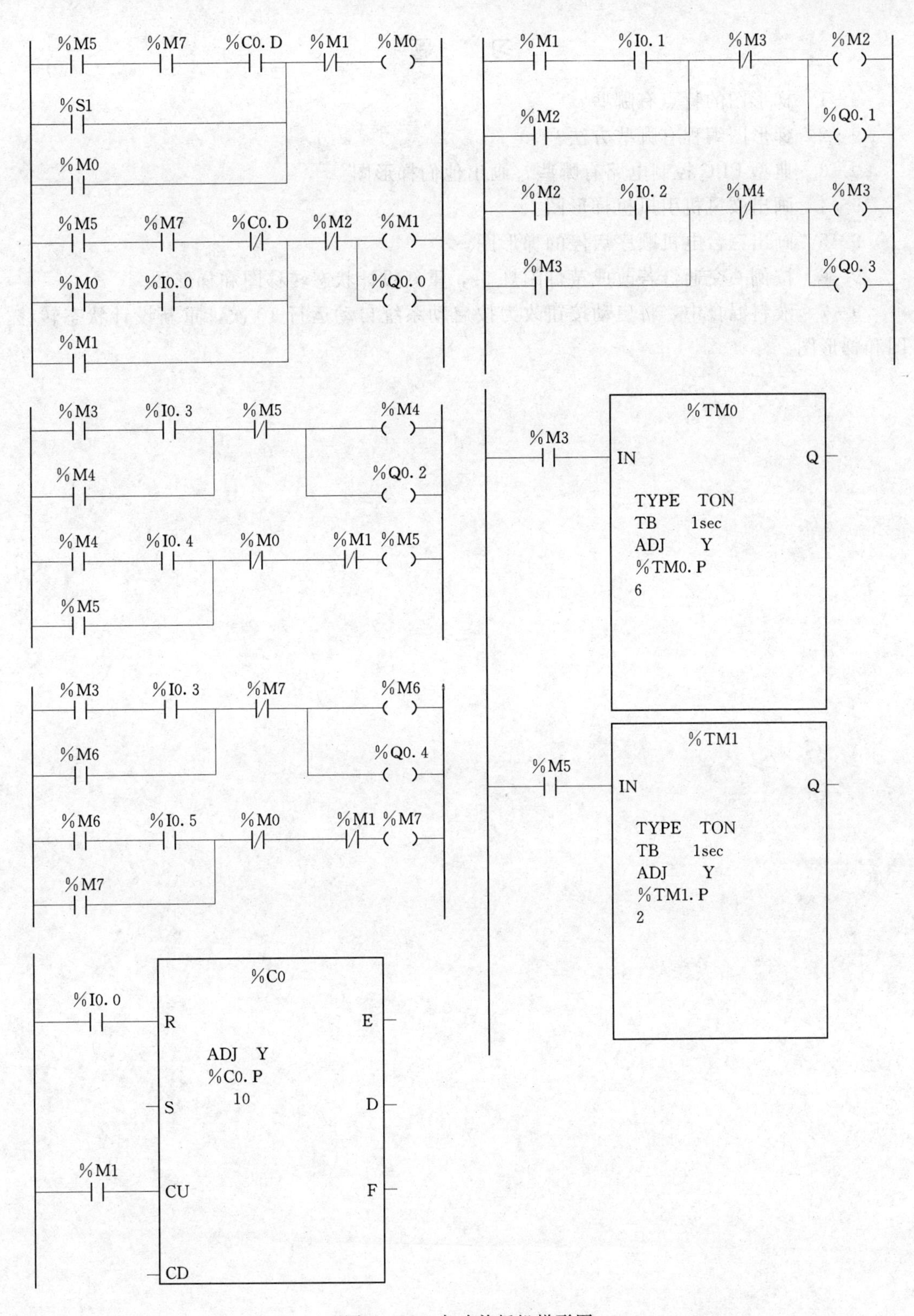

图 9 - 28　自动剪板机梯形图

习　题

9-1　梯形图的特点有哪些？

9-2　梯形图编程有哪些方法？

9-3　典型 PLC 控制电路有哪些？画出他们梯形图

9-4　画出鼓风机引风机梯形图。

9-5　画出三台电机顺序启停的梯形图。

9-6　按例一交通灯若改成黄灯闪烁 5s，重新设计状态转移图和梯形图。

9-7　液料混合中，将启动按钮改为按启动系统自动运行 10 次，重新设计状态转移图和梯形图。

附　　录

附录A　低压电器产品型号编制方法

一、全型号组成形式（附图A-1）

低压电器产品型号含义如附图A-1所示。

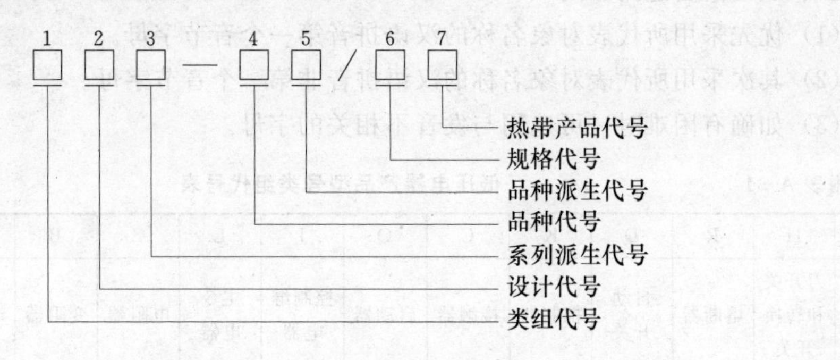

附图A-1　低压电器产品型号

1. 类组代号

用2位或3位汉语拼音字母，第一位为类别代号，第二、三位为组别代号，代表产品名称，由型号颁发单位按附表A-1确定。

2. 设计代号

用阿拉伯数字表示，位数不限，其中设计编号为2位及2位以上时，首位数“9”表示船用，“8”表示防爆用，“7”表示纺织用，“6”表示农业用，“5”表示化工用。由型号颁发单位按相应规定统一编制。

3. 系列派生代号

用1位或2位汉语拼音字母，表示全系列产品变化的特征，由型号颁发单位根据附表A-2统一确定。

4. 品种代号

用阿拉伯数字表示，位数不限，根据各产品的主要参数确定，一般用电流、电压或容量参数表示。

5. 品种派生代号

用1位或2位汉语拼音字母，表示系列内个别品种的变化特征，由型号颁发单位根据附表A-2统一确定。

6. 规格代号

用阿拉伯数字表示，位数不限，表示除品种以外的需进一步说明的产品特征，如极数、脱扣方式、用途等。

7. 热带产品代号

表示产品的环境适应性特征，由型号颁发单位根据附表 A－2 确定。

二、型号含义及组成

（1）产品型号代表一种类型的系列产品，但亦可包括该系列产品的若干派生系列。类组代号与设计代号的组合（含系列派生代号）表示产品的类别，类组代号的汉语拼音字母方案见附表 A－1。如需要 3 位的类组代号，在编制具体型号时，其第三位字母以不重复为原则，临时拟定之。

（2）产品全型号代表产品的系列、品种和规格，但亦可包括该产品的若干派生品种，即在产品型号之后附加品种代号、规格代号以及表示变化特征的其他数字或字母。

三、汉语拼音选用原则

（1）优先采用所代表对象名称的汉语拼音第一个音节字母。

（2）其次采用所代表对象名称的汉语拼音非第一个音节字母。

（3）如确有困难时，可选用与发音不相关的字母。

附表 A－1　　低压电器产品型号类组代号表

代号	H	R	D	K	C	Q	J	L	Z	B	T	M	A
名称	刀开关和转换开关	熔断器	自动开关	控制器	接触器	启动器	控制继电器	主令电器	电阻器	变阻器	调整器	电磁铁	其他
A						按钮式		按钮					
B									板式元件				触电保护器
C		插入式			磁力	电磁式			冲片元件	旋臂式			插销
D	刀开关						漏电		带形元件		电压		信号灯
E												阀用	
G				鼓形	高压				管形元件				
H	封闭式负荷开关	汇流排式											接线盒
J					交流	减压		接近开关	锯齿形元件				交流接触器节电器
K	开启式负荷开关				真空			主令控制器					
L		螺旋式	照明				电流			励磁			电铃
M		封闭管式	灭磁		灭磁								
N													

续表

代号	H	R	D	K	C	Q	J	L	Z	B	T	M	A
P				平面	中频		频率			频敏			
Q										启动		牵引	
R	熔断器式刀开关						热		非线性电力电阻				
S	转换开关	快速	快速		时间	手动	时间	主令开关	烧结元件	石墨			
T		有填料管式		凸轮	通用		通用	脚踏开关	铸铁元件	启动调速			
U						油浸		旋钮		油浸启动			
W			万能式			无触点	温度	万能转换开关		液体启动		起重	
X		限流	限流			星三角		行程开关	电阻器	滑线式			
Y	其他	其他	其他	其他	其他	其他	其他	其他	硅碳电阻元件	其他		液压	
Z	组合开关	自复	装置式		直流	综合	中间					制动	

附表A-2　　加注通用派生字母对照表

派生字母	代表意义
A、B、C、D、…	结构设计稍有改进或变化
C	插入式，抽屉式
D	达标验证攻关
E	电子式
J	交流，防溅式，较高通断能力型，节电型
Z	直流，自动复位，防震，重任务，正向，组合式，中性接线柱式
W	无灭弧装置，无极性，失电压，外销用
N	可逆，逆向
S	有锁住机构，手动复位，防水式，三相，三个电源，双线圈
P	电磁复位，防滴式，单相，两个电源，电压的，电动机操作
K	开启式
H	保护式，带缓冲装置
M	密封式，灭磁，母线式
Q	防尘式，手车式，柜式
L	电流的，摺板式，漏电保护，单独安装式
F	高返回，带分励脱扣，纵缝灭弧结构式，防护盖式
X	限流
G	高电感，高通断能力型
TH	湿热带型
TA	干热带型

附录B 电气简图用图形及文字符号一览表

名 称	GB/T 4728—1996～2000 图形符号	GB 7159—1987 文字符号	名 称	GB/T 4728—1996～2000 图形符号	GB 7159—1987 文字符号
直流电		DC	插座		X
交流电		AC	插头		X
交直流电			滑动（滚动）连接器		E
正、负极	+ −		电阻器一般符号		R
三角形连接的三相绕组	△		可变（可调）电阻器		R
星形连接的三相绕组	Y		滑动触点电位器		RP
导线			电容器一般符号		C
三根导线			极性电容器	+	C
导线连接			电感器、线圈、绕组、扼流图		L
端子			带铁芯的电感器		L
可拆卸的端子			电抗器		L
端子板	1 2 3 4 5 6 7 8	X	普通刀开关		Q
接地		E	普通三相刀开关		Q
可调压的单相自耦变压器		T	按钮开关常开触点（启动按钮）	E	SB

续表

名　称	GB/T 4728—1996～2000 图形符号	GB 7159—1987 文字符号	名　称	GB/T 4728—1996～2000 图形符号	GB 7159—1987 文字符号
有铁芯的双绕组变压器		T	按钮开关常闭触点（停止按钮）		SB
三相自耦变压器星形连接		T	无自动复位的手动按钮		SB
电流互感器		TA	位置开关常开触点		SQ
电机扩大机		AR	位置开关常闭触点		SQ
串励直流电动机		M	熔断器		FU
并励直流电动机		M	接触器常开主触点		KM
他励直流电动机		M	接触器常开辅助触点		KM
三相笼型异步电动机		M3～	接触器常闭主触点		KM
三相绕线转子异步电动机		M3～	接触器常闭辅助触点		KM

续表

名　称	GB/T 4728—1996～2000 图形符号	GB 7159—1987 文字符号	名　称	GB/T 4728—1996～2000 图形符号	GB 7159—1987 文字符号
永磁式直流测速发电机	TG	BR	继电器常开触点		KA
延时闭合的常开触点		KT	继电器常闭触点		KA
延时断开的常开触点		KT	热继电器常闭触点		FR
延时闭合的常闭触点		KT	电磁阀		YV
延时断开的常闭触点		KT	电磁制动器		YB
接近开关动合触点		SQ	电磁铁		YA
接近开关动断触点		SQ	照明灯一般符号		EL
气压式液压继电器动合触点	P　P	SP	指示灯、信号灯一般符号		HL
气压式液压继电器动断触点	P　P	SP	电铃		HA
速度继电器动合触点	n　n	KS	电喇叭		HA
速度继电器动断触点	n　n	KS	蜂鸣器		HA
操作器件一般符号接触器线圈		KM	电警笛、报警器		HA

续表

名　称	GB/T 4728—1996～2000 图形符号	GB 7159—1987 文字符号	名　称	GB/T 4728—1996～2000 图形符号	GB 7159—1987 文字符号
缓慢释放继电器的线圈		KT	普通二极管		VD
缓慢吸合继电器的线圈		KT	普通晶闸管		VTH
热继电器的驱动器件		FR	稳压二极管		VS
电磁离合器		YC	PNP 晶体管		VT
运算放大器	△ ∞	N	NPN 晶体管		VT
断路器		QF	单结晶体管		VU

附录C　施耐德常用可编程控制器性能简介

施耐德常用可编程控制器为 Modicon TSX 系列可编程控制器，其常见产品系列为：Quantum、Premium、Compact、Micro、Momentum、Twido、Neza 系列控制器。

一、Twido 系列

专为简易安装和小巧紧凑的机器而设计，Twido 适用于10～264 个 I/O 组成的标准应用系统。

（一）本体模块

（1）具有一体型（10、16、24、40 点）和模块型（20、40 点）两种本体模块，满足不同场合、习惯的需求。它们可共用相同的选件、I/O 扩展模块和编程软件。

（2）最大可以扩展 7 个模块，最大 I/O 点数可以达到 264 点。

（二）I/O 扩展模块

1. 离散量 I/O 扩展模块

（1）15 种 I/O 扩展组合：8DI、16DI、32DI、4DI/4DO、16DI/8DO、8DO、16DO、32DO（I/O 类型）。

（2）输出形式：继电器、晶体管漏型、晶体管源型。

2. 模拟量 I/O 扩展模块

(1) 9 种 I/O 扩展组合：2AI、4AI（4PT100）、8AI、2TC（2PT100）/1AO、2AI/1AO、4AI/2AO、1AO、2AO、8TC（I/O类型）。

(2) 精度：最高 12 位。

(3) 输入形式：电压、电流、热电偶、铂电阻。

(三) 通信模块

除了现有的远程连接、MODBUS、自由协议、AS-I 等通信方式外，新增 CANopen，以太网功能。

(四) Twidosoft 编程软件

(1) 全中文的编程软件，符合国内客户的使用习惯。

(2) 支持梯形图、指令表、步进梯形图（Grafcet）等编程方式。

(3) 强大完整的在线帮助。

(五) 特点

(1) 充裕的程序容量：0.7K～3K 步，通过增加扩展存储卡更可达到 6K 步存储容量。

(2) 超高速运算处理能力：基本指令 0.14μs，应用指令 0.9μs。

(3) 直观地显示操作功能：通过迷你显示器功能，可以方便地设置功能参数，并显示相关数据。

(4) 机身小型化，节省安装空间：20 点模块型本体体积仅 35.4mm×90mm×70mm（宽×高×深）。

(5) 内置 1～2 个模拟电位器，最高调整范围 0～1023。

(6) 丰富的软元件：

1) 内部位：最高 256 点。

2) 定时器：最高 128 点。

3) 计数器：128 点。

4) 数据寄存器：3000 字。

5) 高速计数器：20kHz 双相和 5kHz 单相；最多可达 6 个。

6) 脉冲输出：7kHz；最多可达 2 个。

(7) 具有 PID、浮点、双字运算等功能。

(8) 提供便捷的特殊功能块编程：鼓、移位寄存器、脉冲/PWM 输出、计数器、定时器、实时时钟（调度模块）等。

(六) 应用

1. 工业领域

(1) 纺织机械（纺纱机械、织造机械、化纤机械、染整机械）。

(2) 包装/印刷机械（丝网印刷机、切书机、贴面机等）。

(3) 暖通空调制冷行业（整体系统、冷水机组/空气处理机/锅炉等）。

(4) 建筑机械（材料加工机械、工程施工机械）。

(5) 塑料机械（成型机、吹塑机等）。

(6) 机床行业、冶金等其他机械自动化设备/系统的应用。

2. 民用/商用领域

（1）照明管理。

（2）供热和空调系统管理（空气调节/压缩机等）。

（3）立体车库。

（4）污水处理等。

二、Moment 系列

Momentum 现场总线产品采用灵活的三明治结构 CPU、通信适配器、I/O 模块。

（1）提供 8 种 CPU 卡件，可灵活实现本地控制与远程监视的完美结合。

（2）提供开放的通信连接，通信适配器支持：Modbus Plus、Interbus、Profibus-DP、FIPIO、ControlNet、DeviceNet、AS-I、TCP/IP 以太网等。

（3）提供多种符合工业现场信号规格的 I/O 模块，包括：开关量 I/O 模块、模拟量 I/O 模块、混合 I/O 模块等。

（4）独到的 TCP/IP 以太网模块和先进的 CPU 技术提供高速的以太网 I/O 扫描器，确保工业实时性的要求，经济、可靠、灵活、方便地实现现场控制站的功能。

（5）灵活的分布式现场总线产品，可连接于任何 Modicon TSX 系列控制器。

三、Micro 系列

Micro PLC 是专为 OEM 而设计的高性能 PLC，具有坚固性、紧凑性及可扩展性等特点，其开关量 I/O 最大可至 256 点，同时具备模拟量 I/O、高速计数，以及网络通信等扩展模板，最大限度地满足 OEM 对机器控制的各种需求。

（一）CPU 单元

根据不同应用需求分为 5 种型号：

（1）TSX37-05：集成 28I/O 点，最大可扩展至 92 点。

（2）TSX37-08：集成 56I/O 点，最大可扩展至 120 点。

（3）TSX37-10：5 种 I/O 集成方式，最大可扩展至 192 点。

（4）TSX37-21：具有内存扩展和通讯扩展端口，最大可扩展至 256 点。

（5）TSX37-22，集成经济型高速计数和模拟量 I/O，其他与 TSX37-21 相同。

（二）开关量 I/O 模板

（1）输入模板：8 点、12 点、32 点，AC/DC 型。

（2）输出模板：4 点、8 点、32 点，晶体管/继电器型。

（3）混合型模板：（输入+输出）16 点、28 点、64 点。

（三）模拟量 I/O 模板

（1）输入模板：8 通道（电压/电流型）、4 通道（多输入型）。

（2）输出模板：4 通道（电压型）、2 通道（电压/电流型）。

（四）混合型模板：4 通道输入+2 通道输出（电压/电流型）

（五）高速计数模板，包括：单通道/双通道 40kHz，以及双通道 500kHz

（六）通信模板

（1）RS232/RS485/电流环型多协议串行通信模板；

（2）Modbus Plus 通信模板；

(3) FIPWAY/FIPIO 通信模板；

(4) AS-I 通信模板；

(5) Ethernet/Modem 通信模板。

(七) 编程说明

Windows 平台，支持梯形图、指令表、结构化文本及流程图编程语言，支持浮点数运算、变量代码编程及表达式编程，并提供 PID 等丰富的库函数和即插即用的调试手段。

(八) 用途

Micro PLC 广泛应用于机床、纺织机械、印刷机械、造纸机械、塑料机械、包装机械、食品机械、建筑机械、起重机械、暖通空调等行业。

四、Compact 系列

Modicon TSX Compact 是一种结构小巧，功能强大的 PLC，改进后其存储器、处理速度、I/O、环境指标、编程软件等方面性能进一步提高。从而使其成为众多控制和 RTU 应用的更完善、更灵活的解决方案。

(一) CPU 单元

386 的控制器，支持 I/O 字容量 128～512。

(二) I/O 方式

通过 InterBus 可以支持远程 I/O，包括 Compact 和 Momentum I/O。在 Quantum InterBus 网络上也可作为从方式。

(三) 编程

除支持 IEC 编程语言外，系统还支持改进后的 984 指令表。敷形涂层保护：可选。

(四) 用途

Modicon TSX Compact 能够为众多应用提供强大、灵活而高度兼容的方案，如：汽车存放、包装机、压缩机和泵站控制、输送机、数据采集、变电站自动控制、能源管理、机械组装、油田和管线机械、压力机控制、铁道、冲压、水处理、电缆绕线机械等。

五、Premium 系列

Modicon TSX Premium 是施耐德电气公司推出的新型 PLC，是将其在工业通信方面的经验和 TCP/IP 技术相结合的结果。具有革命化的分布式结构。

(一) CPU 单元

面向中大型应用的高性能控制系统，单机可控制的 I/O 点数达 2048 点。

(二) I/O 方式

具有革命化的分布式结构——Bus X 总线，支持多个控制器。

(三) 通信方式

简便且强大，TCP/IP 以太网、Unitelway、Modbus、Modbus Plus、FIPWAY、FIPIO、AS-I、Interbus-s。

(四) PCX

直接插入计算机的控制器，将计算机和 PLC 紧密结合。

(五) 可靠性

有热备系统。

（六）用途

广泛适用于水处理、电力、化工、冶金、交通等行业。

六、Quantum 系列

施耐德电气公司推出的通用自动化平台 Quantum，是具有强大处理能力的大型控制系统，可以满足大部分离散和过程控制的经济和灵活的硬件控制平台。Quantum 系统同时提供了 IEC 要求的全部 5 种编程方式：LD、FBD、SFC、IL、ST，将传统 DCS 与 PLC 的优势完美地结合于一体，同时具备了强大的过程控制功能和离散控制功能。

（一）CPU 单元

可选 586 的控制器，单机支持超过 300 个回路和 65000 点 I/O，背板总线速率高达 80 兆。

（二）冗余热备

提供包括 CPU、电源、远程 I/O、工业控制网络（Modbus Plus）的冗余热备解决方案。

（三）可靠性

所有 I/O 模块均可带电热插拔；提供防爆的本质安全型模块和符合美国军标的表面涂敷涂层模板，能有效抵抗酸碱环境腐蚀；输出模块提供故障状态预设置功能。

（四）I/O 方式

本地 I/O、远程 I/O、分布式 I/O 。

（五）网络和通信

提供 10/100M 自适应 TCP/IP 以太网接口模块，支持光纤双环冗余。同时支持通用的网络设备，如：CISCO、Dlink、3COM、Hyes 等。提供多种控制系统和仪表系统的接口模块，如：Profibus－DP、Interbus、ASCII、Lonworks、HART 等接口模块。

（六）用途

广泛应用于冶金、电力、石油、化工、水处理、交通等行业。

Quantum 可编程控制器相关参数

CPU 模块型号			140 CPU 11302	140 CPU 11303	140 CPU 43412A	140 CPU 534A
芯片配置	处理器		80186	80186	80486	80586
	时钟速度		20	20	66	133
功能	最大	离散量（I/O）	8192＋8192	8192＋8192	64K 任混	64K 任混
		寄存器	9999	9999	57K	57K
		存储器 FLASH/SRAM	256K/256K	256K/512K	1M/2M	1M/4M
	本地 I/O	最大 I/O 字/站	64＋64	64＋64	64＋64	64＋64
	远程 I/O	最大 I/O 字/站	64＋64	64＋64	64＋64	64＋64
		最大远程站数	31	31	31	31
	分布式 I/O	最大网络系统数	3	3	3	3
		每个网络最大字	500＋500	500＋500	500＋500	500＋500
		每个站最大字	32＋32	32＋32	32＋32	32＋32

续表

CPU 模块型号			140 CPU 11302	140 CPU 11303	140 CPU 43412A	140 CPU 534A
内存	最大容量		256K	512K	2M	4M
扫描时间	逻辑解算时间 ms/K		0.3～1.4	0.3～1.4	0.1～0.5	0.09～0.45
总线电流	mA		780	790	1800	1800
通信	Modbus，Modbus Plus	RS232	1	1	2	2
		RS485	1	1	1	1
	专用模块		2	2	7	6
系统	时钟		±0.8s	±0.8s	±0.8s	±0.8s
	监视定时器（软件可调）		250ms	250ms	250ms	250ms

附录D Neza PLC 的系统位说明

位	初始状态	控制方式	功能描述
%S0	0	系统控制 或由用户置 1 系统复位为 0	冷启动，正常值为 0；在 PLC 第一次扫描时置 1，并在下一次扫描之前复位为 0。第一次扫描对内部进行初始化（所有内部位、I/O 位、内部字状态置 0；功能块的当前值、寄存器、步进计数器置为状态 0；重新配置预设值；系统位、系统字初始化［除%S0 及调度模块 RTC 外］；取消强置输出）
%S1	0	系统控制 或由用户置 1 系统复位为 0	热启动，正常值为 0；置 1 时进行热启动（所有 I/O 位置 0，所有未保存的内部位置 0［%M64～%M127］，已保存内部位［%M0～%M63］、功能块当前值保持）扫描从电源中断点重新开始，扫描结束时不更新输出，然后按正常方式重新开始，并将系统位%S1 置 0
%S4 %S5 %S6 %S7	— — — —	时钟脉冲	周期分别为 10ms、100ms、1s、1min； 高低电平各占半个周期； 位状态的改变由内部时钟控制，不与 PLC 的扫描同步
%S8	1	用户控制	输出保持。状态为 1 时，PLC 停止时输出为 0；状态为 0 时，PLC 停止时输出保持当前状态
%S9	0	用户控制	输出复位。状态 1 时，PLC 运行（RUN）模式时，输出强置为 0；状态 0 时，PLC 输出被正常刷新
%S10	1	系统控制	I/O 故障。有 I/O 故障时置 0，当故障排除时复位为 0
%S11	0	系统控制	警戒时钟溢出。正常值为 0，当程序执行时间（扫描时间）超过最大扫描时间（软件警戒时钟）时，该位由系统置 1，并导致 PLC 停止（STOP）
%S13	1	系统控制	第一次扫描。在 PLC 变为 RUN 模式之后的第一次扫描过程中该位由系统置 1，完成第一次扫描后由系统复位为 0
%S17	0	系统置 1 用户复位为 0	无符号数溢出标志。无符号数加减法运算超过表示范围（0～65535）时置 1，逻辑/循环移位时有 1 被移出
%S18	0	系统置 1 用户复位为 0	符号数运算溢出标志。如下情况时置 1：运算结果超出范围（－32768～＋32767），0 作除数，负数求平方根，BCD 码转换时超出范围

续表

位	初始状态	控制方式	功能描述
%S19	0	系统置1 用户复位为0	扫描时间超限。正常值为0，当扫描时间超限（扫描时间大于用户在配置或在系统字%SW0中设定的时间）时，由系统置1。由用户复位为0
%S20	0	系统置1 用户复位为0	索引溢出。正常值为0；当索引对象的地址小于0或大于最大值时，该位被置1
%S50	0	用户控制	实时时钟更新控制。为0时，日期和时间只能读出；为1时，日期和时间可以被更新（使用系统字%SW50～SW53），PLC内部实时时钟（RTC）在%S50的下降沿被刷新
%S51	0	系统控制	实时时钟状态。为0时，日期和时间已设置好；为1时，实时时钟数据为无效状态，此时日期和时间必须由用户设置
%S59	0	用户控制	为0时，日期和时间保持不变；为1时，可根据系统字%SW59更新时间
%S70	0	系统控制	处理Modbus请求
%S71	0	系统控制	通过扩展连接进行交换（Modbus）
%S100		系统控制	/DPT信号状态，显示TER端口的DPT状态。为0时，应用UNI-TELWAY主协议；为1时由应用程序的配置定义
%S101	0		通信端口设置。为0时，通信由TER端口发送/接收；为1时，由扩展通信端口发送/接收
%S118	0	系统控制	主PLC故障。正常值为0，当检测到主PLC上的I/O故障时置1，故障消失时复位为0。 故障的详细信息可查%SW118
%S119	0	系统控制	对待PLC（从站）故障。正常值为0，当检测到I/O故障时置1，故障消失时复位为0。 故障的详细信息可查%SW119

附录E　Neza PLC的系统字说明

Neza PLC系统字说明

系统字	控制方式	功能描述
%SW0	用户控制	PLC扫描周期。通过用户程序或编程终端（数据编辑器）修改在配置中定义的PLC扫描周期
%SW11	系统控制	软件警戒时钟时间（150ms）
%SW14	系统/用户控制	通过用户程序修改UNITELWAY超时值（通信设置）
%SW15	系统控制	PLC版本
%SW30	系统控制	上次扫描时间（以ms为单位）
%SW31	系统控制	最大扫描时间。PLC上一次冷启动后最长的扫描时间
%SW32	系统控制	最小扫描时间。PLC上一次冷启动后最短的扫描时间

续表

<table>
<tr><th>系统字</th><th>控制方式</th><th colspan="3">功 能 描 述</th></tr>
<tr><td>%SW50
%SW51
%SW52
%SW53</td><td>系统/用户控制</td><td colspan="2">SSXN：秒和星期（N=0→星期一，=6→星期日）
HHMM：时和分
MMDD：月和日
CCYY：世纪和年</td><td>实时时钟（BCD码形式）</td></tr>
<tr><td>%SW54
%SW55
%SW56
%SW57</td><td>系统控制</td><td colspan="2">SSXN：秒和星期
HHMM：时和分
MMDD：月和日
CCYY：世纪和年</td><td>上一次电源故障或PLC停止的时间（BCD码）</td></tr>
<tr><td>%SW58</td><td>系统控制</td><td colspan="3">上一次停止的代码：1=终端开关从RUN变为STOP；2=软件故障；4=停电；5=硬件故障导致停止</td></tr>
<tr><td rowspan="10">%SW59</td><td rowspan="10">用户控制</td><td colspan="3">调整实时时钟。由%S59激活。操作在位的上升沿执行</td></tr>
<tr><td>参数</td><td>增加</td><td>减小</td></tr>
<tr><td>星期</td><td>第0位</td><td>第8位</td></tr>
<tr><td>秒</td><td>第1位</td><td>第9位</td></tr>
<tr><td>分</td><td>第2位</td><td>第10位</td></tr>
<tr><td>时</td><td>第3位</td><td>第11位</td></tr>
<tr><td>日</td><td>第4位</td><td>第12位</td></tr>
<tr><td>月</td><td>第5位</td><td>第13位</td></tr>
<tr><td>年</td><td>第6位</td><td>第14位</td></tr>
<tr><td>世纪</td><td>第7位</td><td>第15位</td></tr>
<tr><td>%SW67</td><td>用户控制</td><td colspan="3">Modbus帧结束代码（ASCII模式）</td></tr>
<tr><td>%SW68</td><td>用户控制</td><td colspan="3">接收的帧结束代码（ASCII模式）（TER端口）</td></tr>
<tr><td>%SW69</td><td>系统控制</td><td colspan="3">EXCH模块出错代码</td></tr>
<tr><td>%SW70</td><td>系统控制</td><td colspan="3">PLC地址。第2位=1表示有调度模块，第7、6、5位PLC地址</td></tr>
<tr><td>%SW76～%SW79</td><td>系统控制</td><td colspan="3">减计数字。用作1ms定时器：如果它们的值为正，则每毫秒由系统分别减1，相当于构成了4个毫秒减计数器，操作范围为1～32767ms。第15位（最高位）设置为1时停止减操作</td></tr>
<tr><td>%SW100</td><td>用户控制</td><td colspan="3">模拟量输入功能命令字。
=0　模拟量输入无效
=1　无量程操作
=2　单极量程（周期125ms）
=3　双极量程（周期125ms）
=4　单极量程（周期500ms）
=5　双极量程（周期500ms）</td></tr>
<tr><td>%SW101</td><td>系统控制</td><td colspan="3">该字包含采集模拟量输入的值。其值的范围取决于%SW100的设置
%SW100=0　　%SW101=0
%SW100=1　　%SW101=从0到1000变化
%SW100=2或4　　%SW101=从0到1000变化
%SW100=3或5　　%SW101=从−10000到10000变化</td></tr>
</table>

续表

系统字	控制方式	功　能　描　述
%SW102	用户控制	模拟量输出功能命令字。 =0　正常%PWM操作 =1　无量程操作 =2　单极量程 =3　双极量程
%SW103	用户控制	该字包含应用于模拟量输出的值。其值的范围取决于%SW102的设置 %SW102=0　%SW103=0 %SW102=1　%SW103=从5到249变化 %SW102=2　%SW103=从0到10000变化 %SW102=3　%SW103=从-10000到10000变化
%SW114	用户控制	调度模块激活。由用户程序或编程终端激活或禁止调度模块（RTC）的操作。 第0位：=1→激活调度模块#0；=0→禁止调度模块#0 …… 第15位：=1→激活调度模块#15；=0→禁止调度模块#15
%SW116	用户控制	模拟量模块（EA4A2）设置。第0～11位对应于模块量模块的安装位置。 15　11　0 ——　位置3　位置2　位置1 相应的位=0→模拟量输入为电压输入；=1→模拟量输入为电流输入
%SW117	用户控制	模拟量模块（EA8A2/EAP8）设置。 15　8　7　0 模拟量输出信号设定： =00H→输出为4mA恒定电流 =01H→通道0为0～2mA可调，通道1为4mA恒定电流； =02H→通道0、1均为0～2mA可调 模拟量输入信号设定：对应8路模拟量 =0→模拟量输入为0～5V电压输入； =1→模拟量输入为Pt100温度信号输入
%SW118	系统控制	主PLC状态。显示检测到的主PLC上的故障： 第1位为0：其中一个输出端故障； 第3位为0：传感器电源故障； 第8位为0：TSX 07内部故障； 第9位为0：外部或通信故障； 第11位为0：PLC执行自检 第13位为0：配置错误 这个字的其他所有位都为1，且保留未用。因此，对于一个无任何故障的PLC，这个字的值为：16#FFFF
%SW119	系统控制	对待PLC I/O状态。显示检测到的同级PLC上的故障（这个字仅由主PLC使用）。这个字各个位的分配和字%SW118几乎完全一样，除了： 第13位：无意义 第14位：初始化时存在的同级PLC丢失

参 考 文 献

[1] 张运波，刘淑荣．工厂电气控制技术［M］．北京：高等教育出版社，2006.
[2] 许谬，王淑英．电气控制与PLC应用［M］．北京：机械工业出版社，2009.
[3] 张桂香．电气控制与PLC应用［M］．北京：化学工业出版社，2004.
[4] 王芹，王艳玲．电气控制技术［M］．天津：天津大学出版社，2011.
[5] 陈立定等．电气控制与可编程序控制器的原理及应用［M］．北京：机械工业出版社，2004.
[6] 梁小布．可编程控制器［M］．北京：中国水利水电出版社，2004.
[7] 阮友德．PLC、变频器、触摸屏统合应用实训［M］．北京：中国电力出版社，2009.
[8] Schneider Electric. Modicon TSX Neza 可编程控制器产品指南［Z］．2002.
[9] Schneider Electric. Modicon TSX Neza 可编程控制器指令集和通讯［Z］．2002.
[10] Schneider Electric. Modicon TSX Neza 可编程控制器 PL707WIN 编程软件操作手册［Z］．2002.
[11] 三菱电机．FX2N 系列可编程控制器编程手册［Z］．2000.
[12] 王华，韩永志．可编程控制器在运煤自动化中的应用［M］．北京：中国电力出版社，2003.
[13] 廖常初．PLC编程与应用［M］．北京：机械工业出版社，2005.
[14] 胡学林．可编程控制器原理及应用［M］．北京：电子工业出版社，2007.